HTML5+CSS3+JavaScript 网站开发
（全案例微课版）

刘春茂　编著

U0377891

清华大学出版社

北　京

内 容 简 介

本书是针对零基础读者编写的动态网站开发入门教材。该书侧重案例实训，并提供扫码微课来讲解当前的热点案例。

本书分为23章，内容包括认识HTML 5、设计网页的文本与段落，网页中的图像和超链接，表格与<div>标签，网页中的表单，网页中的多媒体，数据存储Web Storage，认识CSS样式表，设计图片、链接和菜单的样式，设计表格和表单样式，使用CSS3布局网页版式，JavaScript基础，程序控制语句，函数的应用，对象的应用，JavaScript的窗口对象，文档对象模型（DOM），JavaScript的事件处理，文件与拖放，设计流行的响应式网页和3个热点综合项目实训。

本书通过精选热点案例，让初学者快速掌握网站开发技术。读者通过微信扫码看视频，可以随时在移动端学习技能对应的操作。读者通过实战技能训练营可以检验学习情况，并且扫码可以看答案。作者还提供了技术支持QQ群和微信群，专为读者答疑解惑，降低零基础学习网站开发技术的门槛。

本书封面贴有清华大学出版社防伪标签，无标签者不得销售。

版权所有，侵权必究。举报：010-62782989，beiqinquan@tup.tsinghua.edu.cn

图书在版编目(CIP)数据

HTML5+CSS3+JavaScript 网站开发：全案例微课版 / 刘春茂编著 . 一北京：清华大学出版社，2021.7

ISBN 978-7-302-58277-9

Ⅰ. ① H… Ⅱ. ①刘… Ⅲ. ①超文本标记语言－程序设计－教材②网页制作工具－教材③ JAVA 语言－程序设计－教材 Ⅳ. ① TP312.8 ② TP393.092

中国版本图书馆 CIP 数据核字 (2021) 第 105768 号

责任编辑：张彦青
封面设计：李 坤
责任校对：翟维维
责任印制：沈 露

出版发行：清华大学出版社
       网 址： http://www.tup.com.cn, http://www.wqbook.com
       地 址： 北京清华大学学研大厦 A 座   **邮 编：** 100084
       社 总 机： 010-62770175   **邮 购：** 010-62786544
       投稿与读者服务： 010-62776969，c-service@tup.tsinghua.edu.cn
       质 量 反 馈： 010-62772015，zhiliang@tup.tsinghua.edu.cn
印 装 者：三河市科茂嘉荣印务有限公司
经 销：全国新华书店
开 本：185mm×260mm   **印 张：**24.75   **字 数：**606 千字
版 次：2021 年 7 月第 1 版   **印 次：**2021 年 7 月第 1 次印刷
定 价：89.00 元

产品编号：087783-01

前　言

"网站开发全案例微课版"系列图书是专门为网站开发和数据库初学者量身定做的一套学习用书。整套书涵盖网站开发、数据库设计等方面。

本套书具有以下特点

前沿科技

无论是数据库设计还是网站开发，精选的都来自较为前沿或者用户群最多的领域，帮助大家认识和了解最新动态。

权威的作者团队

组织国家重点实验室和资深应用专家联手编著本套图书，融合了丰富的教学经验与优秀的管理理念。

学习型案例设计

以技术的实际应用过程为主线，全程采用图解和多媒体同步结合的教学方式，生动、直观、全面地剖析使用过程中的各种应用技能，降低难度，提升学习效率。

扫码看视频

通过微信扫码看视频，可以随时在移动端学习技能对应的视频操作。

为什么要写这样一本书

目前，HTML 5 和 CSS3 的出现，大大减轻了前端开发者的工作量，并降低了开发成本，所以 HTML 5 在未来的技术市场将更有竞争力。为此介绍 HTML 5+CSS3+JavaScript 黄金搭档以让读者掌握目前流行的最新前端技术，使前端界面开发从外观上变得更炫，技术上更简易。对于初学者来说，实用性强和易于操作是最大的需求。本书针对想学习网页前端设计的初学者，可以让初学者入门后快速提高实战水平。通过本书的案例实训，大学生可以很快地上手流行的网站开发方法，提高职业化能力，可以帮助解决公司与学生的双重需求问题。

本书特色

零基础、入门级的讲解

无论您是否从事计算机相关行业，无论您是否接触过网站开发，都能从本书中找到最佳起点。

实用、专业的范例和项目

本书在编排上紧密结合深入学习 HTML 5+CSS3+JavaScript 网站开发过程，从 HTML 5 基本概念开始，逐步带领读者学习动态网站开发的各种应用技巧，侧重实战技能，使用简单易懂的实际案例进行分析和操作指导，让读者学起来简明轻松，操作起来有章可循。

随时随地学习

本书提供了微课视频，通过手机扫码即可观看，随时随地解决学习中的困惑。

超多容量王牌资源

赠送大量王牌资源，包括实例源代码、教学幻灯片、本书精品教学视频、88 个实用类网页模板、12 部网页开发必备参考手册、jQuery 事件参考手册、HTML 5 标签速查手册、精选的 JavaScript 实例、CSS3 属性速查表、JavaScript 函数速查手册、CSS+DIV 布局赏析案例、精彩网站配色方案赏析、网页样式与布局案例赏析、Web 前端工程师常见面试题等。

读者对象

本书是一本完整介绍 HTML 5+CSS3+JavaScript 网站开发技术的教程，内容丰富、条理清晰、实用性强，适合以下读者学习使用：

- 零基础的 HTML 5+CSS3+JavaScript 网站开发自学者。
- 希望快速、全面掌握 HTML 5+CSS3+JavaScript 网站开发的人员。
- 高等院校或培训机构的老师和学生。
- 参加毕业设计的学生。

创作团队

本书由刘春茂主编，参加编写的人员还有刘辉、李艳恩和张华。在编写过程中，我们虽竭尽所能将最好的讲解呈献给读者，但难免有疏漏和不妥之处，敬请读者不吝指正。

本书源代码

王牌资源

目　录

Contents

第1章　认识HTML 5

📖 本章导读

　　目前，网络已经成为人们娱乐、工作中不可缺少的一部分，网页设计也成为学习计算机知识的重要内容之一。制作网页可采用可视化编辑软件，但是无论采用哪一种网页编辑软件，最后都是将所设计的网页转化为 HTML。那么什么是 HTML？如何编辑 HTML 文件？作为新手如何开发工具？本章就来重点了解这些内容。

📖 知识导图

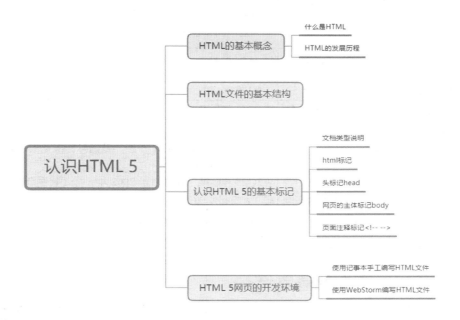

1.1　HTML 的基本概念

因特网上的信息是以网页形式展示给用户的，网页是网络信息传递的载
体。网页文件是用标记语言书写的，这种语言称为超文本标记语言（Hyper Text
Markup Language，HTML）。

1. 什么是 HTML

HTML 不是一种编程语言，而是一种描述性的标记语言，用于描述超文本中的内容
和结构。HTML 最基本的语法是 < 标记符 ></ 标记符 >。标记符通常都是成对使用，有
一个开头标记和一个结束标记。结束标记只是在开头标记的前面加一个斜杠"/"。当浏
览器收到 HTML 文件后，就会解释里面的标记符，然后把标记符相对应的功能表达出来。

例如，在 HTML 中用 <p></p> 标记符来定义一个换行符。当浏览器遇到 <p></p> 标记符时，
会把该标记中的内容自动形成一个段落。当遇到
 标记符时，会自动换行，并且该标记
符后的内容会从一个新行开始。这里的
 标记符是单标记，没有结束标记，标记后的"/"
符号可以省略；但为了使代码规范，一般建议加上。

2. HTML 的发展历程

HTML 是一种描述语言，而不是一种编程语言，主要用于描述超文本中内容的显示方式。
标记语言从诞生至今，经历了 20 多年，发展过程也很曲折，经历的版本及发布日期如表 1-1 所示。

表 1-1　超文本标记语言的发展过程

版　本	发布日期	说　明
超文本标记语言 （第一版）	1993 年 6 月	作为互联网工程工作小组（IETF）工作草案发布（并非标准）
HTML 2.0	1995 年 11 月	作为 RFC 1866 发布，在 RFC 2854 于 2000 年 6 月发布之后被宣布已经过时
HTML 3.2	1996 年 1 月 14 日	W3C 推荐标准
HTML 4.0	1997 年 12 月 18 日	W3C 推荐标准
HTML 4.01	1999 年 12 月 24 日	微小改进，W3C 推荐标准
ISO HTML	2000 年 5 月 15 日	基于严格的 HTML 4.01 语法，是国际标准化组织和国际电工委员会的标准
XHTML 1.0	2000 年 1 月 26 日	W3C 推荐标准（修订后于 2002 年 8 月 1 日重新发布）
XHTML 1.1	2001 年 5 月 31 日	较 1.0 有微小改进
XHTML 2.0 草案	没有发布	2009 年，W3C 停止了 XHTML 2.0 工作组的工作
HTML 5	2014 年 10 月	HTML 5 标准规范最终制定完成

1.2　HTML 文件的基本结构

完整的 HTML 文件包括标题、段落、列表、表格、绘制的图形以及各种嵌
入对象，这些对象统称为 HTML 元素。一个 HTML 5 文件的基本结构如下：

```
<!DOCTYPE html>                          <title>网页标题</title>
<html>                                   </head>
<head>                                   <body>
```

```
网页内容                              </html>
</body>
```

从上面的代码可以看出，一个基本的 HTML 5 网页由以下几部分构成。

（1）<!DOCTYPE html> 声明：该声明必须位于 HTML 5 文档中的第一行，也就是位于 <html> 标记之前。该标记告知浏览器文档所使用的 HTML 规范。<!DOCTYPE html> 声明不属于 HTML 标记，它是一条指令，告诉浏览器编写页面所用标记的版本。由于 HTML 5 版本还没有得到浏览器的完全认可，后面介绍时还采用以前的通用标准。

（2）<html></html> 标记：说明本页面是用 HTML 语言编写的，使浏览器软件能够准确无误地解释和显示。

（3）<head></head> 标记：它是 HTML 的头部标记，头部信息不显示在网页中。此标记可以包含一些其他标记，用于说明文件标题和整个文件的一些公用属性。可以通过 <style> 标记定义 CSS 样式表，通过 <script> 标记定义 JavaScript 脚本文件。

（4）<title></title> 标记：title 是 head 的重要组成部分，它包含的内容显示在浏览器的窗口标题栏中。如果没有 title，浏览器标题栏将显示本页的文件名。

（5）<body></body> 标记：body 包含 html 页面的实际内容，显示在浏览器窗口的客户区中。例如，页面中的文字、图像、动画、超链接以及其他与 HTML 相关的内容都定义在 body 标记中。

1.3　认识 HTML 5 的基本标记

HTML 文档最基本的结构主要包括文档类型说明、HTML 文档开始标记、元信息、主体标记和页面注释标记。

1. 文档类型说明

基于 HTML 5 设计准则中的"化繁为简"原则，Web 页面的文档类型说明（DOCTYPE）被极大地简化了。

HTML 文档头部的类型说明代码如下：

```
<!DOCTYPE html PUBLIC "-//W3C//DTD XHTML 1.0 Transitional//EN"
"http://www.w3.org/TR/xhtml1/DTD/xhtml1-transitional.dtd">
```

可以看到，这段代码既麻烦又难记，HTML 5 对文档类型进行了简化，简单到 15 个字符就可以了，代码如下：

```
<!DOCTYPE html>
```

> **注意**：文档类型说明必须在网页文件的第一行。即使是注释，也不能在 <!DOCTYPE html> 的上面，否则将视为错误的注释方式。

2. html 标记

html 标记代表文档的开始，由于 HTML 5 语言语法的松散特性，该标记可以省略，但是为了使之符合 Web 标准和体现文档的完整性，养成良好的编写习惯，这里建议不要省略该标记。

html 标记以 <html> 开头，以 </html> 结尾，文档的所有内容书写在开头和结尾的中间部分。语法格式如下：

```
<html>
...
</html>
```

3. 头标记 head

头标记 head 用于说明文档头部的相关信息，一般包括标题信息、元信息、定义 CSS 样式和脚本代码等。HTML 的头部信息以 <head> 开始，以 </head> 结束，语法格式如下：

```
<head>
...
</head>
```

> **说明**：<head> 元素的作用范围是整篇文档，在 HTML 语言头部定义的内容往往不会在网页上直接显示。在头标记 <head> 与 </head> 之间还可以插入标题标记 title 和元信息标记 meta 等。

1）标题标记 title

HTML 页面的标题一般是用来说明页面用途的，它显示在浏览器的标题栏中。在 HTML 文档中，标题信息设置在 <head> 与 </head> 之间。标题标记以 <title> 开始，以 </title> 结束，语法格式如下：

```
<title>
...
</title>
```

在标记中间的…就是标题的内容，它可以帮助用户更好地识别页面。预览网页时，设置的标题在浏览器左上方的标题栏中显示，如图 1-1 所示。此外，在 Windows 任务栏中显示的也是这个标题。页面的标题只有一个，位于 HTML 文档的头部。

图 1-1　标题栏在浏览器中的显示效果

2）元信息标记 meta

<meta> 元素可提供有关页面的元信息（meta-information），比如针对搜索引擎和更新频度的描述和关键词。<meta> 标记位于文档的头部，不包含任何内容。<meta> 标记的属性定义了与文档相关联的名称 / 值对，<meta> 标记提供的属性及取值如表 1-2 所示。

表 1-2 <meta> 标记提供的属性及取值

属　性	值	描　述
charset	character encoding	定义文档的字符编码
content	some_text	定义与 http-equiv 或 name 属性相关的元信息
http-equiv	content-type expires refresh set-cookie	把 content 属性关联到 HTTP 头部
name	author description keywords generator revised others	把 content 属性关联到一个名称

（1）字符集 charset 属性。

在 HTML 5 中，有一个新的 charset 属性，它使字符集的定义更加容易。例如，下面的代码告诉浏览器，网页使用 ISO-8859-1 字符集显示：

```
<meta charset="ISO-8859-1">
```

（2）搜索引擎的关键词。

在早期，meta keywords 关键词对搜索引擎的排名算法起着一定的作用，也是很多人进行网页优化的基础。关键词在浏览时是看不到的，语法格式如下：

```
<meta name="keywords" content="关键词, keywords" />
```

> **说明：** 不同的关键词之间应使用半角逗号隔开（英文输入状态下），不要使用空格或"|"间隔。是 keywords，不是 keyword。关键词标签中的内容应该是一个个短语，而不是一段话。

例如，定义针对搜索引擎的关键词，代码如下：

```
<meta name="keywords" content="HTML, CSS, XML, XHTML, JavaScript" />
```

关键词标签 keywords，曾经是搜索引擎排名中很重要的元素，但现在已经被很多搜索引擎完全忽略。如果我们加上这个标签，对网页的综合表现没有坏处，不过，如果使用不恰当的话，对网页非但没有好处，还有欺诈的嫌疑。在使用关键词标签 keywords 时，要注意以下几点。

● 关键词标签中的内容要与网页核心内容相关，应当确信使用的关键词出现在网页文本中。
● 应当使用用户易于通过搜索引擎检索的关键词，过于生僻的词汇不太适合作为 meta 标签中的关键词。
● 不要重复使用关键词，否则可能会被搜索引擎惩罚。
● 一个网页的关键词标签里最多包含 3~5 个最重要的关键词，不要超过 5 个。
● 每个网页的关键词应该不一样。

（3）页面描述。

meta description 元标签（描述元标签）是一种 HTML 元标签，用来简略描述网页的主要内容，是通常被搜索引擎用在搜索结果页上展示给用户看的一段文字。页面描述在网页中不显示，页面描述的语法格式如下：

```
<meta name="description" content="网页的介绍" />
```

例如，定义对页面的描述，代码如下：

```
<meta name="description" content="免费的Web技术教程。" />
```

（4）页面定时跳转。

使用 <meta> 标记可以使网页在经过一定时间后自动刷新，这可通过将 http-equiv 属性值设置为 refresh 来实现。content 属性值可以设置为更新时间。

在浏览网页时经常会看到一些包含欢迎信息的页面，在经过一段时间后，这些页面会自动转到其他页面，这就是网页的跳转。页面定时刷新跳转的语法格式如下：

```
<meta http-equiv="refresh" content="秒; [url=网址]" />
```

说明： 上面的 [url= 网址] 部分是可选项，如果有这部分，页面定时刷新并跳转，如果省略该部分，页面只定时刷新，不进行跳转。

例如，要实现每 5 秒刷新一次页面，将下述代码放入 head 标记中即可：

```
<meta http-equiv="refresh" content="5" />
```

4. 网页的主体标记 body

网页所要显示的内容都放在网页的主体标记内，它是 HTML 文件的重点所在。在后面章节所介绍的 HTML 标记都放在这个标记内。然而它并不只是一个形式上的标记，它本身也可以控制网页的背景颜色或背景图像，这将在后面进行介绍。主体部分是以 <body> 标记开始、以 </body> 标记结束的，语法格式如下：

```
<body>
...
</body>
```

注意： 在构建 HTML 结构时，标记不允许交叉出现，否则会造成错误。

在下列代码中，<body> 开始标记出现在 <head> 标记内，这是错误的：

```
<!DOCTYPE html>                    <body>
<html>                             </head>
<head>                             </body>
<title>标记测试</title>             </html>
```

5.页面注释标记 <!-- -->

注释是在 HTML 代码中插入的描述性文本，用来解释该代码或提示其他信息。注释只出现在代码中，浏览器对注释代码不进行解释，并且在浏览器的页面中不显示。在 HTML 源代码中适当地插入注释语句是一种非常好的习惯，对于设计者日后的代码修改、维护工作很有好处；另外，如果将代码交给其他设计者，其他人也能很快读懂前者所撰写的内容。

语法格式如下：

```
<!--注释的内容-->
```

注释语句元素由前后两半部分组成，前半部分是一个左尖括号、一个半角感叹号和两个连字符，后半部分由两个连字符和一个右尖括号组成。

```
<!DOCTYPE html>                          <body>
<html>                                   <!--这里是标题-->
<head>                                   <h1>HTML 5网页设计</h1>
<title>标记测试</title>                   </body>
</head>                                  </html>
```

页面注释不但可以对 HTML 中的一行或多行代码进行解释说明，而且可以注释掉这些代码。如果希望某些 HTML 代码在浏览器中不显示，可以将这部分内容放在 <!-- 和 --> 之间。例如，修改上述代码，如下所示：

```
<html>                                   <!--
<head>                                   <h1>HTML 5网页</h1>
<title>标记测试</title>                   -->
</head>                                  </body>
<body>                                   </html>
```

修改后的代码将 <h1> 标记作为注释内容处理，在浏览器中不会显示这部分内容。

> **注意**：在 HTML 代码中，如果注释语法使用错误，则浏览器会将注释视为文本内容，注释内容会显示在页面中。

1.4   HTML 5 网页的开发环境

有两种方式可以生成 HTML 文件：一种是自己写 HTML 文件，事实上这并不是很困难，也不需要特别的技巧；另一种是使用 HTML 编辑器 WebStorm，它可以辅助使用者来做编写工作。

1.4.1   使用记事本手工编写 HTML 文件

前面介绍过，HTML 5 是一种标记语言，标记语言代码是以文本形式存在的，因此，所有的记事本工具都可以作为它的开发环境。

HTML 文件的扩展名为 .html 或 .htm，将 HTML 源代码输入记事本并保存之后，可以在浏览器中打开文档以查看其效果。

使用记事本编写 HTML 文件的具体操作步骤如下：

（1）单击 Windows 桌面上的"开始"按钮，选择"所有程序"→"附件"→"记事本"命令，打开一个记事本，在记事本中输入 HTML 代码，如图 1-2 所示。

（2）编辑完 HTML 文件后，选择"文件"→"保存"命令或按 Ctrl+S 快捷键，在弹出的"另存为"对话框中，选择"保存类型"为"所有文件"，然后将文件扩展名设为 .html 或 .htm，如图 1-3 所示。

（3）单击"保存"按钮，即可保存文件。打开网页文档，运行效果如图 1-4 所示。

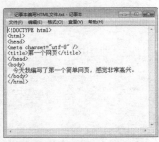
图 1-2　编辑 HTML 代码

图 1-3　"另存为"对话框

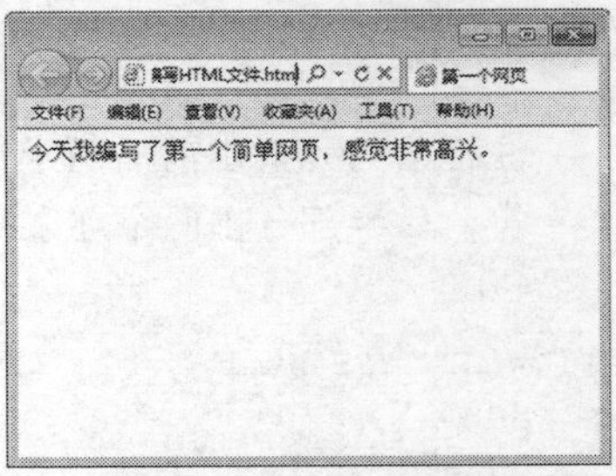

图 1-4　网页的浏览效果

1.4.2　使用 WebStorm 编写 HTML 文件

WebStorm 是一款前端页面开发工具。该工具的主要优势是有智能提示，智能补齐代码，代码格式化显示，联想查询和代码调试等。对于初学者而言，WebStorm 不仅功能强大，而且非常容易上手操作，被广大前端开发者誉为 Web 前端开发神器。

下面以 WebStorm 英文版为例进行讲解。首先打开浏览器，输入网址 https://www.jetbrains.com/webstorm/download/#section=windows，进入 WebStorm 官网下载页面，如图 1-5 所示。单击 Download 按钮，即可开始下载 WebStorm 安装程序。

图 1-5　WebStorm 官网下载页面

1. 安装 WebStorm 2019

下载完成后，即可进行安装，具体操作步骤如下。

（1）双击下载的安装文件，进入安装 WebStorm 的欢迎界面，如图 1-6 所示。

（2）单击 Next 按钮，进入选择安装路径界面，单击 Browse 按钮，即可选择新的安装路径，这里采用默认的安装路径，如图 1-7 所示。

图 1-6　欢迎界面

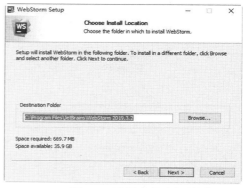

图 1-7　选择安装路径界面

（3）单击 Next 按钮，进入选择安装选项界面，选择所有的复选框，如图 1-8 所示。

（4）单击 Next 按钮，进入选择开始菜单文件夹界面，默认为 JetBrains，如图 1-9 所示。

图 1-8　选择安装选项界面

图 1-9　选择开始菜单文件夹界面

（5）单击 Install 按钮，开始安装软件并显示安装的进度，如图 1-10 所示。

（6）安装完成后，单击 Finish 按钮，如图 1-11 所示。

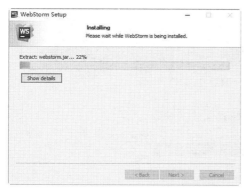

图 1-10　开始安装 WebStorm

图 1-11　WebStorm 安装完成

2. 创建和运行 HTML 文件

（1）单击 Windows 桌面上的"开始"按钮，选择"所有程序"→ JetBrains WebStorm 2019 命令，打开 WebStorm 欢迎界面，如图 1-12 所示。

（2）单击 Create New Project 按钮，打开 New Project 对话框，在 Location 文本框中输

入工程存放的路径，也可以单击 📁 按钮选择路径，如图 1-13 所示。

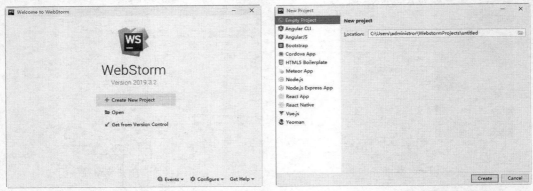

图 1-12　WebStorm 欢迎界面　　　　　　　图 1-13　设置工程存放的路径

（3）单击 Create 按钮，进入 WebStorm 主界面，选择 File → New → HTML File 命令，如图 1-14 所示。

（4）打开 New HTML File 对话框，输入文件名称为"index.html"，选择文件类型为 HTML 5 file，如图 1-15 所示。

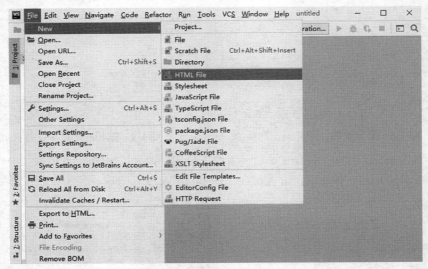

图 1-14　创建一个 HTML 文件

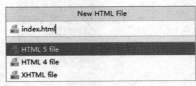

图 1-15　输入文件的名称

（5）按 Enter 键即可查看新建的 HTML 5 文件，接着就可以编辑 HTML 5 文件了。例如，这里在 <body> 标记中输入文字"使用工具好方便啊！"，如图 1-16 所示。

（6）编辑完代码后，选择 File → Save As 命令，打开 Copy 对话框，可以保存文件或者另存为一个文件，还可以选择保存路径，设置完成后单击 OK 按钮即可，如图 1-17 所示。

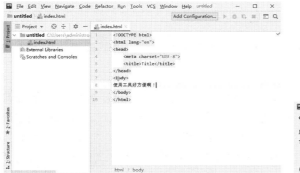

图 1-16　输入文字

图 1-17　设置文件的名称和路径

（7）在浏览器中运行代码，如图 1-18 所示。

图 1-18　运行 HTML 5 文件的代码

实例 1：渲染一个清明节的图文页面效果

01 新建一个 HTML 5 文件，在其中输入下述代码：

```html
<!DOCTYPE html>
<html>
<head>
<title>简单的HTML5网页</title>
</head>
<body>
    <h1>清明</h1>
    <P>
        清明时节雨纷纷，<br>
        路上行人欲断魂。<br>
        借问酒家何处有，<br>
        牧童遥指杏花村。<br>
    </P>
<img src="qingming.jpg">
</body>
</html>
```

02 保存网页，运行效果如图 1-19 所示。

图 1-19　清明节的图文页面效果

1.5 新手常见疑难问题

疑问1：为何使用记事本编辑的 HTML 文件无法在浏览器中预览，而是直接在记事本中打开？

很多初学者，在保存文件时，没有将 HTML 文件的扩展名 .html 或 .htm 作为文件的后缀，导致文件还是以 .txt 为扩展名，因此无法在浏览器中查看。如果读者是通过鼠标右击创建记事本文件的，在为文件重命名时，一定要以 .html 或 .htm 作为文件的后缀。特别要注意的是，当 Windows 系统的扩展名隐藏时，更容易出现这样的错误。读者可以在"文件夹选项"对话框中查看是否显示扩展名。

疑问2：HTML 5 代码有什么规范？

很多学习网页设计的人员，对于 HTML 的代码规范知之甚少。作为一名优秀的网页设计人员，很有必要学习比较好的代码规范。HTML 5 代码规范主要有以下几点。

1. 使用小写标记名

在 HTML 5 中，元素名称可以大写也可以小写，推荐使用小写元素名。主要原因如下。

（1）混合使用大小写元素名的代码是非常不规范的。

（2）小写字母容易编写。

（3）小写字母让代码看起来整齐而清爽。

（4）网页开发人员往往使用小写，这样便于统一规范。

2. 要记得关闭标记

在 HTML 5 中，大部分标记都是成对出现的，所以要记得关闭标记。

疑问3：和早期版本相比，HTML 5 语法有哪些变化？

为了兼容各个不统一的页面代码，HTML 5 的设计在语法方面做了以下变化。

（1）标签不再区分大小写。

标签不再区分大小写是 HTML 5 语法变化的重要体现，例如以下例子的代码：

```
<P>大小写标签</p>
```

虽然"<P> 大小写标签 </p>"中的开始标记和结束标记不匹配，但是这完全符合 HTML 5 的规范。

（2）允许属性值不使用引号。

在 HTML 5 中，属性值不放在引号中也是正确的。例如：

```
<input checked="a" type="checkbox"/>
```

代码片段与下面的代码片段效果是一样的：

```
<input checked=a type=checkbox/>
```

> **提示：** 尽管 HTML 5 允许属性值不使用引号，但是仍然建议读者加上引号。因为如果某个属性的属性值中包含空格等容易引起混淆的内容，可能会引起浏览器的误解。例如以下代码：
>
> ```
> <img src=mm ch01/01.jpg />
> ```
>
> 此时浏览器就会误以为 src 属性的值就是 mm，这样就无法解析路径中的 01.jpg 图片。如果想正确解析图片的位置，只有添加上引号。

1.6   实战技能训练营

实战 1：制作符合 W3C 标准的古诗网页

制作一个符合 W3C 标准的古诗网页，最终效果如图 1-20 所示。

▌实战 2：制作有背景图的网页

通过 body 标记渲染一个有背景图的网页，运行效果如图 1-21 所示。

图 1-20　古诗网页的预览效果

图 1-21　带背景图的网页

第2章　设计网页的文本与段落

本章导读

　　网页文本是网页中最主要也是最常用的元素。设计优秀的网页文本，不仅可以让网页内容看起来更有层次，也可以给用户带来美好的视觉体验。网页文本的内容包括标题文字、普通文字、段落文字等。网页列表可以有序地编排一些信息资源，使其结构化和条理化，并以列表的样式显示出来，以便浏览者能更加快捷地获得相应信息。本章就来介绍如何设计网页文本、段落和列表。

知识导图

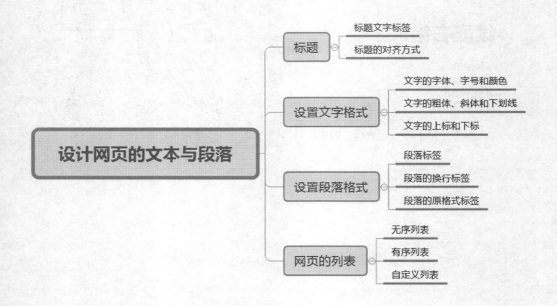

2.1 标题

在 HTML 文档中，文本内容除了以行和段出现之外，还可以作为标题存在。通常一篇文档最基本的结构就是由若干不同级别的标题和正文组成的。

1. 标题文字标签

HTML 文档中包含各种级别的标题，由 <h1> 到 <h6> 元素来定义，<h1> 至 <h6> 标题标签中的字母 h 是英文 headline（标题行）的简称。其中 <h1> 代表 1 级标题，级别最高，文字也最大，其他标题元素依次递减，<h6> 级别最低。

```
<h1>这里是1级标题</h1>          <h4>这里是4级标题</h4>
<h2>这里是2级标题</h2>          <h5>这里是5级标题</h5>
<h3>这里是3级标题</h3>          <h6>这里是6级标题</h6>
```

> **注意**：作为标题，它们的重要性是有区别的，其中 <h1> 标题的重要性最高，<h6> 的最低。

▌ 实例 1：巧用标题标签，编写一个短新闻

本实例巧用 <h1> 标签、<h4> 标签、<h5> 标签，实现一个短新闻页面效果。其中，新闻的标题放在 <h1> 标签中，发布者放在 <h5> 标签中，新闻正文内容放在 <h4> 标签中。具体代码如下：

```
<!DOCTYPE html>
<html>
<head>
<!--指定页面编码格式-->
<meta charset="UTF-8">
<!--指定页头信息-->
<title>巧编短新闻</title>
</head>
<body>
<!--表示新闻的标题-->
<h1>"雪龙"号再次远征南极</h1>
<!--表示相关发布信息-->
<h5>发布者：老码识途课堂<h5>
<!--表示对话内容-->
<h4>经过3万海里航行，2019年3月10日，"雪龙"号极地考察破冰船载着中国第35次南极科考队队员安全抵达上海吴淞检疫锚地，办理进港入关手续。这是"雪龙"号第22次远征南极并安全返回。自2018年11月2日从上海起程执行第35次南极科考任务，"雪龙"号载着科考队员风雪兼程，创下南极中山站冰上和空中物资卸运历史纪录，在咆哮西风带布下我国第一个环境监测浮标，更经历意外撞上冰山的险情及成功应对。</h4>
</body>
</html>
```

运行效果如图 2-1 所示。

图 2-1　短新闻页面效果

2. 标题的对齐方式

默认情况下，网页中的标题是左对齐的。通过 align 属性，可以设置标题的对齐方式。语法格式如下：

```
<h1 align="对齐方式">文本内容</h1>
```

这里的对齐方式包括 left（文字左对齐）、center（文字居中对齐）、right（文字右对齐）。需要注意的是，对齐方式一定要添加双引号。

▌实例 2：混合排版一首古诗

本实例通过 <body background="gushi.jpg"> 来定义网页背景图片，通过 align="center" 来实现标题的居中效果，通过 align="right" 来实现标题的靠右效果，具体代码如下：

```
<!DOCTYPE html>
<html>
<head>
    <!--指定页面编码格式-->
    <meta charset="UTF-8">
    <!--指定页头信息-->
    <title>古诗混排</title>
</head>
<!--显示古诗图背景-->
<body background="gushi.jpg">
<!--显示古诗名称-->
<h2 align="center">望雪</h2>
<!--显示作者信息-->
<h5 align="right">唐代：李世民</h5>
<!--显示古诗内容-->
<h4 align="center">冻云宵遍岭，素雪晓凝华。</h4>
<h4 align="center">入牖千重碎，迎风一半斜。</h4>
<h4 align="center">不妆空散粉，无树独飘花。</h4>
<h4 align="center">萦空惭夕照，破彩谢晨霞。</h4>
</body>
</html>
```

运行效果如图 2-2 所示。

图 2-2　混合排版古诗页面效果

2.2　设置文字格式

在网页编程中，直接在 <body> 标签和 </body> 标签之间输入文字，这些文字就可以显示在页面中。多种多样的文字修饰效果可以呈现出一个美观大方的网页，会让人有美轮美奂、流连忘返的感觉。本节将介绍如何设置网页文字的修饰效果。

2.2.1　文字的字体、字号和颜色

font-family 属性用于指定文字字体类型，如宋体、黑体、隶书、Times New Roman 等，即在网页中，展示文字不同的形状。具体的语法格式如下：

```
style="font-family: 黑体"
```

font-size 属性用于设置文字大小。其语法格式如下：

```
Style="font-size: 数值| inherit | xx-small | x-small | small | medium
| large | x-large | xx-large | larger | smaller | length"
```

其中，通过数值来定义文字大小，例如用 font-size: 10 px 的方式定义文字大小为 10 像素。此外，还可以通过 medium 之类的参数定义文字的大小，其参数含义如表 2-1 所示。

表 2-1　设置文字大小的参数

参　数	说　明
xx-small	绝对文字尺寸。根据对象文字进行调整。最小
x-small	绝对文字尺寸。根据对象文字进行调整。较小
small	绝对文字尺寸。根据对象文字进行调整。小
medium	默认值。绝对文字尺寸。根据对象文字进行调整。正常
large	绝对文字尺寸。根据对象文字进行调整。大
x-large	绝对文字尺寸。根据对象文字进行调整。较大
xx-large	绝对文字尺寸。根据对象文字进行调整。最大
larger	相对文字尺寸。相对于父对象文字尺寸进行相对增大。使用成比例的 em 单位计算
smaller	相对文字尺寸。相对于父对象文字尺寸进行相对减小。使用成比例的 em 单位计算
length	百分数或由浮点数字和单位标识符组成的长度值，不可为负值。其百分比取值基于父对象中文字的尺寸

实例3：活用文字描述商品信息

本实例通过 <body background="gushi.jpg"> 来定义网页背景图片，通过 align="center" 来
实现标题的居中效果，通过 align="right" 来实现标题的靠右效果，具体代码如下：

```
<!DOCTYPE html>
<html>
<head>
<!--指定页头信息-->
<title>活用文字描述商品信息</title>
</head>
<body >
<!--显示商品图片，并居中显示-->
<h1 align=center><img src="goods.jpg"></h1>
<!--显示图书的名称，文字的字体为黑体，大小为20-->
<p style="font-family: 黑体; font-size: 20pt; align=center ">商品名称:
HTML5+CSS3+JavaScript网页设计案例课堂（第2版）</p>
<!--显示图书的作者，文字的字体为宋体，大小为15像素-->
<p style="font-family: 宋体; font-size: 15pt" >作者: 刘春茂</p>
<!--显示出版社信息，文字的字体为华文彩云-->
<p style="font-family: 华文彩云" >出版社: 清华大学出版社</p>
<!--显示商品的出版时间，文字的颜色为红色-->
<p style="color: red">出版时间: 2018年1月</p>
</body>
</html>
```

运行效果如图 2-3 所示。

图 2-3　文字描述商品信息

2.2.2　文字的粗体、斜体和下划线

重要文本通常以粗体、斜体或下划线等强调方式显示，HTML 中的 <b> 标签、<em> 标
签和 <strong> 标签分别实现了这 3 种显示方式。

<i> 标签实现了文本的倾斜显示。放在 <i></i> 之间的文本将以斜体显示。

<u> 标签可以为文本添加下划线，放在 < u ></ u > 之间的文本以添加下划线方式显示。

实例4：文字的粗体、斜体和下划线效果

下面的案例将综合应用 <b> 标签、<em> 标签、<strong> 标签、<i> 标签和 <u> 标签，

设置文字效果。

```
<!DOCTYPE html>
<html>
<head>
<title>文字的粗体、斜体和下划线</title>
</head>
<body>
<!--显示粗体文字效果-->
<p><b>吴兴自东晋为善地，号为山水清远。其民足于鱼稻蒲莲之利，寡求而不争。宾客非特有事于其地者不至焉。</b></p>
<!--显示强调文字效果-->
<p><em>故凡守郡者，率以风流啸咏、投壶饮酒为事。</em></p>
<!--显示加强调文字效果-->
<p><strong>自莘老之至，而岁适大水，上田皆不登，湖人大饥，将相率亡去。</strong></p>
<!--显示斜体字效果-->
<p><i>莘老大振廪劝分，躬自抚循劳来，出于至诚。富有余者，皆争出谷以佐官，所活至不可胜计。</i></p>
<!--显示下划线效果-->
<p><u>当是时，朝廷方更化立法，使者旁午，以为莘老当日夜治文书，赴期会，不能复雍容自得如故事。</u>。</p>
</body>
</html>
```

运行效果如图 2-4 所示，实现了文字的粗体、斜体和下划线效果。

图 2-4　文字的粗体、斜体和下划线的预览效果

2.2.3　文字的上标和下标

文字的上标和下标分别可以通过 <sup> 标签和 <sub> 标签来实现。需要特别注意的是，<sup> 标签和 <sub> 标签都是双标签，放在开始标签和结束标签之间的文本会分别以上标或下标的形式出现。

实例 5：文字的上标和下标效果

本案例将通过 <sup> 标签和 <sub> 标签来实现上标和下标效果。

```
<!DOCTYPE html>
<html>
<head>
<title>上标与下标效果</title>
</head>
```

```
<body>
<!-显示上标效果-->
<p>勾股定理表达式：
a<sup>2</sup>+b<sup>2</sup>=c<sup>2</sup></p>
<!-显示下标效果-->
<p>铁在氧气中燃烧：3Fe+2O<sub>2</sub>=Fe<sub>3</sub>O<sub>4</sub></sub>
</body>
</html>
```

运行效果如图 2-5 所示，分别实现了上标和下标文本显示。

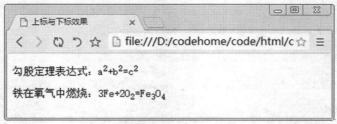

图 2-5　上标和下标预览效果

2.3　设置段落格式

在网页中如果要把文字合理地显示出来，离不开段落标签的使用。对网页中的文字段落进行排版，并不像文本编辑软件 Word 那样可以定义许多模式来安排文字的位置。在网页中要将某一段文字放在特定的地方是通过 HTML 标签来完成的。

1. 段落标签

在 HTML 5 网页文件中，段落效果是通过 <p> 标签来实现的。具体语法格式如下：

```
<p>段落文字</p>
```

其中段落标签是双标签，即 <p></p>，在 <p> 开始标签和 </p> 结束标签之间的内容形成一个段落。如果省略结束标签，从 <p> 标签开始，直到遇见下一个段落标签之前的文本，都在一个段落内。段落标签用来定义网页中的一段文本，文本在一个段落中会自动换行。

▌ 实例 6：创意显示"老码识途课堂"

本案例通过段落标签 <p> 来实现创意显示"老码识途课堂"的效果。

```
<!DOCTYPE html>
<html>
<head>
<title>创意显示老码识途课堂</title>
</head>
<body>
    < p > * * * * * * * * * * * * * * * * * * * * * * * * * * * * * * * * * * * 老 码 识 途 课 堂
******************************</p>
    <p>        老码识途课堂专注编程开发和图书出版18年，致力打造零基础在
线IT技术学习</p>
    <p>平台。通过全程技能跟踪，实现1对1高效技能培训。目前，老码识途课堂主要为零</p>
```

```
<p>基础读者提供优质的课程，课程内容新颖，模拟现实开发中的项目流程，快速积累</p>
<p>行业开发经验，为读者提供一站式服务，培养学生的编程思想。</p>
<p>＊＊＊＊＊＊＊＊＊＊＊＊＊＊＊＊＊＊＊＊＊＊＊＊微信公众号：老码识途课堂
＊＊＊＊＊＊＊＊＊＊＊＊＊＊＊＊＊＊＊＊＊＊＊＊＊＊</p>
</html>
```

运行效果如图 2-6 所示。

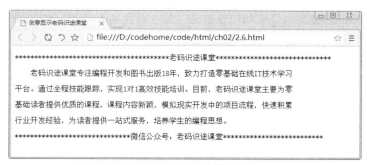

图 2-6　段落标签的使用

2. 段落的换行标签

在 HTML 5 文件中，换行标签为
，该标签是一个单标签，它没有结束标签，作用是将文字在一个段内强制换行。一个
 标签代表一个换行，连续的多个
 标签可以实现多次换行。

▌ 实例 7：巧用换行标签实现古诗效果

本案例通过使用
 换行标签，实现古诗的页面布局效果。使用
 换行标签和使用 <p> 段落标签一样可以实现换行的效果。

```
<!DOCTYPE html>
<html>
<head>
<title>文本段换行</title>
</head>
<body>
<p align="center">嘲顽石幻相<br/>
女娲炼石已荒唐，又向荒唐演大荒。<br/>
失去幽灵真境界，幻来亲就臭皮囊。<br/>
好知运败金无彩，堪叹时乖玉不光。<br/>
白骨如山忘姓氏，无非公子与红妆。
</body>
</html>
```

运行效果如图 2-7 所示，实现了换行效果。

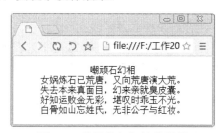

图 2-7　使用换行标签的效果

3. 段落的原格式标签

在网页排版中，对于类似空格和换行符等特殊的排版效果，通过原格式标签进行排版比较容易。原格式标签 <pre> 的语法格式如下：

```
<pre>
网页内容
</pre>
```

▌实例 8：巧用原格式标签实现空格和换行的效果

这里使用 `<pre>` 标签实现空格和换行效果，其中包含 `<h1>` 标签会实现换行效果。

```
<!DOCTYPE html>
<html>
<head>
<title>原格式标记</title>
</head>
<body>
<pre>恭喜！      您成功晋级了！

    请在指定时间进行复赛，争夺每年一度的<h1>冠军</h1>荣誉。</pre>
</body>
</html>
```

运行效果如图 2-8 所示，实现了空格和换行的效果。

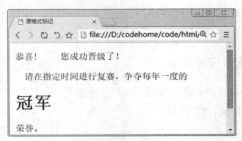

图 2-8　使用原格式标签的效果

2.4　网页的列表

网页的列表包括有序列表、无序列表和自定义列表。下面分别介绍这 3 种
列表的设计方法。

2.4.1　无序列表

在无序列表中，列表项之间没有顺序级别之分。无序列表使用一对标签 `<ul></ul>`，其
中每一个列表项使用 `<li></li>` 标签，其结构如下：

```
<ul>
    <li>无序列表项</li>
    <li>无序列表项</li>
    <li>无序列表项</li>
    <li>无序列表项</li>
</ul>
```

在无序列表结构中，使用 `<ul></ul>` 标签表示一个无序列表的开始和结束，`<li>` 标签则表示一个列表项的开始。在一个无序列表中可以包含多个列表项，并且 <li> 可以省略结束标签。下面实例使用无序列表实现文本的排列显示。

默认情况下，无序列表的项目符号都是 •。如果想修改项目符号，可以通过 type 属性来设置。type 的属性值可以设置为 disc、circle 或 square，分别显示不同的效果。

▌实例 9：建立不同类型的商品列表

下面使用多个 <ul> 标签，通过设置 type 属性，建立不同类型的商品列表。

```html
<!DOCTYPE html>
<html>
<head>
<title>不同类型的无序列表</title>
</head>
<body>
<h4>disc 项目符号的商品列表：</h4>
<ul type="disc">
    <li>冰箱</li>
    <li>空调</li>
    <li>洗衣机</li>
    <li>电视机</li>
</ul>
<h4>circle 项目符号的商品列表：</h4>
<ul type="circle">
    <li>冰箱</li>
    <li>空调</li>
    <li>洗衣机</li>
    <li>电视机</li>
</ul>
<h4>square 项目符号的商品列表：</h4>
<ul type="square">
    <li>冰箱</li>
    <li>空调</li>
    <li>洗衣机</li>
    <li>电视机</li>
</ul>
</body>
</html>
```

运行效果如图 2-9 所示。

图 2-9 不同类型的商品列表

2.4.2 有序列表

有序列表使用编号来编排项目，它使用标签 <ol></ol>，每一个列表项使用 <li></li> 标签。每个项目都有前后顺序之分，多数用数字表示，其结构如下：

```html
<ol>
    <li>第1项</li>
    <li>第2项</li>
    <li>第3项</li>
</ol>
```

默认情况下，有序列表的序号是数字。如果想修改成字母等其他形式，可以通过修改 type 属性来完成。其中 type 属性可以取值为 1、a、A、i 和 I，分别表示数字（1，2，3…）、小写字母（a，b，c…）、大写字母（A，B，C…）、小写罗马数字（i，ii，iii…）和大写罗马数字（Ⅰ，Ⅱ，Ⅲ…）。

▌实例 10：创建不同类型的有序列表

下面实现两种不同类型的有序列表。

```html
<!DOCTYPE html>
<html>
<head>
<title>创建不同类型的有序列表</title>
</head>
<body>
<h2>本月课程销售排行榜</h2>
<ol>
    <li>Python爬虫智能训练营</li>
    <li>网站前端开发训练营</li>
    <li>PHP网站开发训练营</li>
    <li>网络安全对抗训练营</li>
</ol>
<h2>本月学生区域分布排行榜</h2>
<ol type="A">
    <li>广州</li>
    <li>上海</li>
    <li>北京</li>
    <li>郑州</li>
</ol>
</body>
</html>
```

运行效果如图 2-10 所示。

图 2-10　不同类型的有序列表

2.4.3　自定义列表

在 HTML 5 中还可以自定义列表，自定义列表的标签是 <dl>。自定义列表的语法格式如下：

```html
<dl>
    <dt>项目名称1</dt>
    <dd>项目解释1</dd>
    <dd>项目解释2</dd>
    <dd>项目解释3</dd>
    <dt>项目名称2</dt>
    <dd>项目解释1</dd>
    <dd>项目解释2</dd>
    <dd>项目解释3</dd>
</dl>
```

▌实例 11：创建自定义列表

下面使用 <dl> 标签、<dt> 标签和 <dd> 标签，设计出自定义的列表样式。

```html
<!DOCTYPE html>
<html>
```

```
<head>
<title>自定义列表</title>
</head>
<body>
<h2>各个训练营介绍</h2>
<dl>
    <dt>Python爬虫智能训练营</dt>
    <dd>人工智能时代的来临，随着互联网数据越来越开放，越来越丰富，基于大数据来做的事也越来越
多。数据分析服务、互联网金融、数据建模、医疗病例分析、自然语言处理、信息聚类，这些都是大数据的应
用场景，而大数据的来源都是利用网络爬虫来实现的。</dd>
    <dt>网站前端开发训练营</dt>
    <dd>网站前端开发的职业规划包括网页制作、网页制作工程师、前端制作工程师、网站重构工程师、
前端开发工程师、资深前端工程师、前端架构师。</dd>
    <dt>PHP网站开发训练营</dt>
    <dd>PHP网站开发训练营是一个专门为PHP初学者提供入门学习帮助的平台，这里是初学者的修行圣
地，提供各种入门宝典。</dd>
    <dt>网络安全对抗训练营</dt>
    <dd>网络安全对抗训练营在剖析用户进行黑客防御中迫切需要或想要用到的技术时，力求对其进
行"傻瓜"式的讲解，使学生对网络防御技术有一个系统的了解，能够更好地防范黑客的攻击。</dd>
</dl>
</body>
</html>
```

运行效果如图 2-11 所示。

图 2-11 自定义网页列表

2.5 新手常见疑难问题

▌疑问 1：换行标签和段落标签的区别？

换行标签是单标签，一定不能写结束标签。段落标签是双标签，可以省略结束标签也可
以不省略。在默认情况下，段落之间的距离和段落内部的行间距是不同的，段落间距比较大，
行间距比较小。HTML 无法调整段落间距和行间距，如果希望调整它们，就必须使用 CSS
样式表。

▌疑问 2：无序列表 <ul> 元素的作用？

无序列表元素主要用于条理化和结构化文本信息。在实际开发中，无序列表在制作导航
菜单时使用广泛。导航菜单的结构一般都使用无序列表来实现。

2.6 实战技能训练营

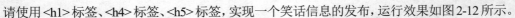

▍实战 1：巧用标签做一个笑话

请使用 <h1> 标签、<h4> 标签、<h5> 标签，实现一个笑话信息的发布，运行效果如图 2-12 所示。

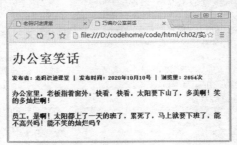

图 2-12 一则笑话的页面效果

▍实战 2：设计教育类页面效果

请综合运用网页文本的设计方法，制作教育网的文本页面，运行效果如图 2-13 所示。

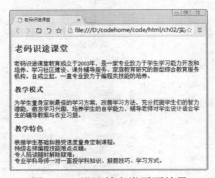

图 2-13 设计教育类页面效果

▍实战 3：编写一个自定义列表的页面

编程实现一个自定义列表的页面，运行效果如图 2-14 所示。单击页面的箭头图标，可以折叠或展开项目内容。

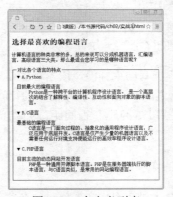

图 2-14 自定义列表

第3章　网页中的图像和超链接

📖 **本章导读**

　　图像是网页中最主要也是最常用的元素。图像在网页中具有画龙点睛的作用，它能装饰网页，呈现出丰富多彩的效果。超链接是一个网站的灵魂，它可以将一个网页和另一个网页串联起来。只有将网站中的各个页面链接在一起，这个网站才能称为真正的网站。本章将重点讲述图像和超链接的使用方法和技巧。

📑 **知识导图**

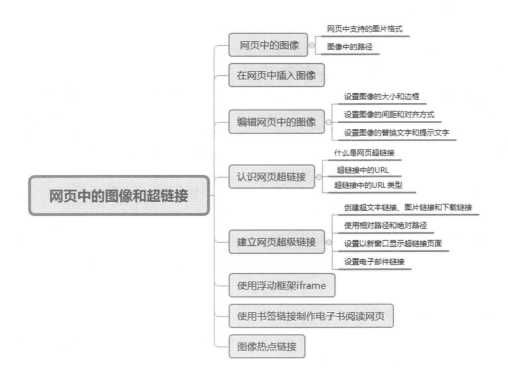

3.1 网页中的图像

俗话说"一图胜千言"，图片是网页中不可缺少的元素，巧妙地使用图片可以丰富网页特色。网页支持多种图片格式，并且可以为插入的图片设置宽度和高度。

3.1.1 网页中支持的图片格式

在网页中可以使用 GIF、JPEG、BMP、TIFF、PNG 等格式的图像文件，其中使用最广泛的主要是 GIF 和 JPEG 两种格式。

1. GIF 格式

GIF 格式是由 CompuServe 公司提出的与设备无关的图像存储标准，也是 Web 上使用最早、应用最广泛的图像格式。GIF 是通过减少组成图像的每个像素的储存位数和 LZH 压缩存储技术来减少图像文件的大小的，GIF 格式最多只能是 256 色的图像。

GIF 图像文件短小、下载速度快、低颜色数下比 JPEG 载入得更快。可用许多同样大小的 GIF 图像文件组成动画，在 GIF 图像中可指定透明区域，使图像具有非同一般的显示效果。

2. JPEG 格式

JPEG 格式是目前 Internet 中最受欢迎的图像格式，它可支持多达 16M 的颜色，能展现十分丰富生动的图像，并且还能压缩。但其压缩方式是以损失图像质量为代价的，压缩比越高，图像质量损失越大，图像文件也就越小。

一般情况下，同一图像的 BMP 格式的大小是 JPEG 格式的 5～10 倍。而 GIF 格式最多只能是 256 色，因此载入 256 色以上图像的 JPEG 格式成了 Internet 中最受欢迎的图像格式。

当网页中需要载入一个较大的 GIF 或 JPEG 图像文件时，载入速度会很慢。为改善网页的视觉效果，可在载入时设置为隔行扫描。隔行扫描在显示图像开始时看起来非常模糊，接着逐渐添加细节，直到图像完全显示出来。

GIF 是一种支持透明、动画的图片格式，但色彩只有 256 色。JPEG 是一种不支持透明和动画的图片格式，但是色彩模式比较丰富，保留大约 1670 万种颜色。

> **注意**：网页中现在也有很多 PNG 格式的图片。PNG 图片具有不失真、兼有 GIF 和 JPG 的色彩模式、网络传输速度快、支持透明图像制作等特点，近年来在网络中也很流行。

3.1.2 图像中的路径

HTML 文档支持文字、图片、声音、视频等媒体格式，但是除了文本是写在 HTML 中的以外，其他格式文件都是嵌入式的，HTML 文档只记录这些文件的路径。这些媒体信息能否正确显示，路径至关重要。

路径的作用是定位一个文件的位置。文件的路径可以有两种表述方法，以当前文档为参照物表示文件的位置，即相对路径；以根目录为参照物表示文件的位置，即绝对路径。

为了方便讲述绝对路径和相对路径，先看如图 3-1 所示的目录结构。

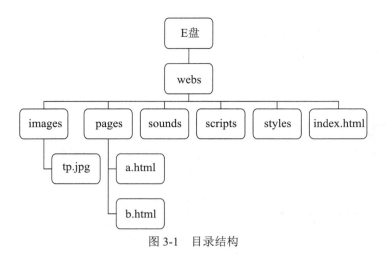

图 3-1　目录结构

1. 绝对路径

例如，在 E 盘的 webs 目录下的 images 下有一个 tp.jpg 图像，那么它的路径就是 E:\webs\images\tp.jpg，像这种完整地描述文件位置的路径就是绝对路径。如果将图片文件 tp.jpg 插入网页 index.html 中，则绝对路径的表示方式如下：

```
E:\webs\images\tp.jpg
```

如果使用绝对路径 E:\webs\images\tp.jpg 进行图片链接，那么在本地电脑中将一切正常，因为在 E:\webs\images 下的确存在 tp.jpg 这个图片。如果将文档上传到网站服务器，可能就不会正常显示，因为服务器给你划分的存放空间可能在 E 盘其他目录中，也可能在 D 盘其他目录中。为了保证图片正常显示，必须从 webs 文件夹开始，放到服务器或其他电脑的 E 盘根目录下。

通过上述讲解，读者会发现，如果链接的资源是本站点内的，使用绝对路径对位置要求非常严格。因此，链接本站内的资源不建议采用绝对路径。如果链接其他站点的资源，必须使用绝对路径。

2. 相对路径

如何使用相对路径设置上述图片呢？所谓相对路径，顾名思义就是以当前位置为参考点，自己相对于目标的位置。例如，在 index.html 中链接 tp.jpg 就可以使用相对路径。index.html 和 tp.jpg 图片的路径根据上述目录结构图可以这样来定位：从 index.html 位置出发，它和 images 属于同级，路径是通的，因此可以定位到 images，images 的下级就是 tp.jpg。使用相对路径表示图片如下：

```
images/tp.jpg
```

使用相对路径，不论将这些文件放到哪里，只要 tp.jpg 和 index.html 文件的相对关系没变，就不会出错。

在相对路径中，.. 表示上一级目录，../.. 表示上级的上级目录，以此类推。例如，将 tp.jpg 图片插入 a.html 文件中，使用相对路径表示如下：

```
../images/tp.jpg
```

> **注意：** 细心的读者会发现，路径分隔符使用了 \ 和 / 两种，其中 \ 表示本地分隔符，/ 表示网络分隔符。因为网站制作好后肯定是在网络上运行的，因此要求使用 / 作为路径分隔符。

3.2 在网页中插入图像

图像可以美化网页，插入图像使用单标签 <img>。img 标签的属性及描述如表 3-1 所示。

表 3-1   img 标签的属性及描述

属　性	值	描　　述
alt	text	定义有关图形的简短的描述
src	URL	要显示的图像的 URL
height	pixels %	定义图像的高度
ismap	URL	把图像定义为服务器端的图像映射
usemap	URL	定义作为客户端图像映射的一幅图像。请参阅 <map> 和 <area> 标签，了解其工作原理
vspace	pixels	定义图像顶部和底部的空白。不支持。请使用 CSS 代替
width	pixels %	设置图像的宽度

src 属性用于指定图片源文件的路径，它是 img 标签必不可少的属性。其语法格式如下：

```
<img src="图片路径">
```

图片的路径可以是绝对路径，也可以是相对路径。下面的实例是在网页中插入图片。

┃ 实例 1：通过图像标签，设计一个象棋游戏的来源介绍

```
<!DOCTYPE html>
<html >
<head>
<title>插入图片</title>
</head>
<body>
<h2 align="center">象棋的来源</h2>
<p>    中国象棋是起源于中国的一种棋戏，象棋的"象"是一个人，相传象是舜
的弟弟，他喜欢打打杀杀，他发明了一种用来模拟战争的游戏，因为是他发明的，很自然地把这种游戏叫做
"象棋"。到了秦朝末年西汉开国，韩信把象棋进行一番大改，有了楚河汉界，有了王不见王，名字还叫作
"象棋"，然后经过后世的不断修正，一直到宋朝，把红棋的"卒"改为"兵"，黑棋的"仕"改为"士"，
"相"改为"象"，象棋的样子基本完善。棋盘里的河界，又名"楚河汉界"。</p>
<!--插入象棋的游戏图片，并且设置水平间距为200像素-->
<img src="pic/xiangqi.gif" hspace="200">
</body>
</html>
```

运行效果如图 3-2 所示。

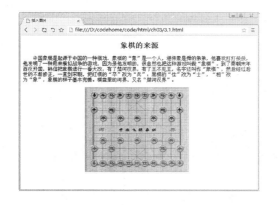

图 3-2 在网页中插入图像

除了可以在本地插入图片以外，还可以插入网络资源中的图片，例如插入百度图库中的图片，插入代码如下：

```
<img src="http: //www.baidu.com/img/图片名称.gif" />
```

3.3 编辑网页中的图像

在插入图片时，用户还可以设置图像的大小、边框、间距、对齐方式和替换文本等。

1. 设置图像的大小和边框

在 HTML 文档中，还可以设置插入图片的显示大小，一般是按原始尺寸显示，但也可以设置任意显示尺寸。设置图像尺寸分别用属性 width（宽度）和 height（高度）。

设置图片的大小的语法格式如下：

```
<img src="图像的地址" width="宽度值" height="高度值">
```

这里的高度值和宽度值的单位为像素。如果只设置了宽度或者高度，则另一个参数会按照相同的比例进行调整。如果同时设置了宽度和高度，且缩放比例不同，则图像可能会变形。

默认情况下，插入的图像没有边框，可以通过 border 属性为图像添加边框。其语法格式如下：

```
<img src="图像的地址" border="边框大小值">
```

这里的边框大小值的单位为像素。

实例 2：设置图像的大小和边框效果

```
<!DOCTYPE html>
<html>
<head>
<title>设置图像的大小和边框</title>
</head>
<body>
<img src="pic/pingban.jpg">
<img src="pic/pingban.jpg" width="100">
<img src="pic/pingban.jpg" width="150" height="200">
```

```
<img src="pic/pingban.jpg" border="5">
</body>
</html
```

运行效果如图 3-3 所示。

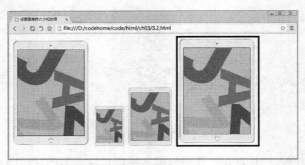

图 3-3　设置图像的大小和边框

图像的尺寸单位可以选择百分比或数值。百分比为相对尺寸，数值是绝对尺寸。

> **注意**：网页中插入的图像都是位图，放大尺寸，图像会出现马赛克，变得模糊。

> **技巧**：在 Windows 中查看图片的尺寸，只需要找到图像文件，把鼠标指针移动到图像上，停留几秒后，就会出现一个提示框，说明图像文件的尺寸。尺寸后显示的数字，代表图像的宽度和高度，如 256×256。

2. 设置图像的间距和对齐方式

在设计网页的图文混排时，如果不使用换行标签，则添加的图片会紧跟在文字后面。如果想调整图片与文字的距离，可以通过设置 hspace 属性和 vspace 属性来完成。其语法格式如下：

```
<img src="图像的地址" hspace="水平间距值" vspace="垂直间距值">
```

图像和文字之间的排列通过 align 参数来调整。对齐方式分为两种：绝对对齐方式和相对文字对齐方式。其中绝对对齐方式包括左对齐、右对齐和居中对齐，相对文字对齐方式则指图像与一行文字的相对位置。其语法格式如下：

```
<img src="图像的地址" align="相对文字的对齐方式">
```

其中，align 属性的取值和含义如下。
（1）.left：把图像对齐到左边。
（2）.right：把图像对齐到右边。
（3）.middle：把图像与中央对齐。
（4）.top：把图像与顶部对齐。
（5）.bottom：把图像与底部对齐。该对齐方式为默认对齐方式。

▍实例 3：设置商品图片的水平对齐间距效果

```
<!doctype html>
```

```
<html>
<head>
<title>设置图像的水平间距</title>
</head>
<body>
<h3>请选择您喜欢的商品: </h3>
<hr size="3" />
<!--在插入的两行图片中，分别设置图片的对齐方式为middle -->
第一组商品图片<img src="pic/1.jpg" border="2" align="middle"/>
              <img src="pic/2.jpg" border="2" align="middle"/>
              <img src="pic/3.jpg" border="2" align="middle"/>
              <img src="pic/4.jpg" border="2" align="middle"/>
<br /><br />
第二组商品图片<img src="pic/5.jpg" border="1" align="middle"/>
              <img src="pic/6.jpg" border="1" align="middle"/>
              <img src="pic/7.jpg" border="1"align="middle"/>
              <img src="pic/8.jpg" border="1"align="middle"/>
</body>
</html>
```

运行效果如图 3-4 所示。

图 3-4　设置图像水平对齐间距效果

3. 设置图像的替换文字和提示文字

图像提示文字的作用有两个：①当浏览网页时，如果图像下载完成，将鼠标指针放在该图像上，鼠标指针旁边会出现提示文字，为图像添加说明性文字；②如果图像没有成功下载，在图像的位置上就会显示替换文字。

为图像添加提示文字可以方便搜索引擎的检索，除此之外，图像提示文字的作用还有以下两个。

（1）当浏览网页时，如果图像下载完成，将鼠标指针放在该图像上，鼠标指针旁边会显示 title 标签设置的提示文字。其语法格式如下：

```
<img src="图像的地址" title="图像的提示文字">
```

（2）如果图像没有成功下载，在图像的位置上会显示 alt 标签设置的替换文字。其语法格式如下：

```
<img src="图像的地址" alt="图像的替换文字">
```

▍实例 4：设置商品图片的替换文字和提示文字效果

```
<!DOCTYPE html>
<html >
<head>
<title>替换文字和提示文字</title>
</head>
<body>
<h2 align="center">象棋的来源</h2>
<p>    中国象棋是起源于中国的一种棋戏，象棋的 "象" 是一个人，相传象是舜
的弟弟，他喜欢打打杀杀，他发明了一种用来模拟战争的游戏，因为是他发明的，很自然地把这种游戏叫做
"象棋"。到了秦朝末年西汉开国，韩信把象棋进行一番大改，有了楚河汉界，有了王不见王，名字还叫作
"象棋"，然后经过后世的不断修正，一直到宋朝，把红棋的 "卒" 改为 "兵"，黑棋的 "仕" 改为 "士"，
"相" 改为 "象"，象棋的样子基本完善。棋盘里的河界，又名 "楚河汉界"。</p>
<!--插入象棋的游戏图片，并且设置替换文字和提示文字-->
<img src="pic/xiangqis.gif" alt="象棋游戏" title="象棋游戏是中华民族的文化瑰宝">
<img src="pic/xiangqi.gif" alt="象棋游戏" title="象棋游戏是中华民族的文化瑰宝">
</body>
</html>
```

运行效果如图 3-5 所示。用户将鼠标放在图片上，即可看到提示文字。

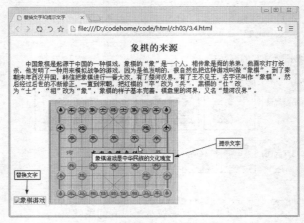

图 3-5　替换文字和提示文字

> **注意**：随着互联网技术的发展，网速已经不是制约因素，因此一般都能成功下载图像。现在，alt 还有另外一个作用，在百度、Google 等大搜索引擎中，搜索图片没有文字方便，如果给图片添加适当提示，可以方便搜索引擎的检索。

3.4　认识网页超链接

所谓超链接，是指从一个网页指向一个目标的链接关系，这个目标可以是另一个网页，也可以是相同网页上的不同位置，还可以是一个图片、一个电子邮件地址、一个文件，甚至是一个应用程序。

1. 什么是网页超链接

超链接是一种对象，它以特殊编码的文本或图形的形式来实现链接。如果单击该链接，则相当于指示浏览器移至同一网页内的某个位置，或打开一个新的网页，或打开某一个新的 WWW 网站中的网页。

网页中的链接按照链接路径的不同，可以分为 3 种类型，分别是内部链接、锚点链接和外部链接。按照使用对象的不同，网页中的链接又可以分为文本超链接、图像超链接、E-mail 链接、锚点链接、多媒体文件链接、空链接等。

在网页中，一般文字上的超链接都是蓝色的，文字下面有一条下划线。当移动鼠标指针到该超链接上时，鼠标指针就会变成手形，这时候用鼠标左键单击，就可以直接跳到与这个超链接相连的网页或 WWW 网站上。如果用户已经浏览过某个超链接，这个超链接的文本颜色就会发生改变（默认为紫色）。只有图像的超链接访问后颜色不会发生变化。

2. 超链接中的 URL

URL 为 Uniform Resource Locator 的缩写，通常翻译为"统一资源定位器"，也就是人们通常说的"网址"，它用于指定 Internet 上的资源位置。

网络中的计算机之间是通过 IP 地址区分的，如果希望访问网络中某台计算机中的资源，首先要定位到这台计算机。IP 地址是由 32 位二进制数（即 32 个 0/1 代码）组成的，数字之间没有意义，不容易记忆。为了方便记忆，现在计算机一般采用域名的方式来寻址，即在网络上使用一组有意义的字符组成的地址代替 IP 地址来访问网络资源。

URL 由 4 个部分组成，即"协议""主机名""文件夹名""文件名"，如图 3-6 所示。

图 3-6　URL 组成

互联网中有各种各样的应用，如 Web 服务、FTP 服务等。每种服务应用都对应的有协议，通常通过浏览器浏览网页的协议都是 HTTP 协议，即"超文本传输协议"，因此网页的地址都以 http:// 开头。

www.baidu.com 为主机名，表示文件存在于哪台服务器上，主机名可以通过 IP 地址或者域名来表示。

确定主机后，还需要说明文件存在于这台服务器的哪个文件夹中，这里文件夹可以分为多个层级。

确定文件夹后，就要定位到文件，即要显示哪个文件，网页文件通常是以 .html 或 .htm 为扩展名。

3. 超链接中的 URL 类型

网页上的超链接一般分为 3 种，分别如下。

（1）绝对 URL 超链接：URL 就是统一资源定位符，简单地讲就是网络上的一个站点、网页的完整路径。

（2）相对 URL 超链接：如将自己网页上的某一段文字或某个标题链接到同一网站的其他网页上。

（3）书签超链接：同一网页的超链接，这种超链接又叫作书签。

3.5　建立网页超级链接

超级链接就是当鼠标单击一些文字、图片或其他网页元素时，浏览器就会根据其指示载入一个新的页面或跳转到页面的其他位置。超级链接除了可链接文本外，也可链接各种媒体，如声音、图像、动画，通过它们可享受丰富多彩的多媒体世界。

建立超级链接所使用的 HTML 标签为 <a></a>。超级链接最重要的有两个要素，设置为超级链接的网页元素和超级链接指向的目标地址。基本的超级链接的结构如下。

```
<a href=URL>网页元素</a>
```

3.5.1　创建超文本链接

文本是网页制作中使用最频繁也是最主要的元素。为了实现跳转到与文本相关内容的页面，往往需要为文本添加链接。

1. 什么是文本链接

浏览网页时，会看到一些带下划线的文字，将鼠标移到文字上时，鼠标指针将变成手形，单击会打开一个网页，这样的链接就是文本链接。

2. 创建链接的方法

使用 <a> 标签可以实现网页超链接，在 <a> 标签处需要定义锚来指定链接目标。锚（anchor）有两种用法，介绍如下。

（1）通过使用 href 属性，创建指向另外一个文档的链接（或超链接）。使用 href 属性的代码格式如下：

```
<a href="链接地址">创建链接的文本</a>
```

（2）通过使用 name 或 id 属性，创建一个文档内部的书签（也就是说，可以创建指向文档片段的链接）。使用 name 属性的代码格式如下：

```
<a name="value">创建链接的文本</a>
```

name 属性用于指定锚的名称。name 属性可以创建（大型）文档内的书签。

使用 id 属性的代码格式如下：

```
<a id="value">创建链接的文本</a>
```

3. 创建网站内的文本链接

创建网页内的文本链接主要使用 href 属性来实现。比如，在网页中做一些知名网站的友情链接。

▎实例 5：通过链接实现商城导航效果

```
<!DOCTYPE html>
<html>
<head>
<title>超链接</title>
</head>
<body>
<a href="#">首页</a>     
<a href="links.html" target="_blank">手机数码</a>     
<a href="links.html"target="_blank">家用电器</a>     
<a href="links.html"target="_blank">母婴玩具</a>
<a href="http: //www.baidu.com"target="_blank">百度搜索</a><br/>
<img src="pic/shop.jpg" alt="广告图">
</body>
</html>
```

运行效果如图 3-7 所示。

图 3-7　添加超链接

> **注意：** 如果链接为外部链接，则链接地址前的 http:// 不可省略，否则链接会出现错误提示。

3.5.2　创建图片链接

在网页中浏览内容时，若将鼠标指针移到图像上，鼠标指针将变成手形，单击会打开一个网页，则这样的链接就是图像链接。

使用 <a> 标签为图片添加链接的代码格式如下：

```
<a href="链接目标"><img src="图片地址"/></a>
```

▌实例 6：创建图片链接效果

```
<!DOCTYPE html>
<html>
<head>
<title>图片链接</title>
</head>
<body>
音乐无限
<a href="mp3.html"><img src="pic/m1.jpg"/></a>
<br>
<br>
<br>
运动健身
<a href="tiyu.html"><img src="pic/m2.jpg"/></a>
</body>
</html
```

运行效果如图 3-8 所示。鼠标指针放在图片上呈现手形，单击后可跳转到指定网页。

图 3-8　创建的图片链接网页效果

提示： 文件中的图片要和当前网页文件在同一目录下，链接的网页没有加 http://，默认为当前网页所在目录。

3.5.3　创建下载链接

超链接 <a> 标签的 href 属性是指向链接的目标，目标可以是各种类型的文件，如图片文件、声音文件、视频文件、Word 文件等。如果是浏览器能够识别的类型，会直接在浏览器中显示；如果是浏览器不能识别的类型，在浏览器中会弹出文件下载对话框。

▌实例 7：创建音频文件和 Word 文档文件的下载链接的效果

```
<!DOCTYPE html>
<html>
<head>
<title>链接各种类型文件</title>
</head>
<body>
<p><a href="1.mp3">链接音频文件</a></p>
<p><a href="2.doc">链接Word文档</a></p>
</body>
</html>
```

运行效果如图 3-9 所示。单击不同的链接，浏览器将直接显示文件的内容。

图 3-9　音频文件和 Word 文档文件的下载链接

3.5.4　使用相对路径和绝对路径

绝对 URL 一般用于访问不同服务器上的资源，相对 URL 是指访问同一台服务器上相同文件夹或不同文件夹中的资源。如果访问相同文件夹中的文件，只需要写文件名；如果访问不同文件夹中的资源，URL 以服务器的根目录为起点，指明文档的相对关系，由文件夹名和文件名两个部分构成。

▌实例 8：使用绝对 URL 和相对 URL 实现超链接

```
<!DOCTYPE html>
<html>
<head>
<title>绝对URL和相对URL</title>
```

```
    </head>
    <body>
        单击<a href="http: //www.webDesign.com/index.html">绝对URL</a>链接到webDesign网
站首页<br />
        单击<a href="02.html">相同文件夹的URL</a>链接到相同文件夹中的第2个页面<br />
        单击<a href="../pages/03.html">不同文件夹的URL</a>链接到不同文件夹中的第3个页面
    </body>
</html>
```

在上述代码中，第 1 个链接使用的是绝对 URL；第 2 个链接使用的是服务器相对 URL，也就是链接到文档所在服务器的根目录下的 02.html；第 3 个链接使用的是文档相对 URL，即原文档所在文件夹的父文件夹下面的 pages 文件夹中的 03.html 文件。

运行效果如图 3-10 所示。

图 3-10　绝对 URL 和相对 URL

3.5.5　设置以新窗口显示超链接页面

在默认情况下，当单击超链接时，目标页面会在当前窗口中显示，替换当前页面的内容。如果要在单击某个链接以后，打开一个新的浏览器窗口显示目标页面，就需要使用 <a> 标签的 target 属性。

target 属性的代码格式如下：

```
<a target="value">
```

其中，value 有 4 个参数可用，这 4 个保留的目标名称用作特殊的文档重定向操作。

（1）_blank：浏览器总在一个新打开、未命名的窗口中载入目标文档。

（2）_self：这个目标的值对所有没有指定目标的 <a> 标签是默认目标，可使得目标文档载入并显示在相同的框架或者窗口中作为源文档。这个目标是多余且不必要的，除非和文档标题 <base> 标签中的 target 属性一起使用。

（3）_parent：这个目标使得文档载入父窗口或者包含在超链接引用的框架的框架集中。如果这个引用是在窗口或者顶级框架中，那么它与目标 _self 等效。

（4）_top：这个目标使得文档载入包含这个超链接的窗口，用 _top 目标将会清除所有被包含的框架并将文档载入整个浏览器窗口。

▌实例 9：设置以新窗口显示超链接页面

```
<!DOCTYPE html>
<html>
<head>
<title>设置以新窗口显示超链接</title>
</head>
<body>
```

```
<a href="http://www.baidu.com" target="_blank">百度</a>
</body>
</html>
```

运行效果如图 3-11 所示。单击网页中的超链接，在新窗口中打开链接页面，如图 3-12 所示。

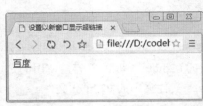

图 3-11　制作网页超链接

图 3-12　在新窗口中打开链接网页

如果将 _blank 换成 _self，即代码修改为"<a href="http://www.baidu.com" target="_self">百度 </a>"，单击链接后，则直接在当前窗口中打开新链接。

> **提示**：target 的这 4 个值都以下划线开始。任何其他用一个下划线作为开头的窗口或者目标都会被浏览器忽略。因此，不要将下划线作为文档中定义的任何框架 name 或 id 的第一个字符。

3.5.6　设置电子邮件链接

在某些网页中，当访问者单击某个链接以后，会自动打开电子邮件客户端软件，如 Outlook 或 Foxmail 等，向某个特定的 E-mail 地址发送邮件，这个链接就是电子邮件链接。电子邮件链接的格式如下：

```
<a href="mailto: 电子邮件地址" >网页元素</a>
```

▌实例 10：设置电子邮件链接

```
<!DOCTYPE html>
<html>
<head>
<title>电子邮件链接</title>
</head>
<body>
<img src="pic/logo.gif" width="119" height="49">    [免费注册][登录]
<a href="mailto: bczj123@foxmail.com">站长信箱</a>
</body>
</html>
```

运行效果如图 3-13 所示，实现了电子邮件链接。

图 3-13　链接到电子邮件

当读者单击【站长信箱】链接时，会自动弹出 Outlook 窗口，要求编写电子邮件，如图 3-14 所示。

图 3-14　Outlook 新邮件窗口

3.6　使用浮动框架 iframe

HTML 5 已经不支持 frameset 框架，但是它仍然支持 iframe 浮动框架的使用。浮动框架可以自由控制窗口大小，还可以配合表格随意地在网页中的任何位置插入窗口。实际上就是在窗口中再创建一个窗口。

使用 iframe 创建浮动框架的格式如下：

```
<iframe src="链接对象" >
```

其中，src 表示浮动框架中显示对象的路径，可以是绝对路径，也可以是相对路径。例如，下面的代码是在浮动框架中显示百度网站。

▌实例 11：创建一个浮动框架效果

```
<!DOCTYPE html>
<html>
<head>
<title>浮动框架中显示百度网站</title>
</head>
<body>
<iframe src="http: //www.baidu.com"></iframe>
</body>
</html>
```

运行效果如图 3-15 所示。浮动框架在页面中又创建了一个窗口，在默认情况下，浮动框架的尺寸为 220 像素 ×120 像素。

图 3-15　浮动框架效果

如果需要调整浮动框架的尺寸，请使用 CSS 样式。修改上述浮动框架尺寸，请在 head 标签部分增加如下 CSS 代码。

```
<style>
iframe{
    width: 600px;      //框架的宽度
    height: 800px;     //框架的高度
}
</style>
```

> **注意**：在 HTML 5 中，iframe 仅支持 src 属性，再无其他属性。

3.7　使用书签链接制作电子书阅读网页

超链接除了可以链接特定的文件和网站之外，还可以链接到网页内的特定内容。可以使用 <a> 标签的 name 或 id 属性，创建一个文档内部的书签，也就是说，可以创建指向文档片段的链接。

例如，使用以下命令可以将网页中的文本"你好"定义为一个内部书签，书签名称为 name1。

```
<a name="name1" >你好</a>
```

在网页中的其他位置可以插入超链接引用该书签，引用命令如下：

```
<a href="#name1" >引用内部书签</a>
```

通常网页内容比较多的网站会采用这种方法，比如一个电子书网页。

▌实例 12：为文学作品添加书签效果

下面使用书签链接制作一个电子书网页，为每一个文学作品添加书签效果。

```
<!DOCTYPE html>
<html>
<head>
<title>电子书</title>
</head>
<body >
<h1>文学鉴赏</h1>
<ul>
    <li><a href="#第一篇" >再别康桥</a>
    <li><a href="#第二篇" >雨　巷</a>
    <li><a href="#第三篇" >荷塘月色</a>
</ul>
<h3><a name="第一篇" >再别康桥</a></h3>
——徐志摩
<ul>
    <li>轻轻的我走了，正如我轻轻的来；
    <li>我轻轻的招手，作别西天的云彩。
      <br>
    <li>那河畔的金柳，是夕阳中的新娘；
    <li>波光里的艳影，在我的心头荡漾。
```

```
　　　　　<br>
　　　　<li>软泥上的青荇，油油地在水底招摇；
　　　　<li>在康河的柔波里，我甘心做一条水草！
　　　　　<br>
　　　　<li>那榆荫下的一潭，不是清泉，是天上虹；
　　　　<li>揉碎在浮藻间，沉淀着彩虹似的梦。
　　　　　<br>
　　　　<li>寻梦？撑一支长篙，向青草更青处漫溯；
　　　　<li>满载一船星辉，在星辉斑斓里放歌。
　　　　　<br>
　　　　<li>但我不能放歌，悄悄是别离的笙箫；
　　　　<li>夏虫也为我沉默，沉默是今晚的康桥！
　　　　　<br>
　　　　<li>悄悄的我走了，正如我悄悄的来；
　　　　<li>我挥一挥衣袖，不带走一片云彩。
　　　</ul>
　　　<h3><a name="第二篇" >雨　巷</a></h3>
　　　——戴望舒<br>
　　　撑着油纸伞，独自彷徨在悠长、悠长又寂寥的雨巷，我希望逢着一个丁香一样的结着愁怨的姑娘。<br>
　　　她是有丁香一样的颜色，丁香一样的芬芳，丁香一样的忧愁，在雨中哀怨，哀怨又彷徨；她彷徨在这寂寥
的雨巷，撑着油纸伞像我一样，像我一样地默默彳亍着，冷漠，凄清，又惆怅。<br>
　　　她静默地走近，走近，又投出太息一般的眼光，她飘过像梦一般地凄婉迷茫。像梦中飘过一枝丁香的，
我身旁飘过这女郎；她静默地远了，远了，到了颓圮的篱墙，走尽这雨巷。在雨的哀曲里，消了她的颜色，散
了她的芬芳，消散了，甚至她的太息般的眼光丁香般的惆怅。撑着油纸伞，独自彷徨在悠长，悠长又寂寥的雨
巷，我希望飘过一个丁香一样的结着愁怨的姑娘。
　　　<h3><a name="第三篇" >荷塘月色</a></h3>
　　　曲曲折折的荷塘上面，弥望的是田田的叶子。叶子出水很高，像亭亭的舞女的裙。层层的叶子中间，零星
地点缀着些白花，有袅娜地开着的，有羞涩地打着朵儿的；正如一粒粒的明珠，又如碧天里的星星，又如刚出
浴的美人。微风过处，送来缕缕清香，仿佛远处高楼上渺茫的歌声似的。这时候叶子与花也有一丝的颤动，像
闪电般，霎时传过荷塘的那边去了。叶子本是肩并肩密密地挨着，这便宛然有了一道凝碧的波痕。叶子底下是
脉脉的流水，遮住了，不能见一些颜色；而叶子却更见风致了。<br>
　　　月光如流水一般，静静地泻在这一片叶子和花上。薄薄的青雾浮起在荷塘里。叶子和花仿佛在牛乳中洗
过一样；又像笼着轻纱的梦。虽然是满月，天上却有一层淡淡的云，所以不能朗照；但我以为这恰是到了好
处——酣眠固不可少，小睡也别有风味的。月光是隔了树照过来的，高处丛生的灌木，落下参差的斑驳的黑
影，峭楞楞如鬼一般；弯弯的杨柳的稀疏的倩影，却又像是画在荷叶上。塘中的月色并不均匀；但光与影有着
和谐的旋律，如梵婀玲上奏着的名曲。
　　　</body>
　　　</html>
```

运行效果如图 3-16 所示。

单击“雨巷”超链接，页面会自动跳转到“雨巷”对应的内容，如图 3-17 所示。

图 3-16　电子书网页

图 3-17　书签跳转效果

3.8 图像热点链接

在浏览网页时，读者会发现，当单击一张图片的不同区域，会显示不同的链接内容，这就是图片的热点区域。所谓图片的热点区域就是将一个图片划分成若干个链接区域，访问者单击不同的区域会链接到不同的目标页面。

在 HTML 5 中，可以为图片创建 3 种类型的热点区域：矩形、圆形和多边形。创建热点区域使用标签 <map> 和 <area>。

设置图像热点链接大致可以分为两个步骤。

1. 设置映射图像

要想建立图片热点区域，必须先插入图片。注意，图片必须增加 usemap 属性，说明该图像是热区映射图像，属性值必须以"#"开头，加上名字，如 #pic。具体语法格式如下：

```
<img src="图片地址" usemap="#热点图像名称">
```

2. 定义热点区域图像和热点区域链接

接着可以定义热点区域图像和热点区域链接，语法格式如下：

```
<map id="#热点图像名称">
    <area shape="热点形状1" coords="热点坐标1" href="链接地址1">
    <area shape="热点形状2" coords="热点坐标2" href="链接地址2">
</map>
```

<map> 标签只有一个属性 id，其作用是为区域命名，其设置值必须与 <img> 标签的 usemap 属性值相同。

<area> 标签主要是定义热点区域的形状及超链接，它有 3 个必需的属性。

（1）shape 属性：控件划分区域的形状。其取值有 3 个，分别是 rect（矩形）、circle（圆形）和 poly（多边形）。

（2）coords 属性：控制区域的划分坐标。如果 shape 属性取值为 rect，那么 coords 的设置值分别为矩形的左上角 x、y 坐标点和右下角 x、y 坐标点，单位为像素。如果 shape 属性取值为 cirle，那么 coords 的设置值分别为圆形圆心 x、y 坐标点和半径值，单位为像素。如果 shape 属性取值为 poly，那么 coords 的设置值分别为矩形的各个点 x、y 坐标，单位为像素。

（3）href 属性：为区域设置超链接的目标。设置值为 # 时，表示为空链接。

实例 13：添加图像热点链接

```
<!DOCTYPE html>
<html>
<head>
<title>创建热点区域</title>
</head>
<body>
<img src="pic/daohang.jpg" usemap="#Map">
<map name="Map">
    <area shape="rect" coords="30, 106, 220, 363" href="pic/r1.jpg"/>
    <area shape="rect" coords="234, 106, 416, 359" href="pic/r2.jpg"/>
    <area shape="rect" coords="439, 103, 618, 365" href="pic/r3.jpg"/>
    <area shape="rect" coords="643, 107, 817, 366" href="pic/r4.jpg"/>
    <area shape="rect" coords="837, 105, 1018, 363" href="pic/r5.jpg"/>
</map>
```

```
</body>
</html>
```

运行效果如图 3-18 所示。

图 3-18　创建热点区域

单击不同的热点区域，将跳转到不同的页面。例如，这里单击"超美女装"区域，跳转页面效果如图 3-19 所示。

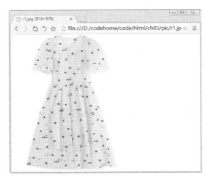

图 3-19　热点区域的链接页面

在创建图像热点区域时，比较复杂的操作是定义坐标，初学者往往难以控制。目前比较好的解决方法是使用可视化软件手动绘制热点区域，例如这里使用 Dreamweaver 软件绘制需要的区域即可，如图 3-20 所示。

图 3-20　使用 Dreamweaver 软件绘制热点区域

3.9　新手常见疑难问题

▌疑问 1：在浏览器中，图片无法正常显示，为什么？

图片在网页中属于嵌入对象，并不是图片保存在网页中，网页只是保存了指向图片的路径。浏览器在解释 HTML 文件时，会按指定的路径去寻找图片，如果在指定的位置不存在图片，就无法正常显示。为了保证图片的正常显示，制作网页时需要注意以下几处。

（1）图片格式一定是网页支持的。

（2）图片的路径一定要正确，并且图片文件的扩展名不能省略。

（3）HTML 文件位置发生改变时，图片一定要随着改变，即图片位置和 HTML 文件的位置始终保持相对一致。

▍疑问 2：在网页中，有时使用图像的绝对路径，有时使用相对路径，为什么？

如果在同一个文件中需要反复使用一个相同的图像文件时，最好在 <img> 标签中使用相对路径，不要使用绝对路径或 URL，因为，使用相对路径，浏览器只需将图像文件下载一次，再次使用这个图像时，只要重新显示一遍即可。如果使用绝对路径，每次显示图像时，都要下载一次图像，这将大大降低图像的显示速度。

▍疑问 3：在网页中，如何将图片设置为网页背景？

在插入图片时，用户可以根据需要将某些图片设置为网页的背景。gif 和 jpg 文件均可用作 HTML 的背景。如果图像小于页面，图像会重复显示。

例如，下面的代码设置图片为整个网页的背景：

```
<body background="background.jpg">
```

▍疑问 4：链接很多的网站，如何设置目录结构以方便维护？

当一个网站的网页数量增加到一定程度以后，网站的管理与维护将变得非常烦琐。因此，掌握一些网站管理与维护的技术是非常实用的，可以节省很多时间。建立适合的网站文件存储结构，可以方便网站的管理与维护。通常使用的网站文件组织结构方案及文件管理遵循的原则如下。

（1）按照文件的类型进行分类管理。将不同类型的文件放在不同的文件夹中，这种存储方法适合于中小型网站，这种方法是通过文件的类型对文件进行管理。

（2）按照主题对文件进行分类。网站的页面按照不同的主题进行分类储存。同一主题的所有文件存放在一个文件夹中，然后再进一步细分文件的类型。这种方案适用于页面和文件数量众多、信息量大的静态网站。

（3）对文件类型进行细分存储管理。这种方案是第一种存储方案的深化，将页面进一步细分后进行分类存储管理。这种方案适用于文件类型复杂、包含各种文件的多媒体动态网站。

3.10　实战技能训练营

▍实战 1：编写一个包含各种图文混排效果的页面

在网页的文字当中，如果插入图片，这时可以对图像进行排列。常用的排列方式有居中、底部对齐、顶部对齐 3 种。这里制作一个包含这 3 种对齐方式的图文效果，运行结果如图 3-21 所示。

图 3-21　图片的各种对齐方式

实战 2：编写一个图文并茂的房屋装饰装修网页

本实例将创建一个由文本和图片构成的房屋装饰效果网页，运行结果如图 3-22 所示。

图 3-22　图文并茂的房屋装饰效果网页

第4章 表格与<div>标签

📖 本章导读

　　HTML 中的表格不但可以清晰地显示数据，而且可以用于页面布局。HTML 中的表格类似于 Word 软件中的表格，尤其是使用网页制作工具，操作很相似。HTML 制作表格的原理是使用相关标签（如表格对象 table 标签、行对象 tr、单元格对象 td）来完成。<div> 标签可以统一管理其他标签，常常用于内容的分组显示。本章将详细讲述表格和 <div> 标签的使用方法和技巧。

📊 知识导图

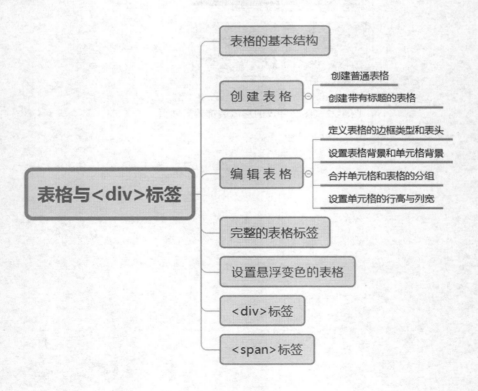

4.1 表格的基本结构

使用表格显示数据，可以更直观和清晰。在 HTML 文档中，表格主要用于显示数据，虽然可以使用表格布局，但是不建议使用，它有很多弊端。表格一般由行、列和单元格组成，如图 4-1 所示。

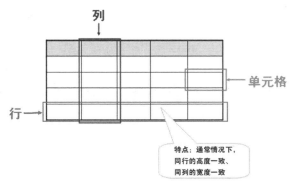

图 4-1　表格的组成

在 HTML 5 中，用于创建表格的标签如下。

（1）<table>：用于标识一个表格对象的开始，</table> 标签标识一个表格对象的结束。一个表格中，只允许出现一对 <table> 标签。HTML 5 中不再支持它的任何属性。

（2）<tr>：用于标识表格一行的开始，</tr> 标签用于标识表格一行的结束。表格内有多少对 <tr></tr> 标签，就表示表格中有多少行。HTML 5 中不再支持它的任何属性。

（3）<td>：用于标识表格某行中的一个单元格的开始，</td> 标签用于标识表格某行中一个单元格的结束。<td></td> 标签应书写在 <tr></tr> 标签内，一对 <tr></tr> 标签内有多少对 <td></td> 标签，就表示该行有多少个单元格。HTML 5 中，<td> 仅有 colspan 和 rowspan 两个属性。

最基本的表格，必须包含一对 <table></table> 标签、一对或几对 <tr></tr> 标签以及一对或几对 <td></td> 标签。一对 <table></table> 标签定义一个表格，一对 <tr></tr> 标签定义一行，一对 <td></td> 标签定义一个单元格。

▌实例 1：通过表格标签，编写公司销售表

```
<!DOCTYPE html>
<html>
<head>
<title>公司销售表</title>
</head>
<body>
<h1 align="center">公司销售表</h1>
<!--<table>为表格标签-->
<table align="center">
    <!--<tr>为行标签-->
    <tr>
        <!--<td>为表头标签-->
                <th>姓名</th>
                <th>月份</th>
                <th>销售额</th>
        </tr>
        <tr>
            <!--<td>为单元格-->
            <td>刘玉</td>
            <td>1月份</td>
            <td>32万</td>
        </tr>
        <tr>
            <!--<td>为单元格-->
```

```
            <td>张平</td>
            <td>1月份</td>
            <td>36万</td>
        </tr>
        <tr>
            <!--<td>为单元格-->
            <td>胡明</td>
            <td>1月份</td>
            <td>18万</td>
        </tr>
    </table>
    </body>
    </html>
```

运行效果如图 4-2 所示。

图 4-2　公司销售表

4.2　创建表格

表格可以分为普通表格以及带有标题的表格，在 HTML 5 中，可以创建这两种表格。

1. 创建普通表格

下面创建 1 列、1 行 3 列和 2 行 3 列三个表格。

实例 2：创建产品价格表

```
<!DOCTYPE html>
<html>
<head>
<title>创建普通表格</title>
</head>
<body>
<h4>一列：</h4>
<table border="1">
<tr>
    <td>冰箱</td>
</tr>
</table>
<h4>一行三列：</h4>
<table border="1">
<tr>
    <td>冰箱</td>
    <td>空调</td>
    <td>洗衣机</td>
</tr>
</table>
<h4>两行三列：</h4>
<table border="1">
<tr>
```

```
    <td>冰箱</td>
    <td>空调</td>
    <td>洗衣机</td>
</tr>
<tr>
    <td>2600元</td>
    <td>5800元</td>
    <td>1800元</td>
</tr>
</table>
</body>
</html>
```

运行效果如图 4-3 所示。

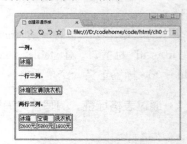

图 4-3　创建产品价格表

2. 创建带有标题的表格

有时，为了方便描述表格，还需要在表格的上面加上标题。

实例 3：创建一个产品销售统计表

```
<!DOCTYPE html>
<html>
<head>
```

```
<title>创建带有标题的表格</title>
</head>
<body>
```

```
<table border="2">
<caption>产品销售统计表</caption>
<tr>
   <td>1月份</td>
   <td>2月份</td>
   <td>3月份</td>
</tr>
<tr>
   <td>100万</td>
   <td>120万</td>
   <td>160万</td>
</tr>
</table>
```

```
</body>
</html>
```

运行效果如图 4-4 所示。

图 4-4　产品销售统计表

4.3　编辑表格

创建好表格之后，还可以编辑表格，包括设置表格的边框类型、设置表格的表头、合并单元格等。

4.3.1　定义表格的边框类型

使用表格的 border 属性可以定义表格的边框类型，如常见的加粗边框的表格。

▎实例 4：创建不同边框类型的表格

```
<!DOCTYPE html>
<html>
<body>
<h4>普通边框</h4>
<table border="1">
<tr>
   <td>商品名称</td>
   <td>商品产地</td>
   <td>商品价格</td>
</tr>
<tr>
   <td>冰箱</td>
   <td>天津</td>
   <td>4600元</td>
</tr>
</table>
<h4>加粗边框</h4>
<table border="8">
<tr>
   <td>商品名称</td>
   <td>商品产地</td>
   <td>商品价格</td>
```

```
</tr>
<tr>
   <td>冰箱</td>
   <td>天津</td>
   <td>4600元</td>
</tr>
</table>
</body>
</html>
```

运行效果如图 4-5 所示。

图 4-5　创建不同边框类型的表格

4.3.2　定义表格的表头

表格中常见的表头分为垂直的和水平的两种。下面分别创建带有垂直和水平表头的表格。

实例 5：定义表格的表头

```
<!DOCTYPE html>
<html>
<body>
<h4>水平的表头</h4>
<table border="1">
<tr>
    <th>姓名</th>
    <th>性别</th>
    <th>班级</th>
</tr>
<tr>
    <td>张三</td>
    <td>男</td>
    <td>一年级</td>
</tr>
</table>
<h4>垂直的表头</h4>
<table border="1">
<tr>
    <th>姓名</th>
    <td>小丽</td>
</tr>
<tr>
    <th>性别</th>
```

```
    <td>女</td>
</tr>
<tr>
    <th>年级</th>
    <td>二年级</td>
</tr>
</table>
</body>
</html>
```

运行效果如图 4-6 所示。

图 4-6　创建带有垂直和水平表头的表格

4.3.3　设置表格背景

当创建好表格后，为了美观，还可以设置表格的背景，如为表格定义背景颜色、为表格定义背景图片等。

1. 定义表格背景颜色

为表格添加背景颜色是美化表格的一种方式。

实例 6：为表格添加背景颜色

```
<!DOCTYPE html>
<html>
<body>
<h4 align="center">商品信息表</h4>
<table border="1"
bgcolor="#CCFF99">
<tr>
    <td>商品名称</td>
    <td>商品产地</td>
    <td>商品价格</td>
    <td>商品库存</td>
</tr>
<tr>
    <td>洗衣机</td>
    <td>北京</td>
    <td>2600元</td>
    <td>4860</td>
```

```
</tr>
</table>
</body>
</html>
```

运行效果如图 4-7 所示。

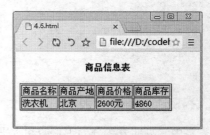

图 4-7　为表格添加背景颜色

2. 定义表格背景图片

除了可以为表格添加背景颜色外，还可以将图片设置为表格的背景。

▌ 实例 7：定义表格背景图片

```
<!DOCTYPE html>
<html>
<body>
<h4 align="center">为表格添加背景图片
</h4>
<table border="1" background="pic/
m1.jpg">
  <tr>
    <td>商品名称</td>
    <td>商品产地</td>
    <td>商品等级</td>
    <td>商品价格</td>
    <td>商品库存</td>
  </tr>
  <tr>
    <td>电视机</td>
    <td>北京</td>
    <td>一等品</td>
```

```
    <td>6800元</td>
    <td>9980</td>
  </tr>
</table>
</body>
</html>
```

运行效果如图 4-8 所示。

图 4-8　为表格添加背景图片

4.3.4　设置单元格的背景

除了可以为表格设置背景外，还可以为单元格设置背景，包括添加背景颜色和背景图片两种。

▌ 实例 8：为单元格添加背景颜色和图片

```
<!DOCTYPE html>
<html>
<body>
<h4 align="center">为单元格添加背景颜色和图片</h4>
<table border="1">
<tr>
  <td bgcolor="red">商品名称</td>
  <td bgcolor="red">商品产地</td>
  <td bgcolor="red">商品等级</td>
  <td bgcolor="red">商品价格</td>
  <td bgcolor="red">商品库存</td>
</tr>
<tr>
  <td background="pic/m1.jpg">电视机</td>
  <td background="pic/m1.jpg">北京</td>
  <td background="pic/m1.jpg">一等品</td>
  <td background="pic/m1.jpg">6800元</td>
  <td background="pic/m1.jpg">9980</td>
</tr>
</table>
</body>
</html>
```

运行效果如图 4-9 所示。

图 4-9　为单元格添加背景颜色和图片

4.3.5 合并单元格

在实际应用中，经常需要将某些单元格进行合并，以符合某种内容上的需要。在 HTML 中，合并的方向有两种，一种是上下合并，一种是左右合并，这两种合并方式只需要使用 <td> 标签的两个属性即可。

1. 用 colspan 属性合并左右单元格

左右单元格的合并需要使用 <td> 标签的 colspan 属性来完成，格式如下：

```
<td colspan="数值">单元格内容</td>
```

其中，colspan 属性的取值为数值型整数数据，代表几个单元格进行左右合并。

2. 用 rowspan 属性合并上下单元格

上下单元格的合并需要用到 <td> 标签的 rowspan 属性，格式如下：

```
<td rowspan="数值">单元格内容</td>
```

其中，rowspan 属性的取值为数值型整数数据，代表几个单元格进行上下合并。

▌ 实例 9：设计婚礼流程安排表

```
<!DOCTYPE html>
<html>
<head>
<title>婚礼流程安排表</title>
</head>
<body>
<h1 align="center">婚礼流程安排表</h1>
<!--<table>为表格标签-->
<table align="center" border="1px" cellpadding="12%" >
    <!--婚礼流程安排表日期-->
    <tr bgcolor="#A5AFEDD">
        <th></th>
        <th>时间</th>
        <th>日程</th>
        <th>地点</th>
    </tr>
    <!--婚礼流程安排表内容-->
    <tr align="center">
        <!--使用rowspan属性进行列合并-->
        <td bgcolor="#FCD1CC" rowspan="2">上午</td>
        <td bgcolor="#FCD1CC">7:00--8:30</td>
        <td>新郎新娘化妆定妆</td>
        <td>婚纱影楼</td>
    </tr>
    <!--婚礼流程安排表内容-->
    <tr align="center">
        <td bgcolor="#FCD1CC">8:30--10:30</td>
        <td>新郎根据指导接亲</td>
        <td>酒店1楼</td>
    </tr>
    <!--婚礼流程安排表内容-->
    <tr align="center">
        <!--使用rowspan属性进行列合并-->
        <td bgcolor="#FCD1CC" rowspan="2">下午</td>
        <td bgcolor="#FCD1CC">12:30--14:00</td>
```

```
        <td>婚礼和就餐</td>
        <td>酒店2楼</td>
    </tr>
    <!--婚礼流程安排表内容-->
    <tr align="center">
        <td bgcolor="#FCD1CC">14:00--16:00</td>
        <td>清点物品后离开酒店</td>
        <td>酒店2楼</td>
    </tr>
</table>
</body>
</html>
```

运行效果如图 4-10 所示。

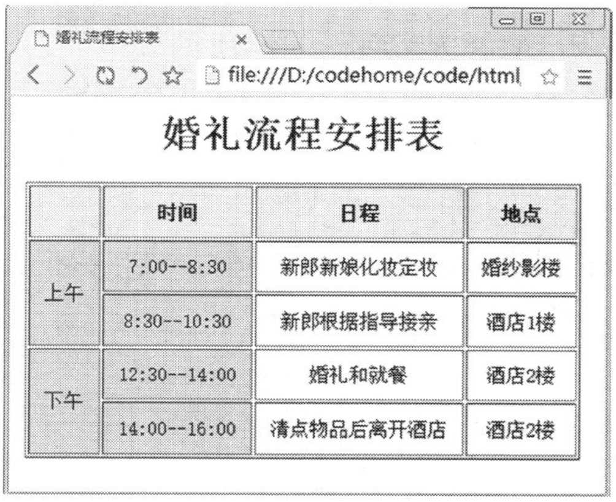

图 4-10　婚礼流程安排表

> **注意**：合并单元格以后，相应的单元格标签就应该减少，否则单元格就会多出一个，并且后面的单元格会依次发生位移现象。

　　通过合并上下单元格的操作，读者会发现，合并单元格就是"丢掉"某些单元格。对于左右合并，就是以左侧为准，将右侧要合并的单元格"丢掉"；对于上下合并，就是以上方为准，将下方要合并的单元格"丢掉"。如果一个单元格既要向右合并，又要向下合并，该如何实现呢？

实例 10：单元格向右和向下合并

```
<!DOCTYPE html>
<html>
<head>
<title>单元格上下左右合并</title>
</head>
<body>
<table border="1">
    <tr>
        < t d   c o l s p a n = " 2 "
rowspan="2">A1B1<br/>A2B2</td>
        <td>C1</td>
    </tr>
    <tr>
        <td>C2</td>
```

```
    </tr>
    <tr>
        <td>A3</td>
        <td>B3</td>
        <td>C3</td>
    </tr>
    <tr>
        <td>A4</td>
        <td>B4</td>
        <td>C4</td>
    </tr>
</table>
</body>
</html>
```

运行效果如图 4-11 所示。

图 4-11　两个方向合并单元格

从上面的结果可以看到，A1 单元格向右合并 B1 单元格，向下合并 A2 单元格，并且 A2 单元格向右合并 B2 单元格。

4.3.6　表格的分组

如果需要分组控制表格列的样式，可以通过 <colgroup> 标签来完成。该标签的语法格式如下：

```
<colgroup>
    <col style="background-color:  颜色值">
    <col style="background-color:  颜色值">
    <col style="background-color:  颜色值">
</colgroup>
```

<colgroup> 标签可以控制表格的列的样式，其中 <col> 标签控制具体列的样式。

▎实例 11：设计企业客户联系表

```
<!DOCTYPE html>
<html>
<head>
<title>企业客户联系表</title>
</head>
<body>
<h1 align="center">企业客户联系表</h1>
<!--<table>为表格标签-->
<table align="center" border="1px" cellpadding="12%" >
<!--<table>为表格标签-->
<table align="center" border="1px" cellpadding="12%" >
    <!--使用<colgroup>标签进行表格分组控制-->
    <colgroup>
        <col style="background-color:  #FFD9EC">
        <col style="background-color:  #B8B8DC">
        <col style="background-color:  #BBFFBB">
        <col style="background-color:  #B9B9FF">
    </colgroup>
    <tr>
        <th>区域</th>
        <th>加盟商</th>
        <th>加盟时间</th>
        <th>联系电话</th>
```

```
    </tr>

    <tr align="center">
        <td>华北区域</td>
        <td>王蒙</td>
        <td>2019年9月</td>
        <td>123XXXXXXXX</td>
    </tr>

    <tr align="center">
        <td>华中区域</td>
        <td>王小名</td>
        <td>2019年1月</td>
        <td>100XXXXXXXX</td>
    </tr>

    <tr align="center">
        <td>西北区域</td>
        <td>张小明</td>
```

```
        <td>2012年9月</td>
        <td>111XXXXXXXX</td>
    </tr>

</table>
</body>
</html>
```

运行效果如图 4-12 所示。

图 4-12　企业客户联系表

4.3.7　设置单元格的行高与列宽

使用 cellpadding 来创建单元格内容与其边框之间的空距，从而调整表格的行高与列宽。

▌实例 12：设置单元格的行高与列宽

```
<!DOCTYPE html>
<html>
<head>
<title>设置单元格的行高和列宽</title>
</head>
<body>
<h2>单元格调整前的效果</h2>
<table border="1">
<tr>
    <td>商品名称</td>
    <td>商品产地</td>
    <td>商品等级</td>
    <td>商品价格</td>
    <td>商品库存</td>
</tr>
<tr>
    <td>电视机</td>
    <td>北京</td>
    <td>一等品</td>
    <td>6800元</td>
    <td>9980</td>
```

```
</tr>
</table>
<h2>单元格调整后的效果</h2>
<table border="1" cellpadding="10">
<tr>
    <td>商品名称</td>
    <td>商品产地</td>
    <td>商品等级</td>
    <td>商品价格</td>
    <td>商品库存</td>
</tr>
<tr>
    <td>电视机</td>
    <td>北京</td>
    <td>一等品</td>
    <td>6800元</td>
    <td>9980</td>
</tr>
</table>
</body>
</html>
```

运行效果如图 4-13 所示。

图 4-13　使用 cellpadding 调整表格的行高与列宽

4.4 完整的表格标签

上面讲述了表格中最常用也是最基本的三个标签 <table>、<tr> 和 <td>，使用它们可以构建出最简单的表格。为了让表格结构更清楚，以及配合后面学习的 CSS 样式，更方便地制作各种样式的表格，表格中还会出现表头、主体、脚注等。

按照表格结构，可以把表格的行分组，称为"行组"。不同的行组具有不同的意义。行组分为 3 类——"表头""主体"和"脚注"，三者相应的 HTML 标签依次为 <thead>、<tbody> 和 <tfoot>。

此外，在表格中还有两个标签：标签 <caption> 表示表格的标题；在一行中，除了可以用 <td> 标签表示一个单元格以外，还可以使用 <th> 表示该单元格是这一行的"行头"。

实例 13：使用完整的表格标签设计学生成绩单

```
<!DOCTYPE html>
<html>
<head>
<title>完整表格标签</title>
<style>
tfoot{
background-color: #FF3;
}
</style>
</head>
<body>
<table border="1">
  <caption>学生成绩单</caption>
  <thead>
    <tr>
      <th>姓名</th><th>性别</th><th>成绩</th>
    </tr>
  </thead>
  <tfoot>
    <tr>
      <td>平均分</td><td colspan="2">540</td>
    </tr>
  </tfoot>
  <tbody>
    <tr>
      <td>张三</td><td>男</td><td>560</td>
    </tr>
    <tr>
      <td>李四</td><td>男</td><td>520</td>
    </tr>
  </tbody>
</table>
</body>
</html>
```

从上面的代码可以发现，使用 <caption> 标签定义了表格标题，使用 <thead>、<tbody> 和 <tfoot> 标签对表格进行了分组。在 <thead> 部分使用 <th> 标签代替 <td> 标签定义单元格，<th> 标签定义的单元格内容默认加粗显示。网页的预览效果如图 4-14 所示。

图 4-14 完整的表格标签

注意：<caption> 标签必须紧随 <table> 标签之后。

4.5 设置悬浮变色的表格

本节将结合前面学习的知识，创建一个悬浮变色的销售统计表。这里会用到 CSS 样式表来修饰表格的外观效果。

实例14：设置悬浮变色的表格

下面学习悬浮变色的表格效果是如何一步步实现的。

01 创建网页文件，实现基本的表格内容，代码如下：

```
<!DOCTYPE html>
<html>
<head>
<title>销售统计表</title>
</head>
<body>
<table border="0" cellpadding="1"
cellspacing="1">
<caption>销售统计表</caption>
    <tr>
        <th>产品名称</th>
        <th>产品产地</th>
        <th>销售金额</th>
    </tr>
    <tr class="hui">
        <td>洗衣机</td>
        <td>北京</td>
        <td>456万</td>
    </tr>
    <tr>
        <td>电视机</td>
        <td>上海</td>
        <td>306万</td>
    </tr>
    <tr class="hui">
        <td>空调</td>
        <td>北京</td>
        <td>688万</td>
    </tr>
    <tr>
        <td>热水器</td>
        <td>大连</td>
        <td>108万</td>
    </tr>
    <tr class="hui">
```

```
        <td>冰箱</td>
        <td>北京</td>
        <td>206万</td>
    </tr>
    <tr>
        <td>扫地机器人</td>
        <td>广州</td>
        <td>68万</td>
    </tr>
    <tr class="hui">
        <td>电磁炉</td>
        <td>北京</td>
        <td>109万</td>
    </tr>
    <tr>
        <td>吸尘器</td>
        <td>天津</td>
        <td>48万</td>
    </tr>
</table>
</body>
</html>
```

运行效果如图 4-15 所示。可以看到显示了一个表格，表格没有边框，字体等都是默认显示。

图 4-15　创建基本表格

02 在 <head>…</head> 中添加 CSS 代码，修饰 table 表格和单元格：

```
<style type="text/css">
table {
width:  600px;
margin-top:  0px;
margin-right:  auto;
margin-bottom:  0px;
margin-left:  auto;
text-align:  center;

background-color:  #000000;
font-size:  9pt;
}
td {
padding:  5px;
background-color:  #FFFFFF;
}
</style>
```

运行效果如图 4-16 所示。可以看到显示了一个表格，表格带有边框，行内字体居中显示，但列标题背景色为黑色，其中的文字看不清。

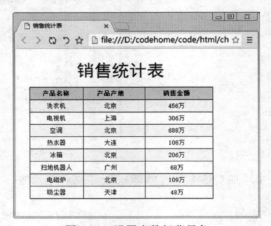

图 4-16　设置 table 样式

03▶添加 CSS 代码，修饰标题：

```
caption{
font-size:  36px;
font-family:  "黑体",  "宋体";
padding-bottom:  15px;
}
tr{
font-size:  13px;
background-color:  #cad9ea;
```

```
color:  #000000;
}
th{
padding:  5px;
}
.hui td {
background-color:  #f5fafe;
}
```

上面的代码中，使用了类选择器 hui 来定义每个 td 行所显示的背景色，此时需要在表格中的每个奇数行都引入该类选择器。例如 <tr class="hui">，从而设置奇数行的背景色。

运行效果如图 4-17 所示。可以看到，表格中列标题的背景色显示为浅蓝色，并且表格中的奇数行背景色为浅灰色，而偶数行的背景色显示为默认的白色。

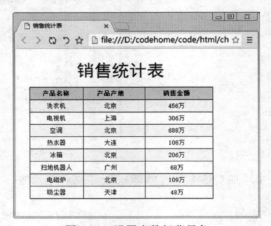

图 4-17　设置奇数行背景色

04▶添加 CSS 代码，实现鼠标指针悬浮变色：

```
tr: hover td {
background-color:  #FF9900;
}
```

运行效果如图 4-18 所示。可以看到，当鼠标放到不同行的上面时，其背景会显示不同的颜色。

図 4-18　鼠标指针悬浮改变颜色

4.6　<div> 标签

<div> 是一个区块容器标签，在 <div></div> 标签中可以放置其他的 HTML 元素，如段落 <p>、标题 <h1>、表格 <table>、图片 <img> 和表单等。然后使用 CSS3 相关属性将 <div> 容器标签中的元素作为一个独立对象进行修饰。这样就不会影响其他 HTML 元素。

在使用 <div> 标签之前，需要了解一下 <div> 标签的属性。语法格式如下：

```
<div id="value" align="value" class="value" style="value">
    这是div标签包含的内容。
</div>
```

其中 id 为 <div> 标签的名称，常与 CSS 样式相结合，实现对网页中元素样式的控制；align 用于控制 <div> 标签中元素的对齐方式，主要包括 left（左对齐）、right（右对齐）和 center（居中对齐）；class 用于控制 <div> 标签中元素的样式，其值为CSS样式中的class选择符；style 用于控制 <div> 标签中元素的样式，其值为 CSS 属性值，各个属性之间用分号分隔。

▌实例 15：使用 <div> 标签发布高科技产品

```
<!DOCTYPE html>
<html>
<head>
<title>发布高科技产品</title>
</head>
<!--插入背景图片-->
<body style="background-image: url(pic/chanpin.jpg)">
<br/><br/><br/><br/>
<!--使用div标签进行分组-->
<div>
<h1>      产品发布</h1>
<hr/>
    <h5>产品名称：安科丽智能化扫地机器人</h5>
    <h5>发布日期：2020年12月12日</h5>
</div>
<br/>
<!--使用div标签进行分组-->
```

```
<div>
        <h1>产品介绍</h1>
        <hr/>
        <h5>    安科丽智能化扫地机器人的机身为自动化技术的可移动装置，与有集尘盒的
真空吸尘装置，配合机身设定控制路径，在室内反复行走，如：沿边清扫、集中清扫、随机清扫、直线清扫等
路径打扫，并辅以边刷、中央主刷旋转、抹布等方式，加强打扫效果，以完成拟人化居家清洁效果。</h5>
    </div>
</body>
</html>
```

运行效果如图 4-19 所示。

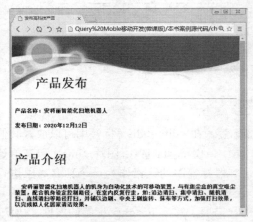

图 4-19　产品发布页面

4.7　<span> 标签

对于初学者而言，容易混淆 <div> 和 <span> 两个标签，因为大部分 <div>
标签都可以使用 <span> 标签代替，并且其运行效果完全一样。

<span> 标签是行内标签，<span> 标签的前后内容不会换行。而 <div> 标签
包含的元素会自动换行。<div> 标签可以包含 <span> 标签元素，但 <span> 标签一般不包含
<div> 标签。

▌实例 16：分析 <div> 标签和 <span> 标签的区别

```
<!DOCTYPE html>
<html>
<head>
<title>div与span的区别</title>
</head>
<body>
  <p>使用<div>标签会自动换行：</p>
  <div><b>金谷年年，乱生春色谁为主？</b></div>
  <div><b>余花落处，满地和烟雨。</b></div>
  <div><b>又是离歌，一阕长亭暮。</b></div>
  <p>使用<span>标签不会自动换行：</p>
  <span style="color: red"><b>怀君属秋夜，</b></span>
  <span style="color: blue"><b>散步咏凉天。</b></span>
  <span style="color: red"><b>空山松子落，幽人应未眠。</b></span>
</body>
</html>
```

运行效果如图 4-20 所示。可以看到 <div> 所包含的元素会自动换行，而对于 <span> 标签，3 个 HTML 元素在同一行显示。

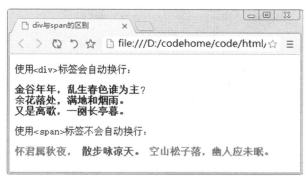

图 4-20 <div> 标签和 <span> 标签应用效果的区别

在网页设计中，对于较大的块可以使用 <div> 标签完成，而对于具有独特样式的单独 HTML 元素，可以使用 <span> 标签完成。

4.8 新手常见疑难问题

▎疑问 1：如何选择 <div> 标签和 <span> 标签？

<div> 标签是块级标签，所以 <div> 标签内容的前后会添加换行。<span> 标签是行内标签，所以 <span> 标签内容的前后不会添加换行。如果需要多个标签的情况，一般使用 <div> 标签进行分类分组；如果是单一标签的场景，使用 <span> 标签进行标签内分类分组。

▎疑问 2：表格除了可以显示数据外，还可以进行布局，为何不使用表格进行布局？

在互联网刚刚开始普及时，网页非常简单，形式也非常单调，当时美国的 David Siegel 发明了表格布局，风靡全球。在表格布局的页面中，表格不但需要显示内容，还要控制页面的外观及显示位置，导致页面代码过多，结构与内容无法分离，这样就给网站的后期维护和其他方面带来了麻烦。

▎疑问 3：使用 <thead>、<tbody> 和 <tfoot> 标签对行进行分组的意义何在？

在 HTML 文档中增加 <thead>、<tbody> 和 <tfoot> 标签虽然从外观上不能看出任何变化，但是它们却能使文档的结构更加清晰。使用 <thead>、<tbody> 和 <tfoot> 标签除了可以使文档更加清晰外，还有一个更重要的意义，就是方便使用 CSS 样式对表格的各个部分进行修饰，从而制作出更炫的表格。

4.9 实战技能训练营

▎实战 1：编写一个计算机报价单的页面

利用所学的表格知识，来制作如图 4-21 所示的计算机报价单。这里利用 caption 标签制作表格的标题，用 <th> 代替 <td> 作为标题行单元格。可以将图片放在单元格内，即在 <td>

标签内使用 <img> 标签。在 HTML 文档的 head 部分增加 CSS 样式，为表格增加边框及相应的修饰效果。

图 4-21　计算机报价单的页面

▌实战 2：分组显示古诗的标题和内容

利用所学的 <div> 标签知识，来制作如图 4-22 所示的分组显示古诗标题和内容的效果。这里首先通过 <h1> 标签完成古诗的标题，然后通过 <div> 标签将古诗的标题和内容分成两组。这里将古诗的内容放在 <div> 标签中。

图 4-22　分组显示古诗的标题和内容

第5章　网页中的表单

📋 本章导读

在网页中，表单的作用比较重要，主要负责采集浏览者的相关数据，如常见的登录表、调查表和留言表等。在 HTML 5 中，拥有多个新的表单输入类型，这些新特性提供了更好的输入控制和验证。本章将重点学习表单的使用方法和技巧。

知识导图

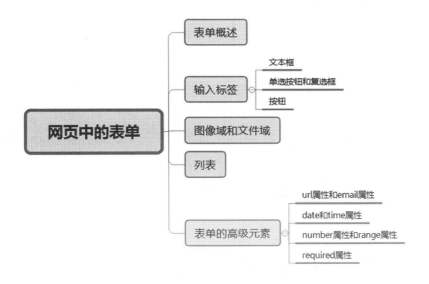

5.1 表单概述

表单主要用于收集网页浏览者的相关信息，其标签为 <form></form>。表
单的基本语法格式如下：

```
<form action="url" method="get|post" enctype="mime"></form>
```

其中，action="url" 指定处理提交表单的格式，它可以是一个 URL 地址或一个电子邮件
地址。method="get" 或 "post" 指明提交表单的 HTTP 方法。enctype="mime" 指明把表单提交
给服务器时的互联网媒体形式。

表单是一个能够包含表单元素的区域。通过添加不同的表单元素，将显示不同的效果。
表单元素是能够让用户在表单中输入信息的元素，常见的有文本框、密码框、下拉列表框、
单选按钮、复选框等。

实例 1：创建网站会员登录页面

```
<!DOCTYPE html>
<html>
<head>
</head>
<body>
<form>
    网站会员登录
    <br/>
    用户名称
    <input type="text" name="user">
    <br/>
    用户密码
    <input type="password" name="password"><br/>
    <input type="submit" value="登录">
</form>
</body>
</html>
```

运行效果如图 5-1 所示。可以看到用户登录信息页面。

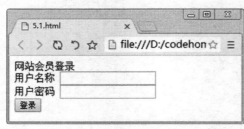

图 5-1　用户登录页面

5.2 输入标签

在网页设计中，最常用的输入标签是 <input> 标签。通过设置该标签的属性，可以实现不同的输入效果。

5.2.1 文本框

表单中的文本框有 3 种，分别是单行文本框、多行文本框和密码输入框。不同的文本框对应的属性值也不同。下面分别介绍这 3 种文本框的使用方法和技巧。

1. 单行文本框 text

文本框是一种让访问者自己输入内容的表单对象，通常被用来填写单个字或者简短的回答，例如用户姓名和地址等。

代码格式如下：

```
<input type="text" name="..." size="..." maxlength="..." value="...">
```

其中，type="text" 定义单行文本输入框；name 属性定义文本框的名称，要保证数据的准确采集，必须定义一个独一无二的名称；size 属性定义文本框的宽度，单位是单个字符宽度；maxlength 属性定义最多输入的字符数；value 属性定义文本框的初始值。

▌ 实例 2：创建单行文本框

```
<!DOCTYPE html>
<html>
<head><title>输入用户的姓名</title></head>
<body>
<form>
    请输入您的姓名：
    <input type="text" name="yourname" size="20" maxlength="15">
    <br/>
    请输入您的地址：
    <input type="text" name="youradr" size="20" maxlength="15">
</form>
</body>
</html>
```

运行效果如图 5-2 所示。可以看到两个单行文本输入框。

图 5-2　单行文本输入框

2. 多行文本框 textarea

多行文本输入框（textarea）主要用于输入较长的文本信息。代码格式如下：

```
<textarea name="..." cols="..." rows="..." wrap="..."></textarea>
```

其中，name 属性定义多行文本框的名称，要保证数据的准确采集，必须定义一个独一无二的名称；cols 属性定义多行文本框的宽度，单位是单个字符宽度；rows 属性定义多行文本框的高度，单位是单个字符宽度；wrap 属性定义输入内容大于文本域时显示的方式。

▌实例 3：创建多行文本框

```
<!DOCTYPE html>
<html>
<head><title>多行文本输入</title></head>
<body>
<form>
    请输入您学习HTML5网页设计时最大的困难是什么？<br/>
    <textarea name="yourworks" cols ="50" rows = "5"></textarea>
    <br/>
    <input type="submit" value="提交">
</form>
</body>
</html>
```

运行效果如图 5-3 所示。可以看到多行文本输入框。

图 5-3　多行文本输入框

3. 密码输入框 password

密码输入框是一种特殊的文本域，主要用于输入一些保密信息。当网页浏览者输入文本时，显示的是黑点或者其他符号，这样就增加了输入文本的安全性。代码格式如下：

```
<input type="password" name="..." size="..." maxlength="...">
```

其中，type="password" 定义密码框；name 属性定义密码框的名称，要保证唯一性；size 属性定义密码框的宽度，单位是单个字符宽度；maxlength 属性定义最多输入的字符数。

▌实例 4：创建包含密码输入框的账号登录页面

```
<!DOCTYPE html>
<html>
<head><title>输入用户姓名和密码</title></head>
<body>
<form>
    <h3>网站会员登录<h3>
    账号：
    <input type="text" name="yourname">
    <br/>
    密码：
    <input type="password" name="yourpw"><br/>
</form>
</body>
</html>
```

运行效果如图 5-4 所示。输入用户名和密码时，可以看到密码以黑点的形式显示。

图 5-4 密码输入框

5.2.2 单选按钮和复选框

在设计调查问卷或商城购物页面时，经常会用到单选按钮和复选框。本节将学习单选按钮和复选框的使用方法和技巧。

1. 单选按钮 radio

在一组选项里只能选择一个单选按钮。代码格式如下：

```
<input type="radio" name="" value="">
```

其中，type="radio" 定义单选按钮；name 属性定义单选按钮的名称，单选按钮都是以组为单位使用的，同一组中的单选按钮必须用同一个名称；value 属性定义单选按钮的值，在同一组中，它们的域值必须是不同的。

▌实例 5：创建大学生技能需求问卷调查页面

```
<!DOCTYPE html>
<html>
<head>
<title>单选按钮</title>
</head>
<body>
<form>
    <h1>大学生技能需求问卷调查</h1>
    请选择您感兴趣的技能：
    <br/>
    <input type="radio" name="book" value="Book1">网站开发技能<br/>
    <input type="radio" name="book" value="Book2">美工设计技能<br/>
    <input type="radio" name="book" value="Book3">网络安全技能<br/>
    <input type="radio" name="book" value="Book4">人工智能技能<br/>
    <input type="radio" name="book" value="Book5">编程开发技能<br/>
</form>
</body>
</html>
```

运行效果如图 5-5 所示，可以看到 5 个单选按钮，而用户只能选择其中一个单选按钮。

图 5-5 单选按钮的效果

2. 复选框 checkbox

在一组选项里可以同时选择多个复选框。每个复选框都是一个独立的元素，都必须有一个唯一的名称。代码格式如下：

```
<input type="checkbox" name="" value="">
```

其中，type="checkbox" 定义复选框；name 属性定义复选框的名称，在同一组中的复选框都必须用同一个名称；value 属性定义复选框的值。

▌实例 6：创建网站商城购物车页面

```
<!DOCTYPE html>
<html>
<head><title>选择感兴趣的图书</title></head>
<body>
<form>
    <h1 align="center">商城购物车</h1>
    请选择您需要购买的图书: <br/>
    <input type="checkbox" name="book" value="Book1"> HTML5 Web开发（全案例微课版）
<br/>
    <input type="checkbox" name="book" value="Book2"> HTML5+CSS3+JavaScript网站
开发（全案例微课版）<br/>
    <input type="checkbox" name="book" value="Book3"> SQL Server数据库应用（全案例
微课版）<br/>
    <input type="checkbox" name="book" value="Book4"> PHP动态网站开发（全案例微课
版）<br/>
    <input type="checkbox" name="book" value="Book5" checked> MySQL数据库应用（全
案例微课版）<br/><br/>
    <input type="submit" value="添加到购物车">
</form>
</body>
</html>
```

> **提示**：checked 属性主要用来设置默认选中项。

运行效果如图 5-6 所示。可以看到 5 个复选框，其中"MySQL 数据库应用（全案例微课版）"复选框被默认选中。同时，浏览者还可以选中其他复选框。效果如图 5-6 所示。

图 5-6　复选框的效果

5.2.3　按钮

网页中的按钮按功能通常可以分为普通按钮、提交按钮和重置按钮。

1. 普通按钮 button

普通按钮用来控制其他定义了处理脚本的处理工作。代码格式如下：

```
<input type="button" name="..." value="..." onClick="...">
```

其中，type="button" 定义为普通按钮；name 属性定义普通按钮的名称；value 属性定义按钮的显示文字；onClick 属性表示单击行为，也可以是其他事件，通过指定脚本函数来定义按钮的行为。

▌实例 7：通过普通按钮实现文本的复制和粘贴效果

```
<!DOCTYPE html>
<html/>
<body/>
<form/>
    点击下面的按钮，实现文本的复制和粘贴效果:
    <br/>
    我喜欢的图书: <input type="text" id="field1" value="HTML5 Web开发">
    <br/>
    我购买的图书: <input type="text" id="field2">
    <br/>
    <input type="button" name="..." value="复制后粘贴" onClick="document
    .getElementById（'field2'）.value=document
    .getElementById（'field1'）.value" >
</form>
</body>
</html>
```

运行效果如图 5-7 所示。单击"复制后粘贴"
按钮，即可实现将第一个文本框中的内容复制，然
后粘贴到第二个文本框中。

2. 提交按钮 submit

提交按钮用来将输入的信息提交到服务器。代
码格式如下：

图 5-7　单击按钮后的粘贴效果

```
<input type="submit" name="..." value="...">
```

其中，type="submit" 定义为提交按钮；name 属性定义提交按钮的名称；value 属性
定义按钮的显示文字。通过提交按钮，可以将表单里的信息提交给表单中 action 所指向
的文件。

▌实例 8：创建供应商联系信息表

```
<!DOCTYPE html>
<html>
<head><title>输入用户名信息</title></head>
<body>
<form  action=" " method="get">
<h2 align= "center" >供应商联系信息表</h2>
您的姓名:
<input type="text" name="yourname">
<br/>
公司名称:
<input type="text" name="youradr">
<br/>
企业地址:
<input type="text" name="yourcom">
<br/>
联系方式:
<input type="text" name="yourcom">
<br/>
```

```
<input type="submit" value="提交">
</form>
</body>
</html>
```

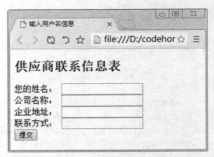

图 5-8　提交按钮

运行效果如图 5-8 所示。输入内容后单击"提交"按钮，即可实现将表单中的数据发送到指定的文件。

3. 重置按钮 reset

重置按钮又称为复位按钮，用来重置表单中输入的信息。代码格式如下：

```
<input type="reset" name="..." value="...">
```

其中，type="reset" 定义复位按钮；name 属性定义复位按钮的名称；value 属性定义按钮上的显示文字。

▎实例 9：创建会员登录页面

```
<!DOCTYPE html>                          <input type='password'>
<html>                                   <br/>
<body>                                   <input type="submit" value="登录">
<form>                                   <input type="reset" value="重置">
    请输入用户名称：                     </form>
    <input type='text'>                  </body>
    <br/>                                </html>
    请输入用户密码：
```

运行效果如图 5-9 所示。输入内容后单击"重置"按钮，即可实现将表单中的数据清空的目的。

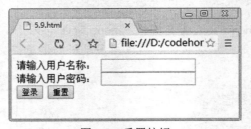

图 5-9　重置按钮

5.3　图像域和文件域

为了丰富表单中的元素，可以使用图像域，从而解决表单中按钮比较单调、与页面内容不协调的问题。如果需要上传文件，往往需要通过文件域来完成。

1. 图像域 image

在设计网页表单时，为了让按钮和表单的整体效果比较一致，有时候需要在"提交"按钮上添加图片，使该图片具有按钮的功能，此时可以通过图像域来完成。语法格式如下：

```
<input type="image" src="图片的地址" name="代表的按键" >
```

其中，src 用于设置图片的地址；name 用于设置代表的按键，比如 submit 或 button 等，默认值为 button。

2. 文件域 file

使用 file 属性实现文件上传框。语法格式如下：

```
<input type="image" accept=" " name=" "  size=" " maxlength=" ">。
```

其中，type="file" 定义为文件上传框；accept 用于设置文件的类别，可以省略；name 属性定义文件上传框的名称；size 属性定义文件上传框的宽度，单位是单个字符宽度；maxlength 属性定义最多输入的字符数。

▌实例 10：创建银行系统实名认证页面

```html
<!doctype html>
<html>
<head>
<title>文件和图像域</title>
</head>
<body>
<div>
<h2 align="center">银行系统实名认证</h2>
<form>
    <h3>请上传您的身份证正面图片：</h3>
    <!--两个文件域-->
    <input type="file">
    <h3>请上传您的身份证背面图片：</h3>
    <input type="file"><br/><br/>
    <!--图像域-->
     <input type="image" src="pic/anniu.jpg" >
</form>
</div>
</body>
</html>
```

运行效果如图 5-10 所示。单击"选择文件"按钮，即可选择需要上传的图片文件。

图 5-10　银行系统实名认证页面

5.4　列表框

列表框主要用于在有限的空间里设置多个选项。列表框既可以用作单选，也可以用作复选。代码格式如下：

```html
<select name="..." size="..." multiple>
<option value="..." selected>
...
</option>
...
</select>
```

其中，size 属性定义列表框的行数；name 属性定义列表框的名称；multiple 属性表示可以多选，如果不设置本属性，那么只能单选；value 属性定义列表项的值；selected 属性表示默认已经选中本选项。

▌实例 11：创建报名学生信息调查表页面

```html
<!DOCTYPE html>
<html>
<head><title>报名学生信息调查表</title></head>
  <body>
    <form>
    <h2 align=" center">报名学生信息调查表</h2>
      <p>1．请选择您目前的学历：</p><br/>
      <!--下拉菜单实现学历选择-->
      <select>
      <option>初中</option>
```

```
<option>高中</option>
<option>大专</option>
<option>本科</option>
<option>研究生</option>
</select><br/>
<div align=" right">
    <p>2．请选择您感兴趣的技术方向：</
p><br/>
    <!--下拉菜单中显示3个选项-->
    <select name="book" size = "3"
multiple>
<option value="Book1">网站编程
<option value="Book2">办公软件
<option value="Book3">设计软件
<option value="Book4">网络管理
    <option value="Book5">网络安全</
select>
    </div>
</form>
</body>
```

```
</html>
```

运行效果如图 5-11 所示。可以看到列表框，其中显示了 3 行选项，用户可以按住 Ctrl 键，选择多个选项。

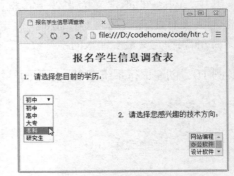

图 5-11　列表框的效果

5.5　表单的高级元素

除了上述基本表单元素外，HTML 5 中还有一些高级元素，包括 url、email、time、range 和 search。下面将学习这些高级元素的使用方法。

1.url 属性

url 属性是用于说明网站网址的。显示为一个文本字段用于输入 URL 地址。在提交表单时，会自动验证 url 的值。代码格式如下：

```
<input type="url" name="userurl"/>
```

另外，用户可以使用普通属性设置 url 输入框，例如可以使用 max 属性设置其最大值、min 属性设置其最小值、step 属性设置合法的数字间隔、value 属性规定其默认值。对于另外的高级属性中同样的设置不再重复讲述。

┃ 实例 12：使用 url 属性

```
<!DOCTYPE html>
<html>
<head><title> 使用url属性</title></
head>
<body>
<form>
    <br/>
    请输入网址：
    <input type="url"
name="userurl"/>
</form>
```

```
</body>
</html>
```

运行效果如图 5-12 所示。用户即可输入相应的网址。

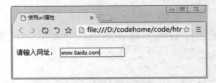

图 5-12　url 属性的效果

2. email 属性

与 url 属性类似，email 属性用于让浏览者输入 E-mail 地址。在提交表单时，会自动验证 email 域的值。代码格式如下：

```
<input type="email" name="user_email"/>
```

实例 13: 使用 email 属性

```
<!DOCTYPE html>
<html>
<body>
<form>
    <br/>
    请输入您的邮箱地址:
    <input type="email" name="user_email"/>
    <br/>
    <input type="submit" value="提交">
</form>
</body>
</html>
```

运行效果如图 5-13 所示。用户即可输入相应的邮箱地址。如果用户输入的邮箱地址不合法，单击"提交"按钮后，会弹出提示信息。

图 5-13　email 属性的效果

3. date 和 time 属性

在 HTML 5 中，新增了一些日期和时间输入类型，包括 date、datetime、datetime-local、month、week 和 time。它们的具体含义如表 5-1 所示。

表 5-1　HTML 5 中新增的一些日期和时间属性

属 性	含 义
date	选取日、月、年
month	选取月、年
week	选取周和年
time	选取时间
datetime	选取时间、日、月、年
datetime-local	选取时间、日、月、年（本地时间）

上述属性的代码格式非常类似，例如以 date 属性为例，代码格式如下：

```
<input type="date" name="user_date" />
```

实例 14: 使用 date 属性

```
<!DOCTYPE html>
<html>
<body>
```

```
<form>
    <br/>
    请选择购买商品的日期:
    <br/>
    <input type="date" name="user_date"/>
</form>
</body>
</html>
```

运行效果如图 5-14 所示。用户单击输入框中的向下按钮，即可在弹出的面板中选择需要的日期。

4. number 属性

number 属性提供了一个输入数字的输入类型。用户可以直接输入数值，或者通过单击微调框的向上或者向下按钮来选择数值。代码格式如下：

图 5-14　date 属性的效果

```
<input type="number" name="shuzi" />
```

▌实例 15：使用 number 属性

```
<!DOCTYPE html>
<html>
<body>
<form>
    <br/>
    此网站我曾经来
    <input type="number" name="shuzi"/>次了哦!
</form>
</body>
</html>
```

运行效果如图 5-15 所示。用户可以直接输入数值，也可以单击微调按钮选择合适的数值。

图 5-15　number 属性的效果

提示：强烈建议用户使用 min 和 max 属性规定输入的最小值和最大值。

5. range 属性

range 属性显示为一个滑条控件。与 number 属性一样，用户可以使用 max、min 和 step 属性来控制控件的范围。代码格式如下：

```
<input type="range" name="" min="" max="" />
```

其中，min 和 max 分别控制滑条控件的最小值和最大值。

▌实例 16：使用 range 属性

```
<!DOCTYPE html>
<html>
<body>
<form>
    <br/>
    跑步成绩公布了! 我的成绩名次为:
    <input type="range" name="ran" min="1" max="16"/>
</form>
```

```
</body>
    </html>
```

运行效果如图 5-16 所示。用户可以拖曳滑块，从而选择合适的数值。

图 5-16　range 属性的效果

技巧：默认情况下，滑块位于中间位置。如果用户指定的最大值小于最小值，则允许使用反向滑条，目前浏览器对这一属性还不能很好地支持。

6. required 属性

required 属性规定必须在提交之前填写输入域（不能为空）。

required 属性适用于以下类型的输入属性：text、search、url、email、password、date、pickers、number、checkbox 和 radio 等。

▌实例 17：使用 required 属性

```
<!DOCTYPE html>
<html>
<body>
<form>
    下面是输入用户登录信息
    <br/>
    用户名称
    <input type="text" name="user" required="required">
    <br/>
    用户密码
    <input type="password" name="password" required="required">
    <br/>
    <input type="submit" value="登录">
</form>
</body>
</html>
```

运行效果如图5-17所示。用户如果只是输入密码，然后单击"登录"按钮,将弹出提示信息。

图 5-17　required 属性的效果

5.6 新手常见疑难问题

▌疑问 1：制作的单选按钮为什么可以同时选中多个？

此时用户需要检查单选按钮的名称，必须保证同一组中的单选按钮名称相同，这样才能保证单选按钮只能选中其中一个。

▌疑问 2：文件域上显示的"选择文件"的文字可以更改吗？

文件域上显示的"选择文件"的文字目前还不能直接修改。如果想显示为自定义的文字，可以通过 CSS 来间接修改显示效果。基本思路如下：

首先添加一个普通按钮，然后设置此按钮上显示的文字为自定义的文字，最后通过定位设置文件域与普通按钮的位置重合，并且设置文件域的不透明度为 0，来间接自定义文件域上显示的文字。

5.7 实战技能训练营

▌实战 1：编写一个用户反馈表单的页面

创建一个用户反馈表单，包含标题以及"姓名""性别""年龄""联系电话""电子邮件""联系地址""请输入您对网站的建议"等输入框和"提交"按钮等。反馈表单非常简单，通常包含 3 个部分，需要在页面上方给出标题，标题下方是正文部分，即表单元素，最下方是表单元素提交按钮。在设计这个页面时，需要把"用户反馈表单"标题设置成 h1 大小，正文使用 <p> 标签来限制表单元素。最终效果如图 5-18 所示。

▌实战 2：编写一个微信中上传身份证验证图片的页面

本实例通过文件域实现图片上传，通过 CSS 修改图片域上显示的文字。最终结果如图 5-19 所示。

图 5-18　用户反馈表单的效果　　　　图 5-19　微信中上传身份证验证图片的页面

第6章　网页中的多媒体

本章导读

在 HTML 5 版本出现之前，要想在网页中展示多媒体，大多数情况下需要用到 Flash。这就需要浏览器安装相应的插件，而且加载多媒体的速度也不快。HTML5 新增了有关音频和视频的标签，从而解决了上述问题。本章将讲述音频和视频的基本概念、常用属性和浏览器的支持情况。

知识导图

6.1　audio 标签概述

目前，大多数音频文件是通过插件来播放的，例如常见的播放插件为
Flash，这就是为什么用户在用浏览器播放音乐时，常常需要安装 Flash 插件的
原因。但是，并不是所有的浏览器都拥有这样的插件。为此，与 HTML 4 相比，
HTML 5 新增了 audio 标签，规定了一种包含音频的标准方法。

1. 认识 audio 标签

audio 标签主要用于定义播放声音文件或者音频流的标准。它支持 3 种音频格式，分别
为 Ogg、MP3 和 WAV。

如果需要在 HTML 5 网页中播放音频，输入的基本格式如下：

```
<audio src="song.mp3" controls="controls"></audio>
```

其中，src属性规定要播放的音频的地址，controls 属性供添加播放、暂停和音量控件。

另外，在 <audio> 和 </audio> 之间插入的内容是供不支持 audio 元素的浏览器显示的。

▌实例 1：认识 audio 标签

```
<!DOCTYPE html>
<html>
<head>
<title>audio</title>
<head>
<body>
<audio src="song.mp3" controls="controls">
       您的浏览器不支持audio标签!
</audio>
</body>
</html>
```

如果用户的浏览器版本不支持 audio 标签，浏览效果如图 6-1 所示。

对于支持 audio 标签的浏览器，运行效果如图 6-2 所示，可以看到加载的音频控制条并
听到声音，此时用户还可以控制音量的大小。

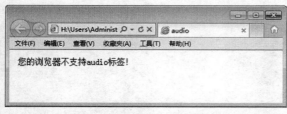

图 6-1　不支持 audio 标签的效果

图 6-2　支持 audio 标签的效果

2. audio 标签的属性

audio 标签的常见属性和含义如表 6-1 所示。

表 6-1　audio 标签的常见属性

属　性	值	描　述
autoplay	autoplay（自动播放）	如果出现该属性，则音频在就绪后马上播放
controls	controls（控制）	如果出现该属性，则向用户显示控件，比如播放按钮
loop	loop（循环）	如果出现该属性，则每当音频结束时重新开始播放
preload	preload（加载）	如果出现该属性，则音频在页面加载时进行加载，并预备播放。如果使用 autoplay，则忽略该属性
src	url（地址）	要播放的音频的 URL 地址

另外，audio 标签可以通过 source 属性添加多个音频文件，具体格式如下：

```
<audio controls="controls">
    <source src="123.ogg" type="audio/ogg">
    <source src="123.mp3" type="audio/mpeg">
</audio>
```

3. 浏览器支持 audio 标签的情况

目前，不同的浏览器对 audio 标签的支持情况也不同。表 6-2 中列出了应用最为广泛的浏览器对 audio 标签的支持情况。

表 6-2　浏览器对 audio 标签的支持情况

音频格式 ＼ 浏览器	Firefox 3.5 及更高版本	IE 11.0 及更高版本	Opera 10.5 及更高版本	Chrome 3.0 及更高版本	Safari 3.0 及更高版本
Ogg Vorbis	支持		支持	支持	
MP3		支持		支持	支持
WAV	支持		支持		支持

6.2　在网页中添加音频文件

用户可以根据自己的需要，在网页中添加不同类型的音频文件，如添加自动播放的音频文件、添加带有控件的音频文件、添加循环播放的音频文件等。

1. 添加自动播放的音频文件

autoplay 属性规定一旦音频就绪，马上就开始播放。如果设置了该属性，音频将自动播放。下面就是在网页中添加自动播放的音频文件的相关代码。

```
<audio controls="controls" autoplay="autoplay">
<source src="song.mp3">
```

2. 添加带有控件的音频文件

controls 属性规定浏览器应该为音频提供播放控件。如果设置了该属性，则规定不存在作者设置的脚本控件。浏览器控件应该包括播放、暂停、定位、音量、全屏切换等。

添加带有控件的音频文件的代码如下：

```
<audio controls="controls">
<source src="song.mp3">
```

3. 添加循环播放的音频文件

loop 属性规定当音频结束后将重新开始播放。如果设置该属性，则音频将循环播放。添加循环播放的音频文件的代码如下：

```
<audio controls="controls" loop="loop">
<source src="song.mp3">
```

4. 添加预播放的音频文件

preload 属性规定是否在页面加载后载入音频。如果设置了 autoplay 属性，则忽略该属性。preload 属性的值可能有 3 种，分别如下。

- auto：当页面加载后载入整个音频。
- meta：当页面加载后只载入元数据。
- none：当页面加载后不载入音频。

添加预播放的音频文件的代码如下：

```
<audio controls="controls" preload="auto">
<source src="song.mp3">
```

▌实例 2：创建一个带有控件、自动播放并循环播放音频的文件

```
<!DOCTYPE html>
<html>
<head>
<title>audio</title>
<head>
<body>
  <audio src="song.mp3" controls="controls" autoplay="autoplay" loop="loop">
      您的浏览器不支持audio标签！
</audio>
</body>
</html>
```

运行效果如图 6-3 所示。音频文件会自动播放，播放完成后会自动循环播放。

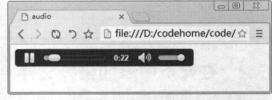

图 6-3　带有控件、自动播放并循环播放的效果

6.3　video 标签

与音频文件的播放方式一样，大多数视频文件在网页上也是通过插件来播放的，例如常见的播放插件为 Flash。由于不是所有的浏览器都拥有同样的插件，所以就需要一种统一的包含视频的标准方法。为此，与 HTML 4 相比，HTML 5 新增了 video 标签。

6.3.1　认识 video 标签

video 标签主要是定义播放视频文件或者视频流的标准。它支持 3 种视频格式，分别为 Ogg、WebM 和 MPEG 4。

如果需要在 HTML 5 网页中播放视频，输入的基本格式如下：

```
<video src="123.mp4" controls="controls">...</video>
```

其中，在 <video> 与 </video> 之间插入的内容是供不支持 video 元素的浏览器显示的。

▌ 实例 3：认识 video 标签

```
<!DOCTYPE html>
<html>
<head>
<title>video</title>
<head>
<body>
  <video src="fengjing.mp4" controls="controls">
    您的浏览器不支持video标签！
</video>
</body>
</html>
```

如果用户的浏览器是 IE 11.0 以前的版本，运行效果如图 6-4 所示，可见 IE 11.0 以前版本的浏览器不支持 video 标签。

如果浏览器支持 video 标签，运行效果如图 6-5 所示，可以看到加载的视频控制条界面。单击"播放"按钮，即可查看视频的内容，同时用户还可以调整音量的大小。

图 6-4　不支持 video 标签的效果

图 6-5　支持 video 标签的效果

6.3.2　video 标签的属性

video 标签的常见属性和含义如表 6-3 所示。

表 6-3　video 标签的常见属性和含义

属　性	值	描　　述
autoplay	autoplay	视频就绪后马上播放
controls	controls	向用户显示控件，比如播放按钮
loop	loop	每当视频结束时重新开始播放
preload	preload	视频在页面加载时进行加载，并预备播放。如果使用 autoplay，则忽略该属性
src	url	要播放的视频的 URL
width	宽度值	设置视频播放器的宽度
height	高度值	设置视频播放器的高度
poster	url	当视频未响应或缓冲不足时，该属性值链接到一个图像。该图像将以一定比例显示

由表 6-3 可知，用户可以自定义视频文件显示的大小。例如，如果想让视频以 320 像素 ×240 像素大小显示，可以加入 width 和 height 属性。具体格式如下：

```
<video width="320" height="240" controls src="movie.mp4"></video>
```

另外，video 标签可以通过 source 属性添加多个视频文件，具体格式如下：

```
<video controls="controls">
    <source src="123.ogg" type="video/ogg">
    <source src="123.mp4" type="video/mp4">
</video>
```

6.3.3 浏览器支持 video 标签的情况

目前，不同的浏览器对 video 标签的支持情况也不同。表 6-4 中列出了应用最为广泛的浏览器对 video 标签的支持情况。

表 6-4 浏览器对 video 标签的支持情况

视频格式 ＼ 浏览器	Firefox 4.0 及更高版本	IE 11.0 及更高版本	Opera 10.6 及更高版本	Chrome 10.0 及更高版本	Safari 3.0 及更高版本
Ogg	支持		支持	支持	
MPEG 4		支持		支持	支持
WebM	支持		支持	支持	

6.4 在网页中添加视频文件

当在网页中添加视频文件时，用户可以根据自己的需要添加不同类型的视频文件，如添加自动播放的视频文件、添加带有控件的视频文件、添加循环播放的视频文件等，另外，还可以设置视频文件的高度和宽度。

1. 添加自动播放的视频文件

autoplay 属性规定一旦视频就绪马上开始播放。如果设置了该属性，视频将自动播放。添加自动播放的视频文件的代码如下：

```
<video controls="controls" autoplay="autoplay">
    <source src="movie.mp4">
</video>
```

2. 添加带有控件的视频文件

controls 属性规定浏览器应该为视频提供播放控件。如果设置了该属性，则规定不存在设置的脚本控件。浏览器控件应该包括播放、暂停、定位、音量、全屏切换等。

添加带有控件的视频文件的代码如下：

```
<video controls="controls" controls="controls">
    <source src="movie.mp4">
</video>
```

3. 添加循环播放的视频文件

loop 属性规定当视频播放结束后将重新开始播放。如果设置该属性，则视频将循环播放。添加循环播放的视频文件的代码如下：

```
<video controls="controls" loop="loop">
```

```
    <source src="movie.mp4">
</video>
```

4. 添加预播放的视频文件

preload 属性规定是否在页面加载后载入视频。如果设置了 autoplay 属性，则忽略该属性。preload 属性的值可能有三种，分别说明如下。

- auto：当页面加载后载入整个视频。
- meta：当页面加载后只载入元数据。
- none：当页面加载后不载入视频。

添加预播放的视频文件的代码如下：

```
<video controls="controls" preload="auto">
<source src="movie.mp4">
```

5. 设置视频文件的高度与宽度

使用 width 和 height 属性可以设置视频文件的显示宽度与高度，单位是像素。

> **提示**：规定视频的高度和宽度是一个好习惯。如果设置这些属性，在页面加载时会为视频预留空间。如果没有设置这些属性，那么浏览器就无法预先确定视频的尺寸，这样就无法为视频保留合适的空间。结果是，在页面加载的过程中，其布局也会产生变化。

▌实例 4：创建一个宽度为 430 像素、高度为 260 像素并自动播放和循环播放视频的文件

```
<!DOCTYPE html>
<html>
<head>
<title>video</title>
<head>
<body>
    <video width="430" height="260" src="fengjing.mp4" controls="controls"
autoplay="autoplay" loop="loop">
        您的浏览器不支持video标签!
</video>
</body>
</html>
```

运行效果如图 6-6 所示。网页中加载了视频播放控件，视频的显示大小为 430 像素 ×260 像素。视频文件会自动播放，播放完成后会自动循环播放。

图 6-6　指定宽度和高度并自动播放和循环播放视频的效果

注意：切勿通过 height 和 width 属性来缩放视频。若通过 height 和 width 属性来缩小视频，用户仍会下载原始的视频（即使在页面上它看起来较小）。正确的方法是在网页上使用该视频前，用软件对视频进行压缩。

6.5　新手常见疑难问题

▌ 疑问 1：多媒体元素有哪些常用的方法？

多媒体元素的常用方法如下：
（1）play()：播放视频。
（2）pause()：暂停视频。
（3）load()：载入视频。

▌ 疑问 2：在 HTML 5 网页中添加支持格式的视频，但不能在浏览器中正常播放，为什么？

目前，HTML 5 的 video 标签对视频的支持，不仅有视频格式的限制，还有对解码器的限制。规定如下：

● Ogg 格式的文件需要 Thedora 视频编码和 Vorbis 音频编码。
● MPEG 4 格式的文件需要 H.264 视频编码和 AAC 音频编码。
● WebM 格式的文件需要 VP8 视频编码和 Vorbis 音频编码。

▌ 疑问 3：在 HTML 5 网页中添加 MP4 格式的视频文件，为什么在不同的浏览器中视频控件显示的外观不同？

在 HTML 5 中规定用 controls 属性来控制视频文件的播放、暂停、停止和调节音量的操作。controls 是一个布尔属性，一旦添加了此属性，就等于告诉浏览器需要显示播放控件并允许用户进行操作。

因为浏览器负责解释内置视频控件的外观，所以在不同的浏览器中，将会显示不同的视频控件外观。

6.6　实战技能训练营

▌ 实战 1：创建一个带有控件、加载网页时能自动和循环播放音频的页面

综合使用视频播放时所用的属性，在加载网页时自动播放音频文件，并循环播放。运行结果如图 6-7 所示。

图 6-7　自动并循环播放音频文件的效果

▌实战 2：编写一个多功能的视频播放效果的页面

综合使用播放视频时所用的方法和多媒体的属性，在播放视频文件时，包括播放、暂停、停止、加速播放、减速播放和正常速度等功能，并显示播放的时间。运行结果如图 6-8 所示。

图 6-8　多功能的视频播放效果

第7章 数据存储Web Storage

本章导读

　　Web Storage 是 HTML 5 引入的一个非常重要的功能，可以在客户端本地存储数据，类似 HTML 4 的 Cookie，但可实现功能要比 Cookie 强大得多，Cookie 的大小被限制在 4KB，Web Storage 官方建议每个网站 5MB。本章将详细介绍 Web Storage 的使用方法。

知识导图

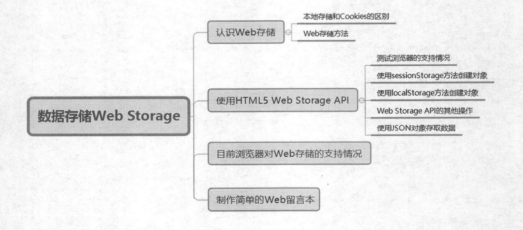

7.1　认识 Web 存储

在 HTML 5 标准之前，Web 存储信息需要 Cookies 来完成，但是 Cookies 不适合大量数据的存储，因为它们由每个对服务器的请求来传递，这使得 Cookies 的速度很慢而且效率也不高。为此，在 HTML 5 中，Web 存储 API 为用户如何在计算机或设备上存储用户信息作了数据标准的定义。

1. 本地存储和 Cookies 的区别

本地存储和 Cookies 扮演着类似的角色，但是它们有根本的区别。

（1）本地存储是仅存储在用户的硬盘上，并等待用户读取，而 Cookies 是在服务器上读取。

（2）本地存储仅供客户端使用，如果需要服务器端根据存储数值做出反应，就应该使用 Cookies。

（3）读取本地存储不会影响网络带宽，但是使用 Cookies 将会发送到服务器，这样会影响网络带宽，无形中增加了成本。

（4）从存储容量上看，本地存储可存储多达 5MB 的数据，而 Cookies 最多只能存储 4KB 的数据信息。

2. Web 存储方法

在 HTML 5 标准中，提供了以下两种在客户端存储数据的新方法。

（1）sessionStorage：sessionStorage 是基于 session 的数据存储，在关闭或者离开网站后，数据将会被删除，也被称为会话存储。

（2）localStorage：没有时间限制的数据存储，也被称为本地存储。

与会话存储不用，本地存储将在用户计算机上永久保持数据信息。关闭浏览器窗口后，如果再次打开该站点，将可以检索所有存储在本地上的数据。

在 HTML 5 中，数据不是由每个服务器请求传递的，而是只有在请求时使用数据，这样的话，存储大量数据时不会影响网站性能。对于不同的网站，数据存储于不同的区域，并且一个网站只能访问其自身的数据。

> 提示：HTML 5 使用 JavaScript 来存储和访问数据，为此，建议用户多了解一下 JavaScript 的基本知识。

7.2　使用 HTML 5 Web Storage API

使用 HTML 5 Web Storage API 技术，可以很好地实现本地存储。

7.2.1　测试浏览器的支持情况

各大主流浏览器都支持 Web Storage，但是为了兼容老的浏览器，还是要检查一下是否可以使用这项技术，主要有两种方法。

1. 检查 Storage 对象是否存在

第一种方式：通过检查 Storage 对象是否存在，来确认浏览器是否支持 Web Storage，代码如下：

```
if(typeof(Storage)!=="undefined"){
    //是的！支持 localStorage  sessionStorage 对象!
    //一些代码.....
} else {
    //抱歉！不支持 web 存储。
}
```

2. 分别检查各自的对象

第二种方式：分别检查各自的对象。例如，检查 localStorage 是否支持，代码如下：

```
if (typeof(localStorage)== 'undefined' ){
alert('Your browser does not support HTML5 localStorage. Try upgrading.');
} else {
//是的！支持 localStorage  sessionStorage 对象!
//一些代码.....
}
```
或者
```
if('localStorage' in window && window['localStorage'] !== null){
//是的！支持 localStorage  sessionStorage 对象!
//一些代码.....
} else {
alert('Your browser does not support HTML5 localStorage. Try upgrading.');
}
```
或者
```
if (!!localStorage){
//是的！支持 localStorage  sessionStorage 对象!
//一些代码....
} else {
alert('您的浏览器不支持localStorage  sessionStorage 对象!');
}
```

7.2.2 使用 sessionStorage 方法创建对象

sessionStorage 方法针对一个 session 进行数据存储。如果用户关闭浏览器窗口，数据会被自动删除。

创建 sessionStorage 方法的基本语法格式如下：

```
<script type="text/javascript">
sessionStorage.abc="  ";
</script>
```

1. 创建对象

▌实例 1：使用 sessionStorage 方法创建对象

```
<!DOCTYPE HTML>
<html>
<body>
<script type="text/javascript">
sessionStorage.name="努力过好每一天！";
```

```
document.write(sessionStorage.name);
</script>
</body>
</html>
```

运行效果如图 7-1 所示。即可看到使用 sessionStorage 方法创建的对象内容显示在网页中。

图 7-1　使用 sessionStorage 方法创建对象

2. 制作网站访问记录计数器

下面继续使用 sessionStorage 方法来制作记录用户访问网站次数的计数器。

▌实例 2：制作网站访问记录计数器

```
<!DOCTYPE HTML>
<html>
<body>
<script type="text/javascript">
if (sessionStorage. count)
{
    sessionStorage.count=Number(sessionStorage.count)+1;
}
else
{
    sessionStorage. count=1;
}
document.write("您访问该网站的次数为: " + sessionStorage.count);
</script>
</body>
</html>
```

运行效果如图 7-2 所示。如果用户刷新一次页面，计数器的数值就加 1。

图 7-2　使用 sessionStorage 方法创建计数器

> **提示**：如果用户关闭浏览器窗口后，再次打开该网页，计数器将重置为 1。

7.2.3　使用 localStorage 方法创建对象

与 sessionStorage 方法不同，localStorage 方法存储的数据没有时间限制。也就是说网页浏览者关闭网页很长一段时间后，再次打开此网页时，数据依然可用。

创建 localStorage 方法的基本语法格式如下：

```
<script type="text/javascript">
localStorage.abc="  ";
</script>
```

1. 创建对象

▍实例 3：使用 localStorage 方法创建对象

```
<!DOCTYPE HTML>
<html>
<body>
<script type="text/javascript">
localStorage.name="学习HTML5最新的技术：Web存储";
document.write(localStorage.name);
</script>
</body>
</html>
```

图 7-3　使用 localStorage 方法创建对象

运行效果如图 7-3 所示。即可看到使用 localStorage 方法创建的对象内容显示在网页中。

2. 制作网站访问记录计数器

下面仍然使用 localStorage 方法来制作记录用户访问网站次数的计数器。用户可以清楚地看到 localStorage 方法和 sessionStorage 方法的区别。

▍实例 4：制作网站访问记录计数器

```
<!DOCTYPE HTML>
<html>
<body>
<script type="text/javascript">
if (localStorage.count)
{
    localStorage.count=Number(localStorage.count)+1;
}
else
{
    localStorage.count=1;
}
document.write("您访问该网站的次数为：" + localStorage.count");
</script>
</body>
</html>
```

运行效果如图 7-4 所示。如果用户刷新一次页面，计数器的数值就加 1；如果用户关闭浏览器窗口，再次打开该网页，计数器会继续上一次计数，而不会重置为 1。

图 7-4　使用 localStorage 方法创建计数器

7.2.4　Web Storage API 的其他操作

Web Storage API 的 localStorage 和 sessionStorage 对象除了以上基本应用外，还有以下两个方面的应用。

1. 清空 localStorage 数据

localStorage 的 clear() 函数用于清空同源的本地存储数据，比如 localStorage.clear()，它将删除所有本地存储的 localStorage 数据。

而 Web Storage 的另外一部分 Session Storage 中的 clear() 函数只清空当前会话存储的数据。

2. 遍历 localStorage 数据

遍历 localStorage 数据可以查看 localStrage 对象保存的全部数据信息。在遍历过程中，需要访问 localStorage 对象的另外两个属性 length 与 key。length 表示 localStorage 对象中保存数据的总量，key 表示保存数据时的键名项，该属性常与索引号（index）配合使用，表示第几条键名对应的数据记录。其中，索引号（index）以 0 值开始，如果取第 3 条键名对应的数据，index 值应该为 2。

取出数据并显示数据内容的代码如下：

```
functino showInfo(){
    var array=new Array();
    for(var i=0; i
    //调用key方法获取localStorage中数据对应的键名
    //如这里键名是从test1开始递增到testN的，那么localStorage.key（0）对应test1
    var getKey=localStorage.key(i);
    //通过键名获取值，这里的值包括内容和日期
    var getVal=localStorage.getItem(getKey);
    //array[0]就是内容，array[1]是日期
    array=getVal.split(",");
    }
}
```

获取并保存数据的代码如下：

```
var storage = window.localStorage;  f
or (var i=0, len = storage.length;  i  <  len;  i++){
var key = storage.key(i);
var value = storage.getItem(key);
console.log(key + "=" + value);  }
```

> **注意**：由于 localStorage 不仅仅是存储所添加的信息，可能还存在其他信息，但是那些信息的键名也是以递增数字形式表示的，这样如果也用纯数字就可能覆盖另外一部分信息，所以建议键名都用独特的字符区分开，这里在每个 ID 前加上 test 以示区别。

7.2.5　使用 JSON 对象存取数据

在 HTML 5 中可以使用 JSON 对象来存取一组相关的对象。使用 JSON 对象可以收集一组用户输入信息，然后创建一个 Object 来囊括这些信息，之后用一个 JSON 字符串来表示这个 Object，最后把 JSON 字符串存放在 localStorage 中。当用户检索指定名称时，会自动用该名称去 localStorage 取得对应的 JSON 字符串，将字符串解析到 Object 对象，然后依次提

取对应的信息，并构造 HTML 文本输入显示。

实例 5：使用 JSON 对象存取数据

下面通过一个简单的案例，来介绍如何使用 JSON 对象存取数据，具体操作方法如下。

01 新建一个网页文件，具体代码如下：

```html
<!DOCTYPE html>
<html>
<head>
<meta charset="UTF-8">
<title>使用JSON对象存取数据</title>
<script type="text/javascript" src="objectStorage.js"></script>
</head>
<body>
<h3>使用JSON对象存取数据</h3>
<h4>填写待存取信息到表格中</h4>
<table>
<tr><td>用户名：</td><td><input type="text" id="name"></td></tr>
<tr><td>E-mail：</td><td><input type="text" id="email"></td></tr>
<tr><td>联系电话：</td><td><input type="text" id="phone"></td></tr>
<tr><td></td><td><input type="button" value="保存" onclick="saveStorage(); "> </td></tr>
</table>
<hr>
<h4> 检索已经存入localStorage的json对象，并且展示原始信息</h4>
<p>
<input type="text" id="find">
<input type="button" value="检索" onclick="findStorage('msg'); ">
</p>
<!-- 下面这块用于显示被检索到的信息文本 -->
<p id ="msg"></p>
</body>
</html>
```

02 浏览保存的 html 文件，页面显示效果如图 7-5 所示。

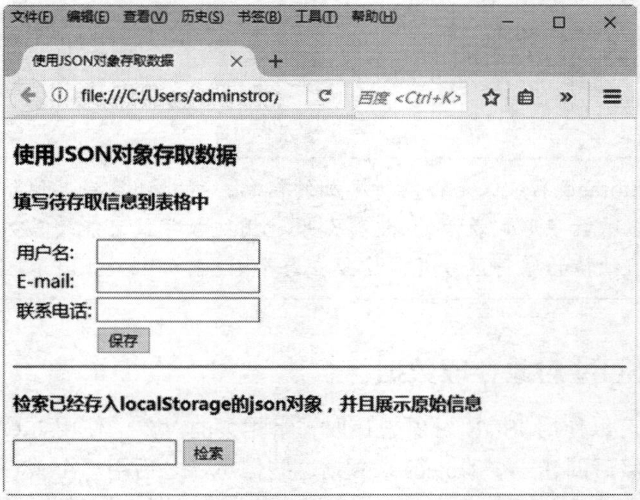

图 7-5　创建存取对象表格

03 案例中用到了 JavaScript 脚本，其中包含两个函数，一个是存数据，一个是取数据。具体的 JavaScript 脚本代码如下：

```
function saveStorage(){
    //创建一个js对象，用于存放当前从表单获得的数据
    var data = new Object;         //将对象的属性值名依次和用户输入的属性值关联起来
    data.user=document.getElementById("user").value;
    data.mail=document.getElementById("mail").value;
    data.tel=document.getElementById("tel").value;
    //创建一个json对象，让其对应html文件中创建的对象的字符串数据形式
    var str = JSON.stringify(data);
    //将json对象存放到localStorage上，key为用户输入的NAME，value为这个json字符串
    localStorage.setItem(data.user, str);
    console.log("数据已经保存！被保存的用户名为："+data.user);
}
//从localStorage中检索用户输入的名称对应的json字符串，然后把json字符串解析为一组信息，
并且打印到指定位置
function findStorage(id){                //获得用户的输入，是用户希望检索的名字
    var requiredPersonName = document.getElementById("find").value;
    //以这个检索的名字来查找localStorage，得到json字符串
    var str=localStorage.getItem(requiredPersonName);
    //解析这个json字符串得到Object对象
    var data= JSON.parse(str);
    //从Object对象中分离出相关属性值，然后构造要输出的HTML内容
    var result="用户名："+data.user+'<br>';
    result+="E-mail："+data.mail+'<br>';
    result+="联系电话："+data.tel+'<br>';     //取得页面上要输出的容器
    var target = document.getElementById(id);        //用刚才创建的HTML内容来填充这个容器
    target.innerHTML = result;
}
```

04 将 js 文件和 html 文件放在同一目录下，再次打开网页，在表单中依次输入相关内容，单击【保存】按钮，如图 7-6 所示。

05 在【检索】文本框中输入保存的信息的用户名，单击【检索】按钮，则在页面下方自动显示保存的用户信息，如图 7-7 所示。

图 7-6　输入表格内容

图 7-7　检索数据信息

7.3 目前浏览器对 Web 存储的支持情况

不用的浏览器版本对 Web 存储技术的支持情况是不同的，表 7-1 是常见浏览器对 Web 存储的支持情况。

表 7-1 常见浏览器对 Web 存储的支持情况

浏览器名称	支持 Web 存储技术的版本
Internet Explorer	Internet Explorer 8 及更高版本
Firefox	Firefox 3.6 及更高版本
Opera	Opera 10.0 及更高版本
Safari	Safari 4 及更高版本
Chrome	Chrome 5 及更高版本
Android	Android 2.1 及更高版本

7.4 制作简单的 Web 留言本

使用 Web Storage 功能可以制作 Web 留言本，具体制作方法如下。

01 构建页面框架，代码如下：

```
<!DOCTYPE html>
<html>
<head>
<title>本地存储技术之Web留言本</title>
</head>
<body onload="init()">
</body>
</html>
```

02 添加页面文件，主要由表单构成，包括单行文字表单和多行文字表单，代码如下：

```
<h1>Web留言本</h1>
<table>
    <tr>
        <td>用户名</td>
        <td><input type="text" name="name" id="name" /></td>
    </tr>
    <tr>
        <td>留言</td>
        <td><textarea name="memo" id="memo" cols ="50" rows = "5"> </textarea></td>
    </tr>
    <tr>
        <td></td>
        <td>
            <input type="submit" value="提交" onclick="saveData()" />
        </td>
    </tr>
</table>
<ht>
<table id="datatable" border="1"></table>
<p id="msg"></p>
```

03 为了执行本地数据库的保存及调用功能，需要插入数据库的脚本代码，具体内容如下：

```
<script>
var datatable = null;
var db = openDatabase ( "MyData","1.0", "My Database",2*1024*1024 );
function init()
{
    datatable = document.getElementById ( "datatable" );
    showAllData();
}
function removeAllData(){
    for ( var i = datatable.childNodes.length-1; i>=0; i-- ) {
        datatable.removeChild ( datatable.childNodes[i] );
    }
    var tr = document.createElement ('tr');
    var th1 = document.createElement ('th');
    var th2 = document.createElement ('th');
    var th3 = document.createElement ('th');
    th1.innerHTML = "用户名";
    th2.innerHTML = "留言";
    th3.innerHTML = "时间";
    tr.appendChild ( th1 );
    tr.appendChild ( th2 );
    tr.appendChild ( th3 );
    datatable.appendChild ( tr );
}
function showAllData()
{
    db.transaction ( function ( tx ) {
        tx.executeSql ('create table if not exists MsgData(name TEXT, message
TEXT, time INTEGER )', [] );
        tx.executeSql ('select * from MsgData',[],function ( tx,rs ) {
            removeAllData();
            for ( var i=0; i<rs.rows.length; i++ ) {
                showData ( rs.rows.item ( i ) );
            }
        } );
    } );
}
function showData ( row ) {
    var tr=document.createElement ('tr');
    var td1 = document.createElement ('td');
    td1.innerHTML = row.name;
    var td2 = document.createElement ('td');
    td2.innerHTML = row.message;
    var td3 = document.createElement ('td');
    var t = new Date();
    t.setTime ( row.time );
    ttd3.innerHTML = t.toLocaleDateString()+ " " + t.toLocaleTimeString();
    tr.appendChild ( td1 );
    tr.appendChild ( td2 );
    tr.appendChild ( td3 );
    datatable.appendChild ( tr );
}
function addData ( name,message, time ) {
    db.transaction ( function ( tx ) {
        tx.executeSql ('insert into MsgData values ( ?,?,? )
',[name,message,time],functionx, rs ) {
            alert ( "提交成功。" );
```

```
            },function(tx,error){
                alert(error.source+": : "+error.message);
            });
        });
    } // End of addData
    function saveData(){
        var name = document.getElementById('name').value;
        var memo = document.getElementById('memo').value;
        var time = new Date().getTime();
        addData(name,memo,time);
        showAllData();
    } // End of saveData
</script>
</head>
<body onload="init()">
    <h1>Web留言本</h1>
    <table>
        <tr>
            <td>用户名</td>
            <td><input type="text" name="name" id="name" /></td>
        </tr>
        <tr>
            <td>留言</td>
                <td><textarea name="memo" id="memo" cols ="50" rows = "5"> </
textarea></td>
        </tr>
        <tr>
            <td></td>
            <td>
                <input type="submit" value="提交" onclick="saveData()" />
            </td>
        </tr>
    </table>
    <ht>
    <table id="datatable" border="1"></table>
    <p id="msg"></p>
</body>
</html>
```

04 文件保存后，运行效果如图 7-8 所示。

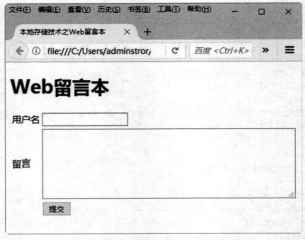

图 7-8　Web 留言本

7.5　新手常见疑难问题

▌疑问 1：不同的浏览器可以读取同一个 Web 存储库中存储的数据吗？

　　在 Web 存储时，不同的浏览器将存储在不同的 Web 存储库中。例如，如果用户使用的是 IE 浏览器，那么 Web 存储工作时，将所有数据存储在 IE 的 Web 存储库中，如果用户再次使用火狐浏览器访问该站点，将不能读取 IE 浏览器存储的数据，可见每个浏览器的存储是分开并独立工作的。

▌疑问 2：离线存储站点时是否需要浏览者同意？

　　和地理定位类似，在使用 manifest 文件时，浏览器会提供一个权限提示，提示用户是否将离线设为可用，但是不是每一个浏览器都支持这样的操作。

7.6　实战技能训练营

▌实战：使用 web Storage 设计一个页面计数器

　　通过 web Storage 中的 sessionStorage 和 localStorage 两种方法存储和读取页面的数据并记录页面被打开的次数。运行结果如图 7-9 所示。输入要保存的数据后，单击 "session 保存" 按钮，然后反复刷新几次页面后，单击按钮，页面就会显示用户输入的内容和刷新页面的次数。

图 7-9　页面计数器

第8章　认识CSS样式表

📖 本章导读

使用 CSS 技术可以对页面进行精细的美化。使用 CSS 样式表不仅可以对单个页面进行格式化，还可以对多个页面使用相同的样式进行修饰，以达到统一的效果。本章就来介绍如何使用 CSS 样式表美化网页。

🔍 知识导图

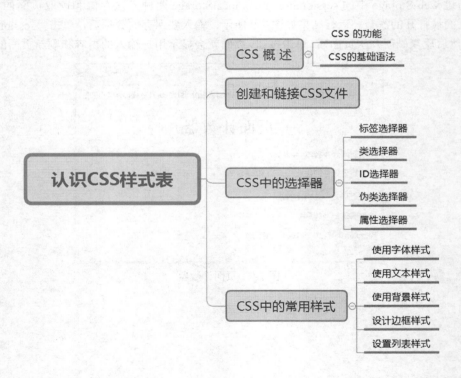

8.1 CSS 概述

使用 CSS 最大的优势，是在后期维护中，如果一些外观样式需要修改，只需要修改相应的代码即可。

1. CSS 的功能

随着 Internet 的不断发展，对页面效果的诉求越来越强烈，只依赖 HTML 这种结构化标签来实现样式，已经不能满足网页设计者的需要。其表现有如下几个方面。

（1）维护困难。为了修改某个特殊标签格式，需要花费很多时间，尤其对整个网站而言，后期修改和维护成本较高。

（2）标签不足。HTML 本身的标签很少，很多标签都是为网页内容服务的，而关于内容样式的标签，例如文字间距、段落缩进，很难在 HTML 中找到。

（3）网页过于臃肿。由于没有统一对各种风格样式进行控制，HTML 页面往往体积过大，占用很多宝贵的宽度。

（4）定位困难。在整体布局页面时，HTML 对于各个模块的位置调整显得捉襟见肘，过多的 table 标签将会导致页面的复杂和后期维护的困难。

在这种情况下，就需要寻找一种可以将结构化标签与丰富的页面表现相结合的技术。因此 CSS 样式技术就产生了。

CSS（Cascading Style Sheet）称为层叠样式表，也可以称为 CSS 样式表（或样式表），其文件扩展名为 .css。CSS 是用于增强或控制网页样式并允许将样式信息与网页内容分离的一种标签性语言。

引用样式表的目的，是将"网页结构代码"和"网页样式风格代码"分离开，从而使网页设计者可以对网页布局进行更多的控制。利用样式表，可以将整个站点上的所有网页都指向某个 CSS 文件，然后设计者只需要修改 CSS 文件中的某一行，整个网站上对应的样式都会随之发生改变。

2. CSS 的基础语法

CSS 样式表是由若干条样式规则组成的，这些规则可以应用到不同的元素或文档，来定义它们显示的外观。

每一条样式规则由 3 部分构成：选择符（selector）、属性（properties）和属性值（value），基本格式如下：

```
selector{property: value}
```

（1）selector：选择符可以采用多种形式，可以为文档中的 HTML 标签，例如 \<body\>、\<table\>、\<p\> 等。

（2）property：选择符指定的标签所包含的属性。

（3）value：属性的值。如果定义选择符的多个属性，则属性和属性值为一组，组与组之间用分号（;）隔开。基本格式如下：

```
selector{property1: value1;  property2: value2;  ...}
```

例如，下面就给出一条样式规则：

```
p{color: red}
```

该样式规则的选择符是 p，即为段落标签 <p> 提供样式，color 为指定文字颜色属性，red 为属性值。此样式表示标签 <p> 指定的段落文字为红色。

如果要为段落设置多种样式，可以使用如下语句：

```
p{font-family: "隶书";  color: red;  font-size: 40px;  font-weight: bold}
```

8.2 创建和链接 CSS 文件

CSS 文件是纯文本格式的文件，在创建 CSS 时，就有了多种选择，可以使用一些简单的纯文本编辑工具，例如记事本，同样可以选择专业的 CSS 编辑工具 WebStrom。

使用记事本编写 CSS 文件比较简单。首先需要打开一个记事本，然后在里面输入相应的 CSS 代码，然后保存为 .css 格式的文件即可。

使用 WebStorm 创建 CSS 文件的操作步骤如下。

步骤 1：在 WebStorm 主界面中，选择 File → New → Stylesheet 命令，如图 8-1 所示。

步骤 2：打开 New Stylesheet 对话框，输入文件名称为"mytest.css"，选择文件类型为 CSS file，如图 8-2 所示。

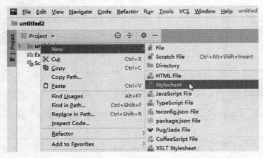

图 8-1　创建一个 CSS 文件

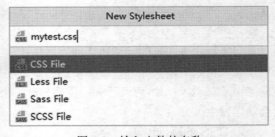

图 8-2　输入文件的名称

步骤 3：按 Enter 键即可查看新建的 CSS 文件，接着就可以输入 CSS 文件的内容，如图 8-3 所示。编辑完成后，按 Ctrl+S 键即可保存 CSS 文件。

图 8-3　输入 CSS 文件的内容

如果需要使用 mytest.css，在 HTML 文件中直接链接即可，链接语句必须放在页面的 <head> 标签区，如下所示：

```
<link rel="stylesheet" type="text/css" href="mytest.css" />
```

主要参数介绍如下。

（1）rel：指定链接到样式表，其值为 stylesheet。

（2）type：表示样式表类型为 CSS 样式表。

（3）href：指定 CSS 样式表所在的位置，此处表示当前路径下名称为 mytest.css 的文件。

这里使用的是相对路径。如果 HTML 文档与 CSS 样式表不在同一路径下，则需要指定样式表的绝对路径或引用位置。

在 HTML 文件中链接 CSS 文件有比较大的优势，它可以将 CSS 代码和 HTML 代码完全分离，并且同一个 CSS 文件能被不同的 HTML 文件链接使用。

> 提示：在设计整个网站时，可以将所有页面链接到同一个 CSS 文件，使用相同的样式风格。这样，如果整个网站需要修改样式，只修改 CSS 文件即可。

8.3 CSS 中的选择器

要使用 CSS 对 HTML 页面中的元素实现一对一、一对多或者多对一的控制，这就需要用到 CSS 选择器。HTML 页面中的元素就是通过 CSS 选择器进行控制的。CSS 中常用的选择器类型包括标签选择器、类选择器、ID 选择器、伪类选择器、属性选择器。

8.3.1 标签选择器

HTML 文档是由多个不同标签组成的，而 CSS 选择器用于声明那些标签采用的样式。例如 p 选择器，用于声明页面中所有 <p> 标签的样式风格。同样也可以通过 h1 选择器来声明页面中所有 <h1> 标签的 CSS 风格。

标签选择器最基本的形式如下所示：

```
tagName{property: value}
```

主要参数介绍如下：

（1）tagName 表示标签名称，例如 p、h1 等 HTML 标签。

（2）porerty 表示 CSS 属性。

（3）value 表示 CSS 属性值。

▌实例 1：通过标签选择器定义网页元素的显示方式

```
<!DOCTYPE html>
<html>
<head>
<title>标签选择器</title>
<style>
p{
    color: black;          /*设置字体的颜色为黑色*/
    font-size: 20px;       /*设置字体的大小为20px*/
    font-weight: bolder;   /*设置字体的粗细*/
```

```
    }
    </style>
    </head>
    <body>
    <p>枯藤老树昏鸦，小桥流水人家，古道西风瘦马。夕阳西下，断肠人在天涯。</p>
    </body>
    </html>
```

运行效果如图 8-4 所示，可以看到段落以黑色加粗字体显示，大小为 20px。

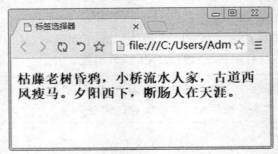

图 8-4　标签选择器显示

> **注意**：CSS 语言对于所有属性和属性值都有相对严格的要求，如果声明的属性在 CSS 规范中没有，或者某个属性值不符合属性要求，都不能使 CSS 语句生效。

8.3.2　类选择器

在一个页面中，使用标签选择器，可以控制该页面中所有此标签的显示样式。如果需要为此类标签中的一个标签重新设定，此时仅使用标签选择器是不能达到效果的，还需要使用类（class）选择器。

类选择器用来为一系列标签定义相同的呈现方式，常用语法格式如下所示：

```
. classValue {property: value}
```

这里的 classValue 是类选择器的名称。

实例 2：通过不同的类选择器定义网页元素的显示方式

```
<!DOCTYPE html>
<html>
<head>
<title>类选择器</title>
<style>
.aa{
    color: blue;              /*设置字体的颜色为蓝色*/
    font-size: 20px;          /*设置字体的大小为20px*/
}
.bb{
    color: red;               /*设置字体的颜色为红色*/
    font-size: 22px;          /*设置字体的大小为22px*/
}
</style>
```

```
</head>
<body>
<h3 class=bb>画鸡</h3>
<p class="aa">头上红冠不用裁，满身雪白走将来。</p>
<p class="bb">平生不敢轻言语，一叫千门万户开。</p>
</body>
</html>
```

运行效果如图 8-5 所示，可以看到第一个段落以蓝色字体显示，大小为 20px，第二段落以红色字体显示，大小为 22px，标题同样以红色字体显示，大小为 22px。

8.3.3　ID 选择器

ID 选择器和类选择器类似，都是针对特定属性的属性值进行匹配。ID 选择器定义的是某一个特定的 HTML 元素，一个网页文件中只能有一个元素使用某一 ID 的属性值。

定义 ID 选择器的语法格式如下：

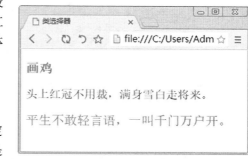

图 8-5　类选择器应用效果

```
#idValue{property: value}
```

这里的 idValue 是选择器名称。

例如，下面定义一个 ID 选择器，名称为 fontstyle，代码如下：

```
#fontstyle
{
    color: red;               /*设置字体的颜色为红色*/
    font-weight: bold;        /*设置字体的粗细*/
    font-size: large;         /*设置字体的大小*/
}
```

在页面中，具有 ID 属性的标签才能够使用 ID 选择器定义样式，所以与类选择器相比，使用 ID 选择器有一定的局限性。类选择器与 ID 选择器主要有以下两种区别。

（1）类选择器可以给任意数量的标签定义样式，但 ID 选择器在页面的标签中只能使用一次。

（2）ID 选择器比类选择器具有更高的优先级，即当 ID 选择器与类选择器发生冲突时，优先使用 ID 选择器。

▌实例 3：通过 ID 选择器定义网页元素的显示方式

```
<!DOCTYPE html>
<html>
<head>
<title>ID选择器</title>
<style>
#fontstyle{
    color: blue;                  /*设置字体的颜色为蓝色*/
    font-weight: bold;            /*设置字体的粗细*/
```

```
    font-size: 22px;              /*设置字体的大小为22px*/
}
#textstyle{
    color: red;                   /*设置字体的颜色为红色*/
    font-weight: bold;            /*设置字体的粗细*/
    font-size: 22px;              /*设置字体的大小为22px*/
}
</style>
</head>
<body>
<h3 id=textstyle>嘲顽石幻相</h3>
<p id=textstyle>女娲炼石已荒唐，又向荒唐演大荒。</p>
<p id=fontstyle>失去幽灵真境界，幻来亲就臭皮囊。</p>
<p id=textstyle>好知运败金无彩，堪叹时乖玉不光。</p>
<p id=fontstyle>白骨如山忘姓氏，无非公子与红妆。</p>
</body>
</html>
```

运行效果如图 8-6 所示。可以看到标题、第 1 和第 3 个段落以红色字体显示，大小为 22px，第 2 与第 4 段落以蓝色字体显示，大小为 22px。

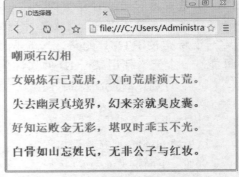

图 8-6　ID 选择器显示

从上面的代码中可以看出，标题 h3 和第 1 与 3 个段落都使用了名称为 textstyle 的 ID 选择器，并都显示了 CSS 方案，可以看出在很多浏览器下，ID 选择器可以用于多个标签。但这里需要指出的是，将 ID 选择器用于多个标签是错误的，因为每个标签定义的 ID 不只是 CSS 可以调用，JavaScript 等脚本语言同样也可以调用。如果一个 HTML 中有两个相同的 id 标签，那么将会导致 JavaScript 在查找 id 时出错。

8.3.4　伪类选择器

伪类选择器是 CSS 中定义好的选择器，所以用户不能随意命名。主流浏览器都支持超链接的伪类，如：link、：visited、：hover 和：active。它表示链接 4 种不同的状态：未访问链接（link）、已访问链接（visited）、激活链接（active）和鼠标停留在链接上（hover）。

例如：

```
a: link{color: #FF0000;  text-decoration: none}         //未访问链接的样式
a: visited{color: #00FF00;  text-decoration: none}      //已访问链接的样式
a: hover{color: #0000FF;  text-decoration: underline}   //鼠标停留在链接上的样式
a: active{color: #FF00FF;  text-decoration: underline}  //激活链接的样式
```

▌实例 4：通过伪类选择器定义网页超链接

```
<!DOCTYPE html>
<html>
<head>
    <meta charset="UTF-8">
    <title>伪类</title>
```

```
    <style>
        a: link {color: red}            /*未访问时链接的颜色*/
        a: visited {color: green}       /*已访问过链接的颜色*/
        a: hover {color: blue}          /*鼠标移动到链接上的颜色*/
        a: active {color: orange}       /*激活链接的颜色*/
    </style>
</head>
<body>
<a href="">链接到本页</a>
<a href="http://www.sohu.com">搜狐</a>
</body>
</html>
```

运行效果如图 8-7 所示，可以看到两个超级链接，第一个超级链接是鼠标停留在上方时，显示颜色为蓝色，另一个是访问过后，显示颜色为绿色。

图 8-7　伪类显示

8.3.5　属性选择器

直接使用属性控制 HTML 标签样式的选择器，称为属性选择器，属性选择器是根据某个属性是否存在并根据属性值来寻找元素的。CSS2 中就已经出现了属性选择器，但在 CSS3 版本中，又新加了 3 个属性选择器。也就是说，CSS3 中共有 7 个属性选择器，如表 8-1 所示。

表 8-1　CSS3 属性选择器

属性选择器格式	说　明
E[foo]	选择匹配 E 的元素，且该元素定义了 foo 属性。注意，E 选择器可以省略，表示选择定义了 foo 属性的任意类型元素
E[foo= "bar "]	选择匹配 E 的元素，且该元素将 foo 属性值定义为了"bar"。注意，E 选择器可以省略，用法与上一个选择器类似
E[foo~= "bar "]	选择匹配 E 的元素，且该元素定义了 foo 属性，foo 属性值是一个以空格符分隔的列表，其中一个列表的值为"bar"。注意，E 选择符可以省略，表示可以匹配任意类型的元素。 例如，a[title~="b1"] 匹配 \<a title="b1 b2 b3">\</a>，而不匹配 \<a title="b2 b3 b5">\</a>
E[foo|="en"]	选择匹配 E 的元素，且该元素定义了 foo 属性，foo 属性值是一个用连字符（-）分隔的列表，值开头的字符为"en"。 注意，E 选择符可以省略，表示可以匹配任意类型的元素。例如，[lang|="en"] 匹配 \<body lang="en-us">\</body>，而不是匹配 \<body lang="f-ag">\</body>
E[foo^="bar"]	选择匹配 E 的元素，且该元素定义了 foo 属性，foo 属性值包含前缀为 "bar" 的子字符串。注意，E 选择符可以省略，表示可以匹配任意类型的元素。例如，body[lang^="en"] 匹配 \<body lang="en-us">\</body>，而不匹配 \<body lang="f-ag">\</body>

续表

属性选择器格式	说　明
E[foo$="bar"]	选择匹配 E 的元素，且该元素定义了 foo 属性，foo 属性值包含后缀为 "bar" 的子字符串。注意 E 选择符可以省略，表示可以匹配任意类型的元素。例如，img[src$="jpg"] 匹配 <img src="p.jpg"/>，而不匹配 <img src="p.gif"/>
E[foo*="bar"]	选择匹配 E 的元素，且该元素定义了 foo 属性，foo 属性值包含 "b" 的子字符串。注意，E 选择器可以省略，表示可以匹配任意类型的元素。例如，img[src$="jpg"] 匹配 <img src="p.jpg/>，而不匹配 <img src="p.gif"/>

▍实例 5：通过属性选择器定义网页元素的显示样式

```
<!DOCTYPE html>
<html>
<head>
    <meta charset="UTF-8">
    <title>属性选择器</title>
    <style>
        [align]{color: red}
        [align="left"]{font-size: 20px; font-weight: bolder; }
        [lang^="en"]{color: blue; text-decoration: underline; }
        [src$="jpg"]{border-width: 2px; boder-color: #ff9900; }
    </style>
</head>
<body>
<p align=center>轻轻的我走了，正如我轻轻的来；</p>
<p align=left>我轻轻的招手，作别西天的云彩。</p>
<p lang="en-us">悄悄的我走了，正如我悄悄的来；</p>
<p>我挥一挥衣袖，不带走一片云彩。</p>
<img src="02.jpg" border="0.5"/>
</body>
</html>
```

运行效果如图8-8所示，可以看到第1个段落使用属性align定义样式，其字体颜色为红色。第2个段落使用属性值 left修饰样式，并且大小为20px，加粗显示，其字体颜色为红色，因为该段落使用了 align 这个属性。第3个段落显示红色，且带有下划线，因为属性 lang 的值前缀为 en。最后一个图片以边框样式显示，因为属性值的后缀为 gif。

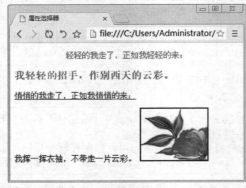

图 8-8　属性选择器应用效果

8.4 CSS 中的常用样式

下面介绍如何定义 CSS 样式中常用的样式属性，包括字体、文本、背景、边框、列表。

8.4.1 使用字体样式

在 HTML 中，CSS 字体属性用于定义文字的字体、大小、粗细等。常用的字体属性包括字体类型、字号大小、字体风格、字体颜色等。

1. 控制字体类型

font-family 属性用于指定文字字体类型，例如宋体、黑体、隶书、Times New Roman 等，即在网页中，展示不同的字体形状。具体的语法格式如下所示：

```
{font-family : name}
```

其中，name 是字体名称，按优先顺序排列，以逗号隔开，如果字体名称包含空格，则应用引号括起。

▌ 实例 6：控制字体类型

```
<!DOCTYPE html>
<html>
<style type=text/css>
  p{font-family: 黑体}
</style>
<body>
<p align=center>天行健，君子应自强不息。</p>
</body>
</html>
```

运行效果如图 8-9 所示，可以看到文字居中并以黑体显示。

图 8-9　字型显示

2. 定义字体大小

在 CSS 中，通常使用 font-size 设置文字大小。其语法格式如下所示：

```
{font-size : 数值| inherit | xx-small | x-small | small | medium | large |
x-large | xx-large | larger | smaller | length}
```

可以通过数值来定义字体大小，例如用 font-size: 10px 的方式定义字体大小为 10 个像素。

▌ 实例 7：定义字体大小

```
<!DOCTYPE html>
```

```
<html>
<body>
<div style="font-size: 10pt">霜叶红于二月花
  <p style="font-size: small">霜叶红于二月花</p>
  <p style="font-size: larger">霜叶红于二月花</p>
    <p style="font-size: x-small">霜叶红于二月花</p>
  <p style="font-size: x-larger">霜叶红于二月花</p>
  <p style="font-size: 50%">霜叶红于二月花</p>
    <p style="font-size: 25pt">霜叶红于二月花</p>
</div>
</body>
</html>
```

运行效果如图 8-10 所示，可以看到网页中的文字被设置成不同的大小，其设置方式采用了绝对数值、关键字和百分比等形式。

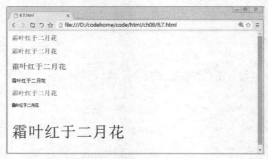

图 8-10　字体大小显示

3. 定义字体风格

font-style 通常用来定义字体风格，即字体的显示样式，语法格式如下所示。

```
font-style : normal | italic | oblique |inherit
```

其属性值有 4 个，具体含义如表 8-2 所示。

表 8-2　font-style 参数表

属性值	含　义
normal	默认值。浏览器显示标准的字体样式
italic	浏览器会显示斜体的字体样式
oblique	将没有斜体变量的特殊字体，浏览器会显示倾斜的字体样式
inherit	规定应该从父元素继承字体样式

▌实例 8：定义字体风格

```
<!DOCTYPE html>
<html>
<body>
  <p style="font-style: italic">梅花香自苦寒来</p>
  <p style="font-style: normal">梅花香自苦寒来</p>
  <p style="font-style: oblique">梅花香自苦寒来</p>
</body>
</html>
```

运行效果如图 8-11 所示，可以看到文字分别显示不同的样式，例如斜体。

图 8-11　字体风格显示

4. 定义文字的颜色

在 CSS 样式中，通常使用 color 属性来设置颜色，其属性值如表 8-3 所示。

表 8-3　color 属性值

属性值	说　明
color_name	规定颜色值为颜色名称的颜色（例如 red）
hex_number	规定颜色值为十六进制值的颜色（例如 #ff0000）
rgb_number	规定颜色值为 RGB 代码的颜色（例如 rgb（255，0，0））
inherit	规定应该从父元素继承颜色
hsl_number	规定颜色值为 HSL 代码的颜色（例如 hsl（0，75%，50%）），此为 CSS3 新增加的颜色表现方式
hsla_number	规定颜色为 HSLA 代码的颜色（例如 hsla（120，50%，50%，1）），此为 CSS3 新增加的颜色表现方式
rgba_number	规定颜色值为 RGBA 代码的颜色（例如 rgba（125，10，45，0.5）），此为 CSS3 新增加的颜色表现方式

实例 9：定义文字的颜色

```html
<!DOCTYPE html>
<html>
<head>
<style type="text/css">
  body {color: red}
  h1 {color: #00ff00}
  p.ex {color: rgb ( 0, 0, 255 ) }
  p.hs{color: hsl ( 0, 75%, 50% ) }
  p.ha{color: hsla ( 120, 50%, 50%, 1 ) }
  p.ra{color: rgba ( 125, 10, 45, 0.5 ) }
</style>
</head>
<body>
<h1>《青玉案 元夕》</h1>
<p>众里寻他千百度，蓦然回首，那人却在，灯火阑珊处。
</p>
<p class="ex">众里寻他千百度，蓦然回首，那人却在，灯火阑珊处。（该段落定义了
class="ex"。该段落中的文本是蓝色的。）</p>
<p class="hs">众里寻他千百度，蓦然回首，那人却在，灯火阑珊处。（此处使用了CSS3中的新增加
的HSL函数，构建颜色。）</p>
<p class="ha">众里寻他千百度，蓦然回首，那人却在，灯火阑珊处。（此处使用了CSS3中的新增加
的HSLA函数，构建颜色。）</p>
<p class="ra">众里寻他千百度，蓦然回首，那人却在，灯火阑珊处。（此处使用了CSS3中的新增加
的RGBA函数，构建颜色。）</p>
</body>
```

```
</html>
```

运行效果如图 8-12 所示，可以看到文字以不同颜色显示，并采用了不同的颜色取值方式。

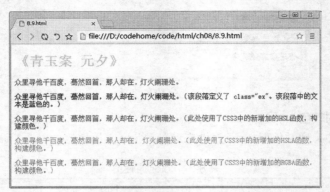

图 8-12　字体颜色属性显示

8.4.2　使用文本样式

在网页中，段落的放置与效果的显示会直接影响页面的布局及风格，CSS 样式表提供了文本属性来实现对页面中段落文本的控制。

1. 设置文本的缩进效果

CSS 中的 text-indent 属性用于设置文本的首行缩进，其默认值为 0，当属性值为负值时，表示首行会被缩进到左边，其语法格式如下所示：

```
text-indent : length
```

其中，length 属性值表示百分比数字或由浮点数字和单位标识符组成的长度值，允许为负值。

▌实例 10：设置文本的缩进效果

```
<!DOCTYPE html>                          <p style="text-indent: 10%">
<html>                                       此处使用百分比，进行缩进。
<body>                                   </p>
<p style="text-indent: 10mm">            </body>
    此处直接定义长度，直接缩进。          </html>
</p>
```

运行效果如图 8-13 所示，可以看到文字以首行缩进方式显示。

图 8-13　缩进显示窗口

2. 设置垂直对齐方式

vertical-align 属性用于设置内容的垂直对齐方式，其默认值为 baseline，表示与基线对齐，其语法格式如下所示：

```
{vertical-align: 属性值}
```

vertical-align 属性值有 9 个预设值可以使用，也可以使用百分比。这 9 个预设值和百分比的含义如表 8-4 所示。

表 8-4　vertical-align 属性值

属性值	说　明
baseline	默认。元素放置在父元素的基线上
sub	垂直对齐文本的下标
super	垂直对齐文本的上标
top	把元素的顶端与行中最高元素的顶端对齐
text-top	把元素的顶端与父元素字体的顶端对齐
middle	把此元素放置在父元素的中部
bottom	把元素的顶端与行中最低元素的顶端对齐
text-bottom	把元素的底端与父元素字体的底端对齐
length	设置元素的堆叠顺序
%	使用 line-height 属性的百分比值来排列此元素。允许使用负值

▌实例 11：设置垂直对齐方式

```
<!DOCTYPE html>
<html>
<body>
<p>
    世界杯<b style=" font-size: 8pt; vertical-align: super">2014</b>!
    中国队<b style="font-size: 8pt; vertical-align: sub">[注]</b>!
    加油! <img src="1.gif" style=" vertical-align: baseline">
</p>
<p><img src="2.gif" style="vertical-align: middle"/>
    世界杯! 中国队! 加油! <img src="1.gif" style="vertical-align: top">
</p>
<hr/>
<p ><img src="2.gif" style="vertical-align: middle"/>
    世界杯! 中国队! 加油! <img src="1.gif" style="vertical-align: text-top">
</p>
<p><img src="2.gif" style="vertical-align: middle"/>
    世界杯! 中国队! 加油! <img src="1.gif" style="vertical-align: bottom">
</p>
<hr/>
<p ><img src="2.gif" style="vertical-align: middle"/>
    世界杯! 中国队! 加油! <img src="1.gif" style="vertical-align: text-bottom">
</p>
<p>
    世界杯<b style=" font-size: 8pt; vertical-align: 100%">2008</b>!
    中国队<b style="font-size: 8pt; vertical-align: -100%">[注]</b>!
    加油! <img src="1.gif" style="vertical-align: baseline">
</p>
</body>
```

```
</html>
```

运行效果如图 8-14 所示，可以看到文字在垂直方向以不同的对齐方式显示。

图 8-14　垂直对齐显示

3. 设置水平对齐方式

text-align 属性用于设置内容的水平对齐方式，其默认值为 left（左对齐），其语法格式如下所示。

```
{ text-align: sTextAlign }
```

其属性值的含义如表 8-5 所示。

表 8-5　text-align 属性值

属性值	说　　明
left	文本向行的左边缘对齐。在垂直方向的文本中，文本在 left-to-right 模式下向开始边缘对齐
right	文本向行的右边缘对齐。在垂直方向的文本中，文本在 left-to-right 模式下向结束边缘对齐
center	文本在行内居中对齐
justify	文本根据 text-justify 的属性设置方法分散对齐。即两端对齐，均匀分布

▍实例 12：设置水平对齐方式

```
<!DOCTYPE html>
<html>
<body>
<h1 style="text-align: center">登幽州台歌</h1>
<h3 style="text-align: left">选自：</h3>
<h3 style="text-align: right">
  <img src="1.gif" />
  唐诗三百首</h3>
<p style="text-align: justify">
  前不见古人
  后不见来者
   （这是一个测试，这是一个测试，这是一个测试，）
</p>
</body>
</html>
```

运行效果如图 8-15 所示，可以看到文字在水平方向上以不同的对齐方式显示。

图 8-15　对齐效果图

4. 设置文本的行高

在 CSS 中，line-height 属性用来设置行间距，即行高。其语法格式如下所示：

```
line-height : normal | length
```

其属性值的具体含义如表 8-6 所示。

表 8-6　line-height 属性值

属性值	说　　明
normal	默认行高，即网页文本的标准行高
length	百分比数字或由浮点数字和单位标识符组成的长度值，允许为负值。其百分比取值基于字体的高度尺寸

▌ **实例 13：设置文本的行高**

```
<!DOCTYPE html>
<html>
<body>
  <div style="text-indent: 10mm; ">
    <p style="line-height: 50px">
        世界杯（World Cup, FIFA World Cup，国际足联世界杯，世界足球锦标赛）是世界上最高
水平的足球比赛，与奥运会、F1并称为全球三大顶级赛事。
    </p>     <p style="line-height: 50%">
        世界杯（World Cup, FIFA World Cup，国际足联世界杯，世界足球锦标赛）是世界上最高
水平的足球比赛，与奥运会、F1并称为全球三大顶级赛事。
    </p>
  </div>
</body>
</html>
```

运行效果如图 8-16 所示，可以看到有段文字重叠在一起，因为行高设置较小。

图 8-16　设定文本行高显示效果

8.4.3 使用背景样式

背景是进行网页设计时的重要因素之一，一个背景优美的网页，总能吸引不少访问者。使用 CSS 的背景样式可以设置网页背景。

1. 设置背景颜色

background-color 属性用于设定网页背景色，其语法格式如下：

```
{background-color : transparent | color}
```

关键字 transparent 是个默认值，表示透明。背景颜色 color 的设定方法可以采用英文单词、十六进制、RGB、HSL、HSLA 和 GRBA。

▌实例 14：设置背景颜色

```
<!DOCTYPE html>
<html>
<head>
<title>背景色设置</title>
<head>
<body style="background-color: PaleGreen;  color: Blue">
  <p>
    background-color属性设置背景色，color属性设置字体颜色。
  </p>
</body>
</html>
```

运行效果如图 8-17 所示，可以看到网页背景色为浅绿色，而字体颜色为蓝色。

图 8-17   设置背景色

background-color 除了可以设置整个网页的背景颜色外，还可以指定某个网页元素的背景色，例如设置 h1 标题的背景色，设置段落 p 的背景色。

▌实例 15：分别设置网页元素的背景色

```
<!DOCTYPE html>
<html>
<head>
<title>背景色设置</title>
<style>
h1 {
      background-color: red;
      color: black;
    text-align: center;
}
p{
      background-color: gray;
```

```
        color: blue;
        text-indent: 2em;
}
</style>
<head>
<body >
    <h1>颜色设置</h1>
  <p>
    background-color属性设置背景色，color属性设置字体颜色。
  </p>
</body>
</html>
```

运行效果如图 8-18 所示，可以看到网页中标题区域的背景色为红色，段落区域的背景色为灰色，并且分别为字体设置了不同的前景色。

图 8-18 设置 HTML 元素背景色

2. 设置背景图片

background-image 属性用于设定标签的背景图片，通常情况下，在标签 <body> 中应用，将图片用于整个主体中。background-image 语法格式如下所示：

```
background-image : none | url (url)
```

其默认属性值是无背景图，当需要使用背景图时可以用 url 进行导入，url 可以使用绝对路径，也可以使用相对路径。

▌实例 16：设置背景图片

```
<!DOCTYPE html>
<html>
<head>
<title>背景色设置</title>
<style>
body{
        background-image: url (01.jpg)
    }
</style>
<head>
<body  >
<h1>夕阳无限好，只是近黄昏！</h1>
</body>
</html>
```

运行效果如图 8-19 所示，可以看到网页中显示了背景图，但如果图片大小小于整个网页大小，则为了填充网页背景，图片会重复出现并铺满整个网页。

图 8-19　设置背景图片

> **提示**：在设定背景图片时，最好同时也设定背景色，这样当背景图片因某种原因无法正常显示时，可以使用背景色来代替。当然，如果正常显示，背景图片会覆盖背景色。

在 CSS 中可以通过 background-repeat 属性设置图片的重复方式，包括水平重复、垂直重复和不重复等。各属性值的说明如表 8-7 所示。

表 8-7　background-repeat 属性值

属性值	描　述
repeat	背景图片水平和垂直方向都重复平铺
repeat-x	背景图片水平方向重复平铺
repeat-y	背景图片垂直方向重复平铺
no-repeat	背景图片不重复平铺

background-repeat 属性设置的背景图片是从元素的左上角开始平铺，直到水平、垂直或全部页面都被背景图片覆盖。

3. 设置背景图片的位置

使用 background-position 属性可以指定背景图片在页面中的位置。background-position 的属性值如表 8-8 所示。

表 8-8　background-position 属性值

属性值	描　述
length	设置图片与边距水平和垂直方向的距离长度，后跟长度单位（cm、mm、px 等）
percentage	以页面元素框的宽度或高度的百分比放置图片
top	背景图片顶部居中显示
center	背景图片居中显示
bottom	背景图片底部居中显示
left	背景图片左部居中显示
right	背景图片右部居中显示

提示：垂直对齐值还可以与水平对齐值一起使用，从而决定图片的垂直位置和水平位置。

▌ 实例 17：设置背景图片的位置

```
<!DOCTYPE html>
<html>
<head>
<title>背景位置设定</title>
<style>
body{
        background-image: url(01.jpg);
        background-repeat: no-repeat;
        background-position: top right;
    }
</style>
<head>
<body  >
</body>
</html>
```

运行效果如图 8-20 所示，可以看到网页中显示了背景图片，背景图片从顶部和右边开始平铺。

图 8-20　设置背景图片的位置

使用垂直对齐值和水平对齐值只能格式化地放置图片，如果想在页面中自由地定义图片的位置，则需要使用确定数值或百分比。在上面的代码中，将语句

```
background-position: top right;
```

修改为

```
background-position: 20px 30px
```

其背景图片从左上角开始，但并不是从（0,0）坐标位置开始，而是从（20,30）坐标位置开始。

8.4.4　设计边框样式

使用 CSS 中的 border-style、border-width 和 border-color 属性可以设定边框的样式、宽度和颜色。

1. 设置边框样式

border-style 属性用于设定边框的样式，也就是风格，主要用于为页面元素添加边框。其语法格式如下所示：

```
border-style : none | hidden | dotted | dashed | solid | double | groove |
ridge | inset | outset
```

CSS 设定了 9 种边框样式，如表 8-9 所示。

表 8-9　边框样式

属性值	描　述
none	无边框，无论边框宽度设为多大
dotted	点线式边框
dashed	破折线式边框
solid	直线式边框
double	双线式边框
groove	槽线式边框
ridge	脊线式边框
inset	内嵌效果的边框
outset	突起效果的边框

▎实例 18：设置边框样式

```
<!DOCTYPE html>
<html>
<head>
<title>边框样式</title>
<style>
h1 {
    border-style: dotted;
    color: black;
    text-align: center;
}
p{
        border-style: double;
        text-indent: 2em;
}
</style>
</head>
<body >
    <h1>带有边框的标题</h1>
    <p>带有边框的段落</p>
</body>
</html>
```

运行效果如图 8-21 所示，可以看到网页中，标题 h1 显示的时候，带有边框，其边框样式为点线式；同样段落也带有边框，其边框样式为双线式。

图 8-21　设置边框样式

2. 设置边框颜色

border-color 属性用于设定边框颜色，如果不想与页面元素的颜色相同，则可以使用该属性为边框定义其他颜色。border-color 属性的语法格式如下所示：

```
border-color : color
```

color 表示指定颜色，其颜色值通过十六进制数据和 RGB 等方式获取。

┃ 实例 19：使用内嵌样式

```html
<!DOCTYPE html>
<html>
<head>
<title>设置边框颜色</title>
<style>
p{
    border-style: double;
    border-color: red;
    text-indent: 2em;
}
</style>
<head>
<body >
    <p>边框颜色设置</p>
    <p style="border-style: solid;  border-color: red blue yellow green">
  分别定义边框颜色
 </p>
</body>
</html>
```

运行效果如图 8-22 所示，可以看到网页中，第一个段落边框颜色设置为红色，第二个段落边框颜色分别设置为红、蓝、黄和绿。

图 8-22　设置边框颜色

3. 设置边框线宽

在 CSS 中，可以通过设定边框宽度，来增强边框效果。border-width 属性可以设定边框宽度，其语法格式如下所示：

```
border-width : medium | thin | thick | length
```

其中预设有 3 种属性值：medium、thin 和 thick，另外还可以自行设置宽度，如表 8-10 所示。

表 8-10　border-width 属性值

属性值	描　　述
medium	缺省值，中等宽度
thin	比 medium 细
thick	比 medium 粗
length	自定义宽度

■ 实例 20: 设置边框线宽

```html
<!DOCTYPE html>
<html>
<head>
<title>设置边框宽度</title>
<head>
<body>
    <p style="border-style: dotted;  border-width: medium; ">边框宽度设置</p>
    <p style="border-style: dashed; border-width: thin; ">边框宽度设置</p>
    <p style="border-style: solid;  border-width: 12px; ">
    分别定义边框宽度</p>
</body>
</html>
```

运行效果如图 8-23 所示, 可以看到网页中,
三个段落边框, 以不同的粗细显示。

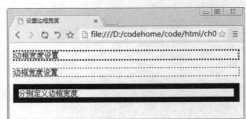

图 8-23　设置边框线宽

4. 设置边框复合属性

border 属性集合了上面所介绍的 3 种属性,
可以为页面元素设定边框的宽度、样式和颜色。
其语法格式如下所示:

```
border : border-width || border-style || border-color
```

■ 实例 21: 设置边框复合属性

```html
<!DOCTYPE html>
<html>
<head>
<title>边框复合属性设置</title>
<head>
<body >
<p style="border: dashed  red 12px">边框复合属性设置</p>
</body>
</html>
```

运行效果如图 8-24 所示, 可以看到网
页中, 段落边框以破折线显示、颜色为红色、
宽度为 12px。

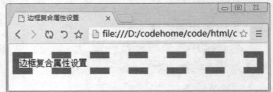

图 8-24　设置边框复合属性

8.4.5　设置列表样式

在网页设计中, 可以用项目列表罗列显示一系列相关的文本信息, 包括有序、无序和自
定义列表等。当引入 CSS 后, 就可以使用 CSS 来设置项目列表的样式了。

1. 设置无序列表

无序列表 <ul> 是网页中常见的元素之一, 使用 <li> 标签罗列各个项目, 并且每个项目
前面都带有特殊符号, 例如黑色实心圆等。在 CSS 中, 可以通过 list-style-type 属性来定义无
序列表前面的项目符号。无序列表的语法格式如下所示:

```
list-style-type : disc | circle | square | none
```

list-style-type 参数值的含义如表 8-11 所示。

表 8-11　无序列表常用符号

参　数	说　明	参　数	说　明
disc	实心圆	square	实心方块
circle	空心圆	none	不使用任何标号

> 提示：可以通过设置不同的参数值，为项目列表设置不同的特殊符号，从而改变无序列表的样式。

实例 22：设置无序列表样式

```
<!DOCTYPE html>
<html>
<head>
<title>设置无序列表</title>
<style>
* {
   margin: 0px;
   padding: 0px;
   font-size: 12px;
}
p {
   margin: 5px 0 0 5px;
   color: #3333FF;
   font-size: 14px;
   font-family: "幼圆";
}
div{
   width: 300px;
   margin: 10px 0 0 10px;
   border: 1px #FF0000 dashed;
}
div ul {
   margin-left: 40px;
   list-style-type: disc;
}
div li {
   margin: 5px 0 5px 0;
     color: blue;
     text-decoration: underline;
```

```
}
</style>
</head>
<body>
<div class="big01">
   <p>娱乐焦点</p>
   <ul>
      <li>网络安全攻防实训课程 </li>
      <li>网站前端开发实训课程</li>
      <li>人工智能开发实训课程</li>
      <li>大数据分析实训课程</li>
      <li>PHP网站开发实训课程</li>
   </ul>
</div>
</body>
</html>
```

运行效果如图 8-25 所示，可以看到显示了一个导航栏，每条导航信息前面都有实心圆。

图 8-25　无序列表制作导航菜单

2. 设置有序列表

有序列表标签 <ol> 可以创建具有顺序的列表，例如每条信息前面加上 1，2，3，4 等。如果要改变有序列表前面的符号，同样需要利用 list-style-type 属性，只不过属性值不同。

对于有序列表，list-style-type 的语法格式如下所示：

```
list-style-type : decimal | lower-roman | upper-roman | lower-alpha | upper-alpha | none
```

list-style-type 参数值的含义如表 8-12 所示。

表 8-12　有序列表常用符号

参　数	说　明
decimal	阿拉伯数字
lower-roman	小写罗马数字
upper-roman	大写罗马数字
lower-alpha	小写英文字母
upper-alpha	大写英文字母
none	不使用项目符号

▌**实例 23：设置有序列表样式**

```
<!DOCTYPE html>
<html>
<head>
<title>设置有序列表</title>
<style>
* {
    margin: 0px;
    padding: 0px;
        font-size: 12px;
}
p {
    margin: 5px 0 0 5px;
    color: #3333FF;
    font-size: 14px;
        font-family: "幼圆";
        border-bottom-width: 1px;
        border-bottom-style: solid;

}
div{
    width: 300px;
    margin: 10px 0 0 10px;
    border: 1px #F9B1C9 solid;
}
div ol {
    margin-left: 40px;
    list-style-type: decimal;
}
div li {
    margin: 5px 0 5px 0;
                color: blue;
```

```
}
</style>
</head>
<body>
<div class="big">
    <p>热点课程排行榜</p>
    <ol>
        <li>网络安全攻防实训课程 </li>
        <li>网站前端开发实训课程</li>
        <li>人工智能开发实训课程</li>
        <li>大数据分析实训课程</li>
        <li>PHP网站开发实训课程</li>
    </ol>
</div>
</body>
</html>
```

运行效果如图 8-26 所示，可以看到显示了一个导航栏，导航信息前面都带有相应的数字，表示其顺序。导航栏具有红色边框，并用一条蓝色线将题目和内容分开。

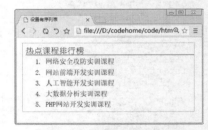

图 8-26　有序列表制作菜单

> **注意：** 上面代码中，使用 list-style-type：decimal 语句定义了有序列表前面的符号。严格来说，无论 <ul> 标签还是 <ol> 标签，都可以使用相同的属性值，而且效果完全相同，即二者通过 list-style-type 可以通用。

8.5　新手常见疑难问题

▌**疑问 1：CSS 的行内样式、内嵌样式和链接样式可以在一个网页中混用吗？**

3 种用法可以混用，且不会造成混乱。这就是它称为"层叠样式表"的原因。浏览器在显示网页时是这样处理的：先检查有没有行内插入式 CSS，有就执行，而针对本句的其他 CSS 就不管了；其次检查内嵌方式的 CSS，有就执行；在前两者都没有的情况下再检查外连文件方式的 CSS。因此可看出，三种 CSS 的执行优先级是：行内样式、内嵌样式、链接样式。

▌疑问 2：文字和图片导航哪个速度快？

使用文字作导航栏速度最快。文字导航不仅速度快，而且更稳定。比如，有些用户上网时会关闭图片。在处理文本时，除非特别需要，否则不要为普通文字添加下划线。就像用户需要识别哪些能点击一样，读者不应当将本不能点击的文字误认为能够点击。

8.6 实战技能训练营

▌实战 1：设计一个公司的主页

结合前面学习的背景和边框知识，创建一个简单的商业网站，运行结果如图 8-27 所示。

图 8-27 公司主页

▌实战 2：设计一个在线商城的酒类爆款推荐效果

结合所学知识，为在线商城设计酒类爆款推荐效果，运行结果如图 8-28 所示。

图 8-28 设计酒类爆款推荐效果

第9章 设计图片、链接和菜单的样式

本章导读

    在网页设计中，图片具有重要的作用，它能够美化页面，传递更丰富的信息，提升浏览者审美感受。图片是直观、形象的，一张好的图片会给网页带来很高的点击率。链接和菜单是网页的灵魂，各个网页都是通过链接进行相互访问的，链接完成了页面的跳转。通过 CSS 属性定义链接和菜单样式，可以设计出美观大方，具有不同外观和样式的网页。本章就来介绍使用 CSS 设置图片、链接和菜单样式的方法。

知识导图

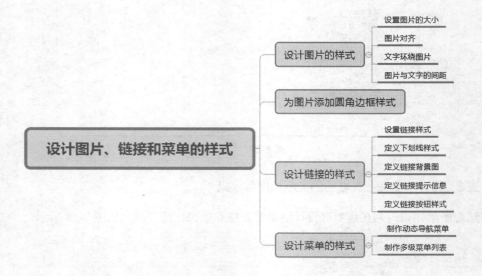

9.1 设计图片的样式

通过 CSS3 统一管理，不但可以更加精确地调整图片的各种属性，还可以实现很多特殊的图片效果。

9.1.1 设置图片的大小

默认情况下，网页中的图片以原始大小显示。通常情况下，需要对图片的大小重新进行设定。

> **注意**：如果图片设置不恰当，会造成图片的变形和失真，所以一定要保持宽度和高度的比例适中。

使用 CSS 设置图片的大小，可以采用以下两种方式。

1. 使用 CSS 中的 max-width 和 max-height 缩放图片

max-width 和 max-height 分别用来设置图片的宽度最大值和高度最大值。在定义图片大小时，如果图片的默认尺寸超过定义的大小，那么就以 max-width 所定义的宽度值显示，而图片高度将同比例变化；如果定义的是 max-height，则图片宽度将同比例变化。但是如果图片的尺寸小于最大宽度或者高度，那么图片就按原始尺寸大小显示。max-width 和 max-height 的值一般是数值类型。

举例说明如下。

```
img{
    max-height: 180px;
}
```

▍实例 1：等比例缩放图片

```
<!DOCTYPE html>
<html>
<head>
<title>缩放图片</title>
<style>
img{
    max-height: 300px;
}
</style>
</head>
<body>
<img src="01.jpg" >
</body>
</html>
```

运行效果如图 9-1 所示，可以看到网页显示了一张图片，其显示高度是 300 像素，宽度将做同比例缩放。

图 9-1 同比例缩放图片

在本例中，也可以只设置 max-width 来定义图片的最大宽度，而让高度自动缩放。

2. 使用 CSS 中的 width 和 height 缩放图片

在 CSS3 中，可以使用属性 width 和 height 来设置图片的宽度和高度，从而实现图片的缩放效果。

▌ 实例 2：以指定大小缩放图片

```
<!DOCTYPE html>
<html>
<head>
<title>缩放图片</title>
</head>
<body>
<img src="01.jpg" >
<img src="01.jpg" style="width: 150px; height: 100px" >
</body>
</html>
```

运行效果如图 9-2 所示，可以看到网页中显示了两张图片，第一张图片以原始大小显示，第二张图片以指定大小显示。

图 9-2　CSS 指定图片大小

> **注意**：当仅仅设置了图片的 width 属性，而没有设置 height 属性时，图片本身会自动等比例纵横缩放；如果只设定 height 属性也是一样的道理。只有当同时设定 width 和 height 属性时才会不等比例缩放图片。

9.1.2　图片对齐

一个图文并茂，排版格式整洁简约的页面，更容易让网页浏览者接受，可见图片的对齐方式非常重要。使用 CSS3 属性可以定义图片的水平对齐方式和垂直对齐方式。

1. 设置图片水平对齐

图片的水平对齐与文字的水平对齐方法相同，不同的是图片的水平对齐方式包括左对齐、居中对齐、右对齐 3 种，需要通过设置图片的父元素的 text-align 属性来实现，这是因为 <img> 标签本身没有对齐属性。

▌ 实例 3：设计 <P> 标签内的图片水平对齐方式

```
<!DOCTYPE html>
<html>
<head>
```

```
<title>图片水平对齐</title>
</head>
<body>
<p style="text-align: left"><img src="02.jpg" style="max-width: 140px; ">图片左对
齐</p>
<p style="text-align: center"><img src="02.jpg" style="max-width: 140px; ">图片居
中对齐</p>
<p style="text-align: right"><img src="02.jpg" style="max-width: 140px; ">图片右
对齐</p>
</body>
</html>
```

运行效果如图 9-3 所示，可以看到网页上显示了 3 张图片，大小一样，但对齐方式分别是左对齐、居中对齐和右对齐。

图 9-3　图片水平对齐

2. 设置图片垂直对齐

图片的垂直对齐方式主要是在垂直方向上和文字进行搭配。通过对图片垂直方向上的设置，可以使图片和文字高度一致。在 CSS3 中，图片的垂直对齐方式通常使 vertical-align 属性来定义。其语法格式如下：

```
vertical-align : baseline |sub | super |top |text-top |middle |bottom |text-
bottom |length
```

vertical-align 属性值的含义如表 9-1 所示。

表 9-1　vertical-align 属性值

参数名称	说　明
baseline	将支持 valign 特性的对象的内容与基线对齐
sub	垂直对齐文本的下标
super	垂直对齐文本的上标
top	将支持 valign 特性的对象的内容与对象顶端对齐
text-top	将支持 valign 特性的对象的文本与对象顶端对齐
middle	将支持 valign 特性的对象的内容与对象中部对齐
bottom	将支持 valign 特性的对象的内容与对象底端对齐
text-bottom	将支持 valign 特性的对象的文本与对象底端对齐
length	由浮点数字和单位标识符组成的长度值或者百分数。可为负数。定义由基线算起的偏移量。基线用数值表示为 0，用百分数表示就是 0%

129

▌实例4：比较图片的不同垂直对齐方式显示效果

```
<!DOCTYPE html>
<html>
<head>
<title>图片垂直对齐</title>
<style>
img{
max-width: 100px;
}
</style>
</head>
<body>
<p>垂直对齐方式: baseline<img src=02.jpg style="vertical-align: baseline"></p>
<p>垂直对齐方式: bottom<img src=02.jpg style="vertical-align: bottom"></p>
<p>垂直对齐方式: middle<img src=02.jpg style="vertical-align: middle"></p>
<p>垂直对齐方式: sub<img src=02.jpg style="vertical-align: sub"></p>
<p>垂直对齐方式: super<img src=02.jpg style="vertical-align: super"></p>
<p>垂直对齐方式: 数值定义<img src=02.jpg style="vertical-align: 20px"></p>
</body>
</html>
```

运行效果如图9-4所示，可以看到网页中显示了6张图片，垂直方向上分别是baseline、bottom、middle、sub、super和数值对齐。

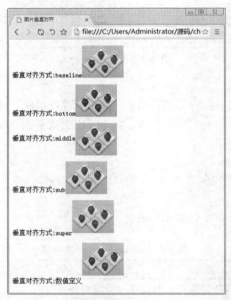

图9-4 图片纵向对齐

提示：仔细观察图片和文字的不同对齐方式，可以深刻理解各种垂直对齐方式的不同之处。

9.1.3 文字环绕图片

在网页中进行排版时，可以将文字设置成环绕图片的形式，即文字环绕。在CSS3中，可以使用 float 属性，定义文字环绕图片的效果。float 属性主要定义元素在哪个方向浮动，一般情况下这个属性应用于图像，使文本围绕在图像周围。float 属性的语法格式如下所示：

```
float : none | left |right
```

其中 none 表示默认值，对象不漂浮，left 表示文本流向对象的右边，right 表示文本流向对象的左边。

▎实例 5：文字环绕图片显示效果

```html
<!DOCTYPE html>
<html>
<head>
<title>文字环绕图片</title>
<style>
img{
    max-width: 250px;       /*设置图片的最大宽度*/
    float: left;            /*设置图片浮动居左显示*/
}
</style>
</head>
<body>
<p>
美丽的长寿花。
<img src="03.jpg">
长寿花是一种多肉植物，花色很多，开花时，花团锦簇，非常具有观赏价值。长寿花寓意"大吉大利、长命百岁"，非常适合家庭养殖并赠送亲朋好友。种植长寿花很简单，但是养护却需要下一定的功夫。
长寿花不喜欢高温和低温，最适宜的温度是15~25度，高于30度时进入半休眠期，低于5度时停止生长。0度以下容易冻死，因此，长寿花要顺利地越冬，一定要注意保暖，尤其不能经霜打，否则很容易被冻死。
长寿花非常喜欢阳光，每天的光照应该不低于三个小时，长寿花才能够生长健壮，有时候在室内也能生长，但是长寿花会变得茎细、叶薄，开花少，颜色比较淡，如果长期不接受阳光的照射，还有可能会不开花。因此，家庭养殖长寿花时应给予充足的光照，夏季可以适当遮阴。
</p>
</body>
</html>
```

运行效果如图 9-5 所示，可以看到图片被文字所环绕，并在文字的左方显示。如果将 float 属性的值设置为 right，则图片会在文字右方显示并环绕，如图 9-6 所示。

图 9-5　图片在文字左侧环绕效果

图 9-6　图片在文字右侧环绕效果

9.1.4　图片与文字的间距

如果需要设置图片和文字之间的距离，即图片与文字之间存在一定间距，不是紧紧地环绕，可以使用 CSS3 中的 padding 属性来设置。其语法格式如下所示：

```
padding : padding-top | padding-right | padding-bottom | padding-left
```

参数值 padding-top 用来设置距离顶端的内边距；padding-right 用来设置距离右侧的内边距；padding-bottom 用来设置距离底端的内边距；padding-left 用来设置距离左侧的内边距。

▌实例 6：图片与文字的间距设置

```html
<!DOCTYPE html>
<html>
<head>
<title>图片与文字的间距设置</title>
<style>
img{
    max-width: 250px;              /*设置图片的最大宽度*/
    float: left;                   /*设置图片的居中方式*/
    padding-top: 10px;             /*设置图片距离顶端的内边距*/
    padding-right: 50px;           /*设置图片距离右侧的内边距*/
    padding-bottom: 10px;          /*设置图片距离底端的内边距*/
}
</style>
</head>
<body>
<p>
美丽的长寿花。
<img src="03.jpg">
长寿花是一种多肉植物，花色很多，开花时，花团锦簇，非常具有观赏价值。长寿花寓意"大吉大利、长命百岁"，非常适合家庭养殖并赠送亲朋好友。种植长寿花很简单，但是养护却需要下一定的功夫。
长寿花不喜欢高温和低温，最适宜的温度是15~25度，高于30度时进入半休眠期，低于5度时停止生长。0度以下容易冻死，因此，长寿花要顺利地越冬，一定要注意保暖，尤其不能经霜打，否则很容易被冻死。
长寿花非常喜欢阳光，每天的光照应该不低于三个小时，长寿花才能够生长健壮，有时候在室内也能生长，但是长寿花会变得茎细、叶薄，开花少，颜色比较淡，如果长期不接受阳光的照射，还有可能会不开花。因此，家庭养殖长寿花时应给予充足的光照，夏季可以适当遮阴。
</p>
</body>
</html>
```

运行效果如图 9-7 所示，可以看到图片被文字所环绕，并且文字和图片的右边间距为 50像素，上下各为 10 像素。

图 9-7　设置图片和文字边距

9.2 为图片添加圆角边框样式

在 CSS3 标准没有制定之前，如果想要实现圆角效果，需要花费很大的精力，但在 CSS3 标准推出之后，网页设计者可以使用 border-radius 属性轻松实现圆角效果。

在 CSS3 中，可以使用 border-radius 属性定义边框的圆角效果，从而大大降低了实现圆角效果的难度。border-radius 的语法格式如下所示：

```
border-radius: none | <length>{1,4} [ / <length>{1,4} ]?
```

其中，none 为默认值，表示元素没有圆角。<length> 表示由浮点数字和单位标识符组成的长度值，不可为负值。border-radius 属性可以包含两个参数值：第一个参数表示圆角的水平半径，第二个参数表示圆角的垂直半径，两个参数通过斜线（/）隔开。如果仅含一个参数值，则第二个值与第一个值相同，表示一个 1/4 的圆。如果参数值中包含 0，则这个值就是矩形，不会显示为圆角。

通过为半径和边框宽度的不同设置，可以绘制出不同形状的边框内角，如直角、小圆角、大圆角和圆。

实例 7：为网页图片指定不同种类的圆角边框效果

```html
<!DOCTYPE html>
<html>
<head>
<title>圆角边框效果</title>
<style>
.pic1{
    border: 70px solid blue;
    height: 100px;
    border-radius: 40px;
  }
.pic2{
    border: 10px solid blue;
    height: 100px;
    border-radius: 40px;
  }
.pic3{
    border: 10px solid blue;
    height: 100px;
    border-radius: 60px;
  }
.pic4{
    border: 5px solid blue;
    height: 200px;
    width: 200px;
    border-radius: 50px;
  }
</style>
</head>
<body>
```

```html
    <img src="images/09.jpg"
class="pic1"/><br />
    <img src="images/10.jpg"
class="pic2"/><br />
    <img src="images/11.jpg"
class="pic3"/><br />
    <img src="images/12.jpg"
class="pic4"/>
    </body>
    </html>
```

运行效果如图 9-8 所示，可以看到网页中，第一个边框内角为直角、第二个边框内角为小圆角，第三个边框内角为大圆角，第四个边框为圆。

图 9-8　绘制不同种类的圆角边框效果

9.3　设计链接的样式

一般情况下，网页中的链接由 <a></a> 标签组成，链接可以是文字或图片。添加了链接的文字具有自己的样式，可以与其他文字区别，默认的链接样式为蓝色文字，有下划线。通过 CSS3 属性，可以修饰链接样式，以达到美观的目的。

9.3.1　设置链接样式

使用类型选择器 a 可以很容易地设置链接的样式，CSS3 提供了 4 个状态伪类选择器来定义链接样式，如表 9-2 所示。

表 9-2　状态伪类选择器

名　称	说　明
a: link	链接默认的样式
a: visited	链接已被访问过的样式
a: hover	鼠标在链接上的样式
a: active	点击链接时的样式

> **提示**：如果要定义未被访问的超级链接的样式，可以通过 a:link 来实现；如果要定义访问过的链接样式，可以通过 a:visited 来实现；如果要定义悬浮和激活时的样式，可以通过 hover 和 active 来实现。

伪类只是提供一种途径，用来修饰链接，而对链接真正起作用的，还是文本、背景和边框等属性。

▌实例 8：创建具有图片链接样式的网页

在网上购物时，购买者首先会查看物品图片，如果满意，则会单击图片进入详细信息介绍页面，在这些页面中通常都是用图片作为链接对象的。下面就创建一个具有图片链接样式的网页。

步骤 1：创建一个 HTML 5 页面，包括图片和介绍信息。其代码如下所示：

```
<!DOCTYPE html>
<html>
<head>
<title>图片链接样式</title>
</head>
<body>
<p>
<a href="#" title="单击图片，会进入详细信息介绍页面"><img src=images/m1.jpg></a>
雪莲是一种珍贵的中药，在中国的新疆西藏、青海、四川、云南等地都有出产。中医将雪莲花全草入药，主治雪盲、牙痛等病症。此外，中国民间还有用雪莲花泡酒来治疗风湿性关节炎的方法，不过，由于雪莲花中含有有毒成分秋水仙碱，所以用雪莲花泡的酒切不可多服。
</p>
</body>
</html>
```

步骤 2：添加 CSS 代码，修饰图片和段落，具体代码如下：

```
<style>
img{
    width: 200px;                    /*设置图片的宽度*/
    height: 180px;                   /*设置图片的高度*/
    border: 1px solid #ffdd00;       /*设置图片的边框和颜色*/
    float: left;                     /*设置图片的环绕方式为文字在图片右边*/
}
p{
    font-size: 20px;                 /*设置文字的大小*/
    font-family: "黑体";             /*设置字体为黑体*/
    text-indent: 2em;                /*设置文本首行缩进*/
}
</style>
```

步骤 3：运行效果如图 9-9 所示，将鼠标放置在图片上，可以看到鼠标指针变成了手的形状，这就说明图片链接添加完成。

图 9-9　图片链接样式

9.3.2　定义下划线样式

定义下划线样式的方法有多种。常用的有 3 种：使用 text-decoration 属性、使用 border 属性、使用 background 属性。

例如，在下面的代码中取消了默认的 text-decoration:underline 下划线，使用 border-bottom:1px dotted #000 底部边框点线来模拟下划线样式。当鼠标停留在链接上或激活链接时，这条线变成实线，从而产生更强的视觉反馈效果。代码如下：

```
a: link,a: visited{
    text-decoration: none;
    border-bottom: 1px dotted #000;
}
a: hover,a: active{
    border-bottom-style: solid;
}
```

▎实例 9：定义网页链接下划线的样式

```
<!DOCTYPE html>
<html>
<head>
<title>定义下划线样式</title>
<style type="text/css">
body {
    font-size: 23px;
}
a {
    text-decoration: none;
    color: #666;
}
a: hover {
    color: #f00;
    font-weight: bold;
}

.underline1 a {
```

```
        text-decoration: none;
}
.underline1 a: hover {
    text-decoration: underline;
}

.underline2 a {
    border-bottom: dashed 1px red;          /* 红色虚下划线效果 */
    zoom: 1;                                 /* 解决IE浏览器无法显示问题 */
}
.underline2 a: hover {
    border-bottom: solid 1px #000;          /* 改变虚下划线的颜色 */
}
</style>
</head>
<body>
<h2>设计下划线样式</h2>
<ol>
    <li class="underline1">
        <p>使用text-decoration属性定义下划线样式</p>
        <ul>
            <li><a href="#">首页</a></li>
            <li><a href="#">论坛</a></li>
            <li><a href="#">博客</a></li>
        </ul>
    </li>
    <li class="underline2">
        <p>使用border属性定义下划线样式</p>
        <ul>
            <li><a href="#">首页</a></li>
            <li><a href="#">论坛</a></li>
            <li><a href="#">博客</a></li>
        </ul>
    </li>
</ol>
</body>
</html>
```

运行效果如图 9-10 所示，将鼠标指针放置在链接文本上，可以看到其下划线的样式。

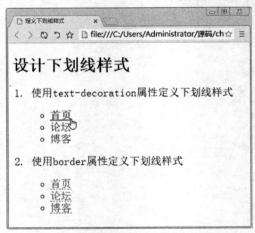

图 9-10　定义下划线样式

9.3.3 定义链接背景图

一个普通的超级链接，要么是文本显示，要么是图片显示，显示样式很单一。如果将图片作为背景图添加到链接里，链接会更加精美，使用 background-image 属性可以为超级链接添加背景图片。

▌实例10：定义网页链接背景图

```
<!DOCTYPE html>
<html>
<head>
<title>设置链接的背景图</title>
<style>
body{
    font-size: 20px;
}
a{
  /* 添加链接的背景图*/
    background-image: url(images/
m2.jpg);
    width: 90px;
    height: 30px;
    color: #005799;
    text-decoration: none;
}
a: hover{
    /* 添加链接的背景图*/
    background-image: url(images/
m3.jpg);
    color: #006600;
    text-decoration: underline;
}
</style>
```

```
</head>
<body>
<a href="#">品牌特卖</a>
<a href="#">服饰精选</a>
<a href="#">食品保健</a>
</body>
</html>
```

运行效果如图 9-11 所示，可以看到显示了 3 个链接。当鼠标指针停留在一个超级链接上时，其背景图就会显示为绿色并带有下划线；而当鼠标指针不在超级链接上时，背景图显示为黄色，并且不带下划线，从而实现超级链接动态菜单效果。

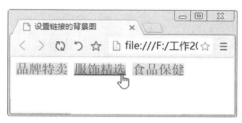

图 9-11　设置链接的背景图

> 提示：在上面的代码中，使用 background-image 引入背景图，使用 text-decoration 设置超级链接是否具有下划线。

9.3.4 定义链接提示信息

在网页中，有时一个链接并不能说明这个链接背后的含义，通常还要为这个链接加上一些介绍性信息，即提示信息。可以通过链接元素 a 提供的描述标签 title，提供提示信息。title 属性的值就是提示内容，当鼠标指针停留在链接上时，就会出现提示内容，并且不会影响页面排版的整洁。

▌实例11：定义网页链接提示内容

```
<!DOCTYPE html>
<html>
<head>
<title>链接提示内容</title>
<style>
a{
    color: #005799;
```

```
    text-decoration: none;
}
a: link{
    color: #545454;
    text-decoration: none;
}
a: hover{
    color: #f60;
    text-decoration: underline;
```

```
    }
    a: active{
        color: #FF6633;
        text-decoration: none;
    }
    </style>
    </head>
    <body>
    <a href="" title="这是一个优秀的团队">
了解我们</a>
    </body>
    </html>
```

运行效果如图 9-12 所示，可以看到当鼠标指针停留在超级链接上时，显示颜色为黄

色，带有下划线，并且有一个提示信息"这是一个优秀的团队"。

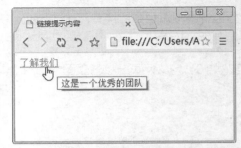

图 9-12　设置链接提示信息

9.3.5　定义链接按钮样式

有时为了增强链接效果，会将链接模拟成表单按钮，即当鼠标指针移到一个链接上时，链接的文本或图片就会像被按下一样，有一种凹陷的效果。这通常利用 CSS3 中的 a:hover 伪类来实现，当鼠标经过链接时，将链接向下、向右各移一个像素，这时显示效果就像按钮被按下一样。

实例 12：定义网页链接为按钮效果

```
<!DOCTYPE html>
<html>
<head>
<title>设置链接的按钮效果</title>
<style>
a{
    font-family: "幼圆";
    font-size: 2em;
    text-align: center;
    margin: 3px;
}
a: link,a: visited{
    color: #ac2300;
    padding: 4px 10px 4px 10px;
    background-color: #CCFFFF; ;
    text-decoration: none;
    border-top: 1px solid #EEEEEE;
    border-left: 1px solid #EEEEEE;
    border-bottom: 1px solid #717171;
    border-right: 1px solid #717171;
}
a: hover{
    color: #821818;
    padding: 5px 8px 3px 12px;
    background-color: #FFFF99;
    border-top: 1px solid #717171;
```

```
    border-left: 1px solid #717171;
    border-bottom: 1px solid #EEEEEE;
    border-right: 1px solid #EEEEEE;
}
</style>
</head>
<body>
<a href="#">首页</a>
<a href="#">团购</a>
<a href="#">品牌特卖</a>
<a href="#">服饰精选</a>
<a href="#">食品保健</a>
</body>
</html>
```

运行效果如图 9-13 所示，可以看到显示了五个链接，当鼠标指针停留在一个链接上时，其背景图显示为黄色并具有凹陷的效果，而当鼠标指针不在链接上时，背景图显示为浅蓝色。

图 9-13　设置链接为按钮效果

> **提示:** 上面的 CSS 代码中,需要对 a 标签进行整体控制,同时加入了 CSS3 的两个伪类属性。对于普通链接和单击过的链接采用相同的样式,并且边框的样式模拟按钮效果。而对于鼠标指针经过时的链接,相应地改变文本颜色、背景色、位置和边框,从而模拟按下的效果。

9.4 设计菜单的样式

使用 CSS3 可以设置不同显示效果的菜单样式。

9.4.1 制作动态导航菜单

在使用 CSS3 制作导航条和菜单之前,需要将 list-style-type 的属性值设置为 none,即去掉列表前的项目符号。下面制作一个动态导航菜单。

▌实例 13:制作网页动态导航菜单

下面一步步来分析动态导航菜单是如何设计的。

创建 HTML 文档,添加一个无序列表,列表中的选项表示各个菜单。具体代码如下:

```
<!DOCTYPE html>
<html>
<head>
<title>动态导航菜单</title>
</head>
<body>
<div>
    <ul>
        <li><a href="#">网站首页</a></li>
        <li><a href="#">产品大全</a></li>
        <li><a href="#">下载专区</a></li>
        <li><a href="#">购买服务</a></li>
        <li><a href="#">服务类型</a></li>
    </ul>
</div>
</body>
</html>
```

上面的代码中,创建了一个 div 层,层中放置了一个 ul 无序列表,列表中的各个选项就是将来所使用的菜单。运行效果如图 9-14 所示,可以看到显示了一个无序列表,每个选项带有一个实心圆。

利用 CSS 相关属性,对 HTML 中的元素进行修饰,例如 div 层、ul 列表和 body 页面。代码如下所示:

```
<style>
<!--
body{
    background-color: #84BAE8;
}
div {
    width: 200px;
    font-family: "黑体";
}
div ul {
    /*将项目符号设置为不显示*/
    list-style-type: none;
    margin: 0px;
    padding: 0px;
}
-->
</style>
```

运行效果如图 9-15 所示,可以看到项目列表变成一个普通的超级链接列表,无项目符号并带有下划线。

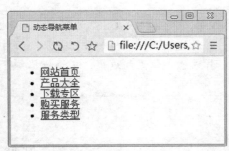

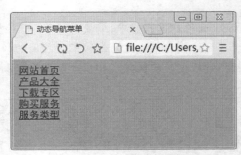

图 9-14　显示项目列表　　　　　　　　图 9-15　超级链接列表

使用 CSS3 对列表中的各个选项进行修饰，例如去掉超级链接的下划线，并为 li 标签添加边框线，从而增强菜单的显示效果。

```css
div li {
    border-bottom: 1px solid #ED9F9F;
}
div li a{
    display: block;
padding: 5px 5px 5px 0.5em;
    text-decoration: none;            /*设置文本不带有下划线*/
    border-left: 12px solid #6EC61C;    /*设置左边框样式*/
    border-right: 1px solid #6EC61C;    /*设置右边框样式*/
}
```

运行效果如图 9-16 所示，可以看到每个选项中，超级链接的左侧显示了蓝色条，右侧显示了蓝色线。每个链接的下方显示了一个黄色边框。

使用 CSS3 设置动态菜单效果，即当鼠标指针悬浮在导航菜单上时，显示另外一种样式，具体的代码如下：

```css
div li a: link, div li a: visited{
    background-color: #F0F0F0;
    color: #461737;
}
div li a: hover{
    background-color: #7C7C7C;
    color: #ffff00;
}
```

上面的代码设置了鼠标链接样式、访问后样式和悬浮时的样式。运行效果如图 9-17 所示，可以看到鼠标指针悬浮在菜单上时，会显示灰色。

图 9-16　导航菜单　　　　　　　　　　图 9-17　动态导航菜单

在实际网页设计中，根据题材或业务需求不同，垂直导航菜单有时不能满足要求，这时就需要用导航菜单水平显示。例如常见的百度首页，其导航菜单就是水平显示的。通过CSS3属性，不但可以创建垂直导航菜单，还可以创建水平导航菜单。

上面的例子可以继续优化，利用CSS中的属性float将菜单列表设置为水平显示，代码如下所示：

```
div li {
    border-bottom: 1px solid #ED9F9F;
    float: left;
    width: 150px;
}
```

当float属性的值为left时，导航栏为水平显示。最终运行结果如图9-18所示。

图9-18 水平菜单显示

9.4.2 制作多级菜单列表

多级下拉菜单在企业网站中应用比较广泛，其优点是在导航结构繁多的网站中使用会很方便，可节省版面。下面就来制作一个简单的多级菜单列表。

▌实例14：制作多级菜单列表

创建HTML 5网页，搭建网页基本结构，代码如下：

```
<!DOCTYPE html>
<html>
<head>
<title>多级菜单</title>
</head>
<body>
<div class="menu">
    <ul>
        <li><a href="#">女装</a>
            <ul>
                <li><a href="#">半身裙</a></li>
                <li><a href="#">连衣裙</a></li>
                <li><a href="#">沙滩裙</a></li>
            </ul>
        </li>
        <li><a href="#">男装</a>
            <ul>
                <li><a href="#">商务装</a></li>
                <li><a href="#">休闲装</a></li>
                <li><a href="#">运动装</a></li>
            </ul>
        </li>
        <li><a href="#">童装</a>
```

```
            <ul>
                <li><a href="#">女童装</a></li>
                <li><a href="#">男童装</a></li>
            </ul>
        </li>
        <li><a href="#">童鞋</a>
            <ul>
                <li><a href="#">女童鞋</a></li>
                <li><a href="#">男童鞋</a></li>
                <li><a href="#">运动鞋</a></li>
            </ul>
        </li>
    </ul>
    <div class="clear"> </div>
</div>
</body>
</html>
```

定义网页的 menu 容器样式，并定义一级菜单中的列表样式。代码如下：

```
<style type="text/css">
.menu {
    font-family:  arial, sans-serif;     /*设置字体类型*/
    width: 440px;
    margin: 0;
}
.menu ul {
    padding: 0;
    margin: 0;
    list-style-type:  none;          /*不显示项目符号*/
}
.menu ul li {
    float: left;                     /* 列表横向显示*/
    position: relative;
}
</style>
```

以上代码定义了一级菜单的样式，其中 <li> 标签通过 "float:left;" 语句使原本竖向显示的列表项改为横向显示，并用 position: relative 语句设置相对定位，定位包含框，这样包含的二级列表结构可以以当前列表项目作为参照进行定位。

设置一级菜单中的 <a> 标签的样式和 <a> 标签在访问过时和鼠标悬停时的样式。代码如下：

```
.menu ul li a, .menu ul li a: visited {          border-width: 1px 1px 0 0;
    display: block;                               background: #5678ee;
    text-align: center;                           line-height: 30px;
    text-decoration: none;                        font-size: 14px;
    width: 104px;                             }
    height: 30px;                             .menu ul li: hover a {
    color: #000;                                  color: #fff;
    border: 1px solid #fff;                   }
```

在以上代码中，首先定义 a 为块级元素，"border:1px solid #fff;" 语句虽然定义了菜单项的边框样式，但由于 "border-width:1px 1px 0 0;" 语句的作用，所以在这里只显示上边框和右边框，下边框和左边框由于宽度为0，所以不显示任何效果。程序运行效果如图 9-19 所示。

设置二级菜单样式。代码如下：

```
.menu ul li ul {                          position: absolute;
    display:  none;                       top: 31px;
}                                         left: 0;
.menu ul li: hover ul {                   width: 105px;
    display: block;                       }
```

在浏览器中浏览的效果如图 9-20 所示。在以上代码中，首先定义了二级菜单的 <ul> 标签样式，语句 "display: none;" 的作用是将其所有内容隐藏，并且使其不再占用文档中的空间；然后定义一级菜单中 <li> 标签的伪类，当鼠标经过一级菜单时，二级菜单开始显示。

图 9-19　修饰二级菜单

图 9-20　修改二级菜单鼠标经过效果

设置二级菜单的链接样式和鼠标悬停时的效果。代码如下：

```
.menu ul li: hover ul li a {              .menu ul li: hover ul li a: hover {
    display: block;                           background: #dfc184;
    background: #ff4321;                      color: #000;
    color: #000;                          }
}
```

在浏览器中浏览的效果如图 9-21 所示。在以上代码中，设置了二级菜单的背景色、字体颜色，以及鼠标悬停时的背景色、字体颜色。至此，就完成了多级菜单的制作。

图 9-21　修改链接样式与鼠标经过效果

9.5　新手常见疑难问题

疑问 1：在进行图文排版时，哪些是必须要做的？

在进行图文排版时，通常有下面 5 个方面需要网页设计者考虑。

（1）首行缩进：段落的开头应该空两格，HTML 中的空格键不起作用。当然，可以用 "nbsp;" 来代替一个空格，但这不是理想的方式，可以用 CSS3 中的首行缩进，其大小为 2em。

（2）图文混排：在 CSS3 中，可以用 float 属性定义元素在哪个方向浮动。这个属性经常应用于图像，使文本围绕在图像周围。

（3）设置背景色：设置网页背景，增加效果。此内容会在后面介绍。

（4）文字居中：可以用 CSS3 中的 text-align 属性设置文字居中。

（5）显示边框：可使用 border 属性为图片添加一个边框。

▌疑问 2：设置文字环绕时，float 元素为什么不起作用？

很多浏览器在显示未指定 width 属性的 float 元素时会产生错误。所以不管 float 元素的内容如何，一定要为其指定 width 属性。

▌疑问 3：如何设置链接的下划线根据需要自动隐藏或显示？

很多设计师不喜欢链接的下划线，因为下划线让页面看上去比较乱。如果去掉链接的下划线，可以让链接文本显示为粗体，这样链接文本看起来会很醒目。代码如下：

```
a: link,a: visited{
    text-decoration: none;
    font-weight: bold;
}
```

当鼠标指针停留在链接上或激活链接时，可以重新应用下划线，从而增强交互性，代码如下：

```
a: hover,a: active{
    text-decoration: underline;
}
```

9.6　实战技能训练营

▌实战 1：设计一个图文混排网页

在一个网页中，出现最多就是文字和图片，二者放在一起，图文并茂，能够生动地表达新闻主题。运行结果如图 9-22 所示。

图 9-22　图文混排网页

实战 2：设计一个房产宣传页面

结合前面学习的边框样式知识，创建一个简单的房产宣传页面。运行结果如图 9-23 所示。

图 9-23　房产宣传页面

实战 3：模拟制作 SOSO 导航栏

结合前面学习的菜单样式的知识，创建一个 SOSO 导航栏页面。运行结果如图 9-24 所示。

图 9-24　SOSO 导航栏

第10章 设计表格和表单的样式

　　表格是网页中常见的元素，表格不仅可以用来显示数据，还可以用来排版。与表格一样，表单也是网页中比较常见的对象，表单作为客户端和服务器交流的窗口，可以获取客户端信息，并反馈给服务器端。表单设计的主要目的是让表单更美观、更好用，从而提升用户的交互体验。本章就来介绍使用 CSS3 设计表格和表单样式的基本方法和应用技巧。

📖 知识导图

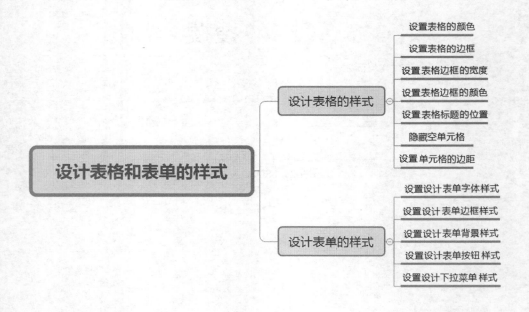

10.1 设计表格的样式

使用表格组织网页内容，可以使网页更美观，条理更清晰，更易于维护和更新。CSS 表格样式包括表格边框宽度、表格边框颜色、表格边框样式、表格背景、单元格背景等效果，以及如何使用 CSS 控制表格显示特性等。

10.1.1 设置表格的颜色

表格颜色包括背景色与前景色，CSS 使用 color 属性设置表格文本的颜色，表格文本的颜色也称为前景色；使用 background-color 属性设置表格、行、列或单元格的背景颜色。

▌实例 1：定义表格的前景色与背景色

```
<!DOCTYPE html>
<html>
<head>
    <meta charset="UTF-8">
    <title>定义表格背景色与前景色</title>
    <style type="text/css">
        table{
            /*设置表格背景颜色*/
            background-color:
#CCFFFF;
            /*设置表格文本颜色*/
            color: #FF0000;
        }
    </style>
</head>
<body>
<h3>学生信息表</h3>
/*设置表格宽度*/
<table width="400" border="1">
    <tr>
        <th>学号</th>
        <th>姓名</th>
        <th>专业</th>
    </tr>
    <tr>
        <td>202101</td>
        <td>王尚宇</td>
        <td>临床医学</td>
    </tr>
    <tr>
        <td>202102</td>
        <td>张志成</td>
        <td>土木工程</td>
    </tr>
    <tr>
        <td>202103</td>
        <td>李雪</td>
```

```
        <td>护理学</td>
    </tr>
    <tr>
        <td>202105</td>
        <td>李尚旺</td>
        <td>临床医学</td>
    </tr>
    <tr>
        <td>202106</td>
        <td>石浩宇</td>
        <td>中医药学</td>
    </tr>
</table>
</body>
</html>
```

运行效果如图 10-1 所示。在上述代码中，用 <table> 标签创建了一个表格，设置表格的宽度为 400，表格的边框宽度为 1，这里没有设置单位，默认为 px。使用 <tr>和 <td> 标签创建一个 6 行 3 列的表格，并用 CSS 设置表格的背景颜色和字体颜色。

图 10-1 设置表格的背景色与字体颜色

10.1.2 设置表格的边框

在显示表格数据时，通常都带有表格边框，用来界定不同单元格的数据。当 table 表格的描述标签 border 值大于 0 时，显示边框；如果 border 值为 0，则不显示边框。边框显示之后，可以使用 CSS3 的 border-collapse 属性对边框进行修饰，其语法格式如下：

```
border-collapse :  separate | collapse
```

其中，separate 是默认值，表示边框会被分开，不会忽略 border-spacing 和 empty-cells 属性。而 collapse 属性表示边框会合并为一个单一的边框，会忽略 border-spacing 和 empty-cells 属性。

▌ 实例 2：制作一个家庭季度支出表

```html
<!DOCTYPE html>
<html>
<head>
<title>家庭季度支出表</title>
<style>
<!--
.tabelist{
    border: 1px solid #429fff;
    font-family: "宋体";
    border-collapse: collapse;
}
.tabelist caption{
    padding-top: 3px;
    padding-bottom: 2px;
    font-weight: bolder;
    font-size: 15px;
    font-family: "幼圆";
    border: 2px solid #429fff;
}
.tabelist th{
    font-weight: bold;
    text-align: center;
}
.tabelist td{
    border: 1px solid #429fff;
    text-align: right;
    padding: 4px;
}
</style>
</head>
<body>
<table class="tabelist">
    <caption class=" tabelist " >2020
年第3季度</caption>
    <tr>
        <th>月份</th>
        <th>07月</th>
        <th >08月</th>
        <th>09月</th>
    </tr>
    <tr>
        <td>收入</td>
        <td>8000元</td>
        <td>9000元</td>
        <td>7500元</td>
    </tr>
    <tr>
        <td>吃饭</td>
        <td>600元</td>
        <td>570元</td>
        <td>650元</td>
    </tr>
    <tr>
        <td>购物</td>
        <td>1000元</td>
        <td>800元</td>
        <td>900元</td>
    </tr>
    <tr>
        <td>买衣服</td>
        <td>300元</td>
        <td>500元</td>
        <td>200元</td>
    </tr>
    <tr>
        <td>看电影</td>
        <td>85元</td>
        <td>100元</td>
        <td>120元</td>
    </tr>
    <tr>
        <td>买书</td>
        <td>120元</td>
        <td>67元</td>
        <td>90元</td>
    </tr>
</table>
</body>
</html>
```

运行效果如图 10-2 所示，可以看到表格带有边框，其边框宽度为 1px，直线显示，并且边框进行了合并。表格标题"2020 年第 3 季度"也带有边框，字体大小为 15px 并加粗显示。表格中的每个单元格都以 1px、直线的方式显示边框，并将显示对象右对齐。

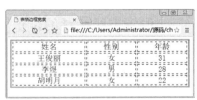

图 10-2　设置表格的边框

10.1.3　设置表格边框的宽度

在 CSS3 中，用户可以使用 border-width 属性来设置表格边框的宽度。如果需要单独设置某条边框的宽度，可以使用 border-width 的衍生属性设置，如 border-top-width 和 border-left-width 等。

▌实例 3：制作表格并设置边框的宽度

```
<!DOCTYPE html>
<html>
<head>
<title>表格边框宽度</title>
<style>
table{
    text-align: center;
    width: 500px;
    border-width: 3px;
    border-style: double;
    color: blue;
    font-size: 22px;
}
td{
    border-width: 2px;
    border-style: dashed;
}
</style>
</head>
<body>
<table border=1 cellspacing="3"
cellpadding="0">
    <tr>
        <td>姓名</td>
        <td>性别</td>
        <td>年龄</td>
    </tr>
    <tr>
        <td>王俊丽</td>
```

```
        <td>女</td>
        <td>31</td>
    </tr>
    <tr>
        <td>李煜</td>
        <td>男</td>
        <td>28</td>
    </tr>
    <tr>
        <td>胡明月</td>
        <td>女</td>
        <td>22</td>
    </tr>
</table>
</body>
</html>
```

运行效果如图 10-3 所示。可以看到表格带有边框，宽度为 3px，双线式显示，表格中的字体颜色为蓝色；单元格边框的宽度为 3px，显示样式为破折线。

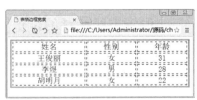

图 10-3　设置表格宽度

10.1.4　设置表格边框的颜色

表格颜色的设置非常简单，通常使用 CSS3 中的属性 color 设置表格中文本的颜色，使用 background-color 设置表格的背景色。如果为了突出表格中的某一个单元格，还可以使用 background-color 设置某一个单元格的颜色。

▌ 实例 4：制作表格边框与设置单元格的颜色

```
<!DOCTYPE html>
<html>
<head>
<title>设置表格边框颜色</title>
<style>
*{
  padding: 0px;
  margin: 0px;
}
body{
      font-family: "黑体";
      font-size: 20px;
}
table{
background-color: yellow;
text-align: center;
width: 500px;
border: 2px solid green;
}
td{
    border: 2px solid green;
    height: 30px;
    line-height: 30px;
}
.tds{
```

```
    background-color: #CCFFFF;
  }
</style>
</head>
<body>
<table cellspacing="3" cellpadding="0">
  <tr>
    <td>姓名</td>
    <td class=tds>性别</td>
    <td>年龄</td>
  </tr>
  <tr>
    <td>张三</td>
    <td>男</td>
    <td>32</td>
  </tr>
  <tr>
    <td>小丽</td>
    <td>女</td>
    <td>28</td>
  </tr>
</table>
</body>
</html>
```

运行效果如图 10-4 所示，可以看到表格带有边框，边框样式显示为绿色，表格的背景色为黄色，其中一个单元格的背景色为蓝色。

图 10-4　设置表格边框颜色

10.1.5　设置表格标题的位置

使用 CSS3 中的 caption-side 属性可以设置表格标题（<caption> 标签）显示的位置，用法如下：

```
caption-side: top|bottom
```

其中，top 为默认值，表示标题在表格的上方显示，bottom 表示标题在表格的下方显示。

实例 5：制作一个表格标题在下方显示的表格

```html
<!DOCTYPE html>
<html>
<head>
<title>家庭季度支出表</title>
<style>
<!--
.tabelist{
    border: 1px solid #429fff;
    font-family: "宋体";
    border-collapse: collapse;
}
.tabelist caption{
    padding-top: 3px;
    padding-bottom: 2px;
    font-weight: bolder;
    font-size: 15px;
    font-family: "幼圆";
    border: 2px solid #429fff;
caption-side: bottom;
}
.tabelist th{
    font-weight: bold;
    text-align: center;
}
.tabelist td{
    border: 1px solid #429fff;
    text-align: right;
    padding: 4px;
}
</style>
</head>
<body>
<table class="tabelist">
    <caption class="tabelist">2020年
第3季度</caption>
    <tr>
      <th>月份</th>
      <th>07月</th>
      <th >08月</th>
      <th>09月</th>
    </tr>
    <tr>
        <td>收入</td>
        <td>8000元</td>
        <td>9000元</td>
        <td>7500元</td>
    </tr>
    <tr>
        <td>吃饭</td>
        <td>600元</td>
        <td>570元</td>
        <td>650元</td>
    </tr>
    <tr>
        <td>购物</td>
        <td>1000元</td>
        <td>800元</td>
        <td>900元</td>
    </tr>
    <tr>
        <td>买衣服</td>
        <td>300元</td>
        <td>500元</td>
        <td>200元</td>
    </tr>
    <tr>
        <td>看电影</td>
        <td>85元</td>
        <td>100元</td>
        <td>120元</td>
    </tr>
    <tr>
        <td>买书</td>
        <td>120元</td>
        <td>67元</td>
        <td>90元</td>
    </tr>
</table>
</body>
</html>
```

运行效果如图 10-5 所示，可以看到表格标题显示在表格的下方。

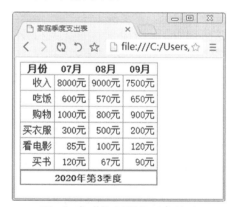

图 10-5　表格标题在下方显示

10.1.6　隐藏空单元格

使用 CSS3 中的 empty-cells 属性可以设置空单元格的显示方式，用法如下：

```css
empty-cells: hide|show
```

其中，hide 表示当表格中的单元格无内容时，隐藏该单元格的边框；show 表示当表格中的单元格无内容时，显示该单元格的边框。

实例 6：制作一个表格并隐藏表格中的空单元格

```html
<!DOCTYPE html>
<html>
<head>
  <meta charset="UTF-8">
  <title>隐藏表格中的空单元格</title>
  <style type="text/css">
    table{
        background-color: #CCFFFF;
        color: #FF0000;
        /*隐藏空单元格*/
        empty-cells: hide;
        border-spacing: 5px;
        }
      caption {
      padding: 6px ;
      font-size: 24px;
      color: red;
      th, td{
        border :  blue solid lpx;
        }
  </style>
</head>
<body>
<h3>学生信息表</h3>
<table width="400" border="1">
    <tr>
        <th>学号</th>
        <th>姓名</th>
        <th>专业</th>
    </tr>
    <tr>
        <td>202101</td>
        <td>王尚宇</td>
        <td>临床医学</td>
    </tr>
    <tr>
        <td>202102</td>
        <td>张志成</td>
        <td>土木工程</td>
    </tr>
    <tr>
        <td>202103</td>
        <td>李雪</td>
        <td>护理学</td>
    </tr>
    <tr>
        <td>202105</td>
        <td>李尚旺</td>
        <td>临床医学</td>
    </tr>
    <tr>
        <td>202106</td>
        <td>石浩宇</td>
        <td>中医药学</td>
    </tr>
    <tr>
        <td></td>
        <td></td>
        <td align="right"><a href=
"#">影视制作</a></td>
    </tr>
</table>
</body>
</html>
```

运行效果如图 10-6 所示，可以看到表格中的空单元格的边框已经被隐藏。

图 10-6　隐藏表格中的空单元格

10.1.7　设置单元格的边距

使用 CSS3 中的 border-spacing 属性可以设置单元格之间的间距，包括横向和纵向的间距，表格不支持使用 margin 来设置单元格的间距。border-spacing 属性的用法如下：

```
border-spacing: length
```

length 的取值可以为一个或两个长度值，如果提供两个值，第一个值表示水平方向的间距，第二个值表示垂直方向上的间距，如果只提供一个值，这个值将同时表示水平方向和垂直方向上的间距。

注意，只有当表格的边框独立时，即 border-collapse 的属性值为 separate 时才起作用。

实例 7：制作一个表格并设置单元格的边距

```
<!DOCTYPE html>
<html>
<head>
    <meta charset="UTF-8">
    <title>设置单元格的边距</title>
    <style type="text/css">
        table{
                    background-color:
#CCFFFF;
            color: #FF0000;
                    border-spacing: 8px
15px;
        }
    </style>
</head>
<body>
<h3>学生信息表</h3>
<table width="400" border="1">
    <tr>
        <th>学号</th>
        <th>姓名</th>
        <th>专业</th>
    </tr>
    <tr>
        <td>202101</td>
        <td>王尚宇</td>
        <td>临床医学</td>
    </tr>
    <tr>
        <td>202102</td>
        <td>张志成</td>
        <td>土木工程</td>
```

```
    </tr>
    <tr>
        <td>202103</td>
        <td>李雪</td>
        <td>护理学</td>
    </tr>
    <tr>
        <td>202105</td>
        <td>李尚旺</td>
        <td>临床医学</td>
    </tr>
    <tr>
        <td>202106</td>
        <td>石浩宇</td>
        <td>中医药学</td>
    </tr>
</table>
</body>
</html>
```

运行效果如图 10-7 所示，可以看到表格中单元格的边距发生了改变。

图 10-7　设置单元格的边距

10.2　设计表单的样式

表单可以用来向 Web 服务器发送数据，经常被用在主页页面，让用户输入信息然后发送给服务器。在 HTML 5 中，常用的表单标签有 form、input、textarea、select 和 option 等。

10.2.1　设置表单字体样式

表单对象上的显示值一般为文本或一些提示性文字，使用 CSS3 修改表单对象上的字体样式，能够使表单更加好看。CSS3 中并没有针对表单字体样式的属性，不过使用 CSS3 中的字体样式可以修改表单字体样式。

▌ 实例 8：创建一个网站会员登录页面并设置表单字体样式

```html
<!DOCTYPE html>
<html>
<head>
<meta charset="UTF-8">
<title>表单字体样式</title>
<style type="text/css">
#form1 #bold{   /*加粗字体表单样式*/
   font-weight:  bold;
   font-size:  15px;
   font-family: " 宋体" ;
    }

#form1 #blue{    /*蓝色字体表单样式*/
   font-size:  15px;
   color:  #0000ff;
 }

#form1 select{   /*定义下拉菜单字体红色显示*/
   font-size:  15px;
   color:  #ff0000;
   font-family:  verdana, arial;
 }
#form1 textarea {   /*定义文本区域内显示字符为蓝色下划线样式*/
   font-size:  14px;
   color:  #000099;
   text-decoration:  underline;
   font-family:  verdana,  arial;
}
#form1 #submit {   /*定义登录按钮字体颜色为绿色*/
   font-size:  16px;
   color: green;
   font-family: " 黑体" ;
}
</style>
</head>
<body>
<form name="form1" action="#" method="post" id="form1">
网站会员登录
<br/>
用户名称
<input maxlength="10" size="10" value="加粗" name="bold" id="bold"m>
<br/>
用户密码
<input type="password" maxlength="12" size="8" name="blue" id="blue">
<br>
选择性别
<select name="select" size="1">
  <option value="2" selected>男</option>
  <option value="1">女</option>
</select>
<br>
自我简介
<br>
<textarea name="txtarea" rows="5" cols="30" align="right">下划线样式</textarea>
<br>
<input type="submit" value="登录" name="submit" id="submit">
<input type="reset" value="取消" name="reset">
```

```
</form>
</body>
</html>
```

运行效果如图 10-8 所示。在上述代码中，用 <form> 标签创建了一个表单，并添加了相应的表单对象，同时设置了表单对象的字体样式，如名称框中字体的显示方法为加粗、选择列表框中的字体为红色、登录按钮的字体为绿色、多行文本框中的字体为蓝色加下划线等。

图 10-8　设置表单字体样式

10.2.2　设置表单边框样式

表单的边框样式包括边框的显示方式以及表单对象之间的间距。在表单设计中，通过重置表单对象的边框和边距效果，可以让表单与页面更加融合，使表单对象操作起来更加容易。使用 CSS3 中的 border 属性可以定义表单对象的边框样式，使用 CSS3 中的 padding 属性可以调整表单对象的边距大小。

▌实例 9：制作个人信息注册页面

```
<!doctype html>
<head>
<meta charset="UTF-8">
<title>个人信息注册页面</title>
<style type=text/css>
body {                          /*定义网页背景色，并居中显示*/
   background:  #CCFFFF;
   margin:  0;
   padding: 0;
   font-family:  "宋体";
   text-align:  center;
}

#form1 {                        /*定义表单边框样式*/
   width: 450px;                /*固定表单宽度*/
   background: #fff;            /*定义表单背景为白色*/
   text-align: left;           /*表单对象左对齐*/
   padding: 12px 32px;          /*定义表单边框边距*/
   margin: 0 auto;
   font-size: 12px;            /*统一字体大小*/
}
#form1 h3 {                     /*定义表单标题样式，并居中显示*/
```

```
    border-bottom: dotted 1px #ddd;
    text-align: center;
    font-weight: bolder;
  font-size:  20px;
    }
ul {
    padding: 0;
    margin: 0;
    list-style-type: none;
    }
input {
    border: groove #ccc 1px;


    }
.field6 {
    color: #666;
    width: 32px;
    }
.label {
    font-size: 13px;
    font-weight: bold;
    margin-top: 0.7em;
    }
</style>
</head>
<body>
<form id=form1 action=#public method=post enctype=multipart/form-data>
    <h3>个人信息注册页面</h3>
    <ul>
            <li class="label">姓名
            <li>
                <input id=field1 size=20 name=field1>
            <li class="label">职业
            <li>
                <input name=field2 id=field2 size="25">
            <li class="label">详细地址
            <li>
                <input name=field3 id=field3 size="50">
            <li class="label">邮编
            <li>
                <input name=field4 id=field4 size="12" maxlength="12">
            <li class="label">省市
            <li>
                <input id=field5 name=field5>
            <li class="label">Email
            <li>
                <input id=field7 maxlength=255 name=field11>
            <li class="label">电话
            <li>
                <input maxlength=3 size=6 name=field8>
                -
                <input maxlength=8 size=16 name=field8-1>
            <li class="label">
                <input id=saveform type=submit value=提交>
            </li>
    </ul>
</form>
</body>
</html>
```

运行效果如图 10-9 所示。

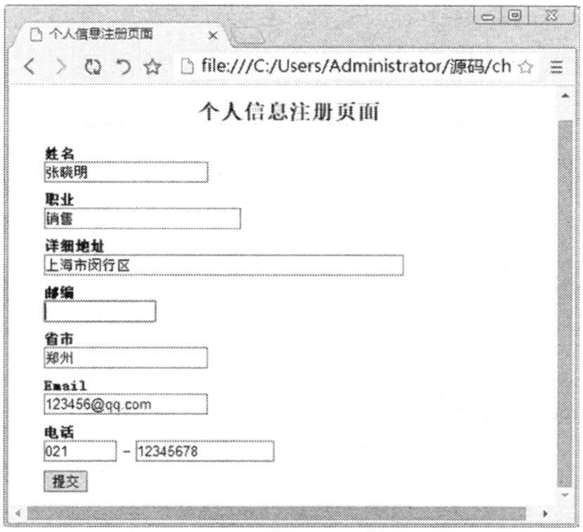

图 10-9 设置表单边框样式

10.2.3 设置表单背景样式

在网页中，表单元素的背景色默认都是白色的。通过 background-color 属性可以定义表单元素的背景色。

▎实例 10：制作一个注册页面并设置表单的背景颜色

```html
<!DOCTYPE html>
<html>
<head>
<meta charset="UTF-8">
<title>设置表单背景色</title>
<style>
<!--
input{                              /* 所有input标记 */
    color:  #000;
}
input.txt{                          /* 文本框单独设置 */
    border:  1px inset #cad9ea;
    background-color:  #ADD8E6;
}
input.btn{                          /* 按钮单独设置 */
    color:  #00008B;
    background-color:  #ADD8E6;
    border:  1px outset #cad9ea;
    padding:  1px 2px 1px 2px;
}
select{
    width:  80px;
    color:  #00008B;
    background-color:  #ADD8E6;
    border:  1px solid #cad9ea;
}
textarea{
    width:  200px;
```

```
        height:  40px;
        color:  #00008B;
        background-color:  #ADD8E6;
        border:  1px inset #cad9ea;
    }
    -->
</style>
</head>
<BODY>
<h3>注册页面</h3>
<table border="1" width=400px>
<form method="post">
<tr><td width="30%">昵称: </td><td><input class=txt>1—20个字符<div id="qq"></
div></td></tr>
    <tr><td>密码: </td><td><input type="password" >长度为6~16位</td></tr>
    <tr><td>确认密码: </td><td><input type="password" ></td></tr>
    <tr><td>真实姓名: </td><td><input name="username1"></td></tr>
    <tr><td>性别: </td><td><select><option>男</option><option>女</option></select></
td></tr>
    <tr><td>E-mail地址: </td><td><input value="sohu@sohu.com"></td></tr>
    <tr><td>备注: </td><td><textarea cols=35 rows=10></textarea></td></tr>
    <tr><td><input type="button" value="提交" class=btn /></td><td><input
type="reset" value="重填"/></td></tr>
</form>
</table>
</body>
</html>
```

运行效果如图 10-10 所示，可以看到表单中的"昵称"输入框、"性别"下拉框和"备注"文本框中都显示了指定的背景颜色。

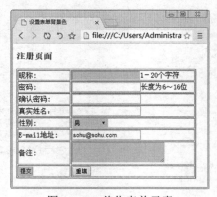

图 10-10　美化表单元素

在上面的代码中，首先使用 input 标签选择符定义 input 表单元素的字体输入颜色，接着定义两个类 txt 和 btn，txt 用来修饰输入框样式，btn 用来修饰按钮样式，最后分别定义 select 和 textarea 的样式，其样式定义主要涉及边框和背景色。

10.2.4　设置表单按钮样式

通过对表单元素背景色的设置，可以在一定程度上美化提交按钮。例如，将 background-color 属性的值设置为 transparent（透明色），就是最常见的一种美化提交按钮的方式。使用方法如下所示：

```
background-color: transparent;          /* 背景色透明 */
```

▌实例11：设置表单按钮为透明样式

```html
<!DOCTYPE html>
<html>
<head>
<meta charset="UTF-8">
<title>美化提交按钮</title>
<style>
<!--
form{
   margin: 0px;
padding: 0px;
font-size: 14px;
}
input{
     font-size: 14px;
   font-family: "幼圆";
}
.t{
   border-bottom: 1px solid #005aa7;       /* 下划线效果 */
   color: #005aa7;
   border-top: 0px;  border-left: 0px;
   border-right: 0px;
   background-color: transparent;          /* 背景色透明 */
}
.n{
   background-color: transparent;          /* 背景色透明 */
   border: 0px;                            /* 边框取消 */
}
-->
</style>
   </head>
<body>
<center>
<h1>签名页</h1>
<form method="post">
   值班主任：  <input   id="name" class="t">
   <input type="submit" value="提交上一级签名>>" class="n">
</form>
</center>
</body>
</html>
```

运行效果如图 10-11 所示，可以看到输入框只剩下一个下边框，其他边框被去掉了，提交按钮只剩下显示文字了，而且常见矩形形式被去掉了。

图 10-11　设置表单按钮样式

10.2.5 设置下拉菜单样式

在网页设计中，有时为了突出效果，会为文字加粗、添加颜色等。同样也可以对表单元素中的文字这样进行修饰。使用 CSS3 中的 font 相关属性就可以美化下拉菜单文字，如 font-size、font-weight 等，而颜色可以采用 color 和 background-color 等属性设置。

■ 实例 12：设置表单下拉菜单样式

```html
<!DOCTYPE html>
<html>
<head>
<meta charset="UTF-8">
<title>美化下拉菜单</title>
<style>
<!--
.blue{
    background-color: #7598FB;
    color: #000000;
        font-size: 15px;
        font-weight: bolder;
        font-family: "幼圆";
}
.red{
    background-color: #E20A0A;
    color: #ffffff;
        font-size: 15px;
        font-weight: bolder;
        font-family: "幼圆";
}
.yellow{
    background-color: #FFFF6F;
    color: #000000;
        font-size: 15px;
        font-weight: bolder;
        font-family: "幼圆";
}
.orange{
    background-color: orange;
    color: #000000;
        font-size: 15px;
        font-weight: bolder;
        font-family: "幼圆";
}
-->
</style>
```

```html
</head>
<body>
<form>
<p>
<label>选择暴雪预警信号级别: </label>
  <select>
   <option>请选择</option>
   <option value="blue"
class="blue">暴雪蓝色预警信号</option>

   <option value="yellow"
class="yellow">暴雪黄色预警信号</option>
   <option value="orange"
class="orange">暴雪橙色预警信号</option>
    <option value="red" class="red">暴雪红色预警信号</option>
  </select>
</p>
<p><input type="submit" value="提交"></p>
</form>
</body>
</html>
```

运行效果如图 10-12 所示，可以看到下拉菜单中的每个菜单项显示不同的背景色。

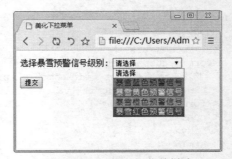

图 10-12　设置下拉菜单样式

10.3　新手常见疑难问题

■ 疑问 1：在使用表格时，会发生一些变形，这是什么原因引起的呀？

其中一个原因是表格排列设置在不同分辨率下所出现的错位。例如，在 800px×600px 的分辨率下时，显示一切正常，而到了 1024px×800px 时，则多个表格或者有的居中，有的却居左排列或居右排列。

表格有左、中、右 3 种排列方式，如果没特别进行设置，则默认为居左排列。在 800px×600px 的分辨率下，表格恰好和编辑区域一样宽，不容易察觉，而到了 1024px×800px 的时候，就出现了问题，解决的办法比较简单，即都设置为居中，或居左或居右。

▌疑问 2：使用 <thead>、<tbody> 和 <tfoot> 标签对行进行分组有什么意义？

在 HTML 文档中增加 <thead>、<tbody> 和 <tfoot> 标签虽然从外观上看不出任何变化，但是却能使文档的结构更加清晰。使用 <thead>、<tbody> 和 <tfoot> 标签除了可以使文档更加清晰外，还有一个更重要的意义，就是方便使用 CSS 样式对表格的各个部分进行修饰，从而制作出更炫的表格。

▌疑问 3：使用 CSS 修饰表单元素时，采用默认值好还是使用 CSS 修饰好？

各个浏览器之间显示的差异，其中一个原因就是各个浏览器对部分 CSS 属性的默认值不同导致的，通常的解决办法就是指定该值，而不让浏览器使用默认值。

10.4 实战技能训练营

实战 1：制作大学一年级的课程表

结合前面学习的 HTML 表格标签，以及使用 CSS 设计表格样式的知识，制作一个课程表，运行效果如图 10-13 所示。

	星期一	星期二	星期三	星期四	星期五
第一节	高等数学	高等数学	大学英语	大学英语	线性代数
第二节	大学英语	线性代数	C语言基础	计算机基础	高等数学
第三节	编程思想	高等数学	线性代数	编程思想	大学英语
第四节	计算机基础	编程思想	编程思想	高等数学	C语言基础
第五节	大学英语	大学英语	体育	C语言基础	计算机基础
第六节	体育	线性代数	大学英语	体育	编程思想
第七节	C语言基础	计算机基础	计算机基础	C语言基础	体育

图 10-13　大学课程表

▌实战 2：制作一个企业加盟商通讯录

结合前面学习的 HTML 表格标签，以及使用 CSS 设计表格样式的知识，制作一个企业加盟商通讯录，运行效果如图 10-14 所示。

图 10-14　企业加盟商通讯录

▌实战 3：制作一个用户注册页面

　　本节将结合前面学习的知识，创建一个用户注册页面，运行效果如图 10-15 所示，可以看到表单元素带有背景色，其输入字体颜色为蓝色，边框颜色为浅蓝色。按钮带有边框，按钮上的字体颜色为蓝色。

图 10-15　用户注册页面

第11章　使用CSS3布局网页版式

📖 **本章导读**

　　使用 CSS+DIV 布局可以使网页结构更清晰，并可以将内容、结构与表现相分离，以方便设计人员对网页进行改版和引用数据。本章就来对固定宽度网页布局进行剖析并制作相关的网页布局样式。

📑 **知识导图**

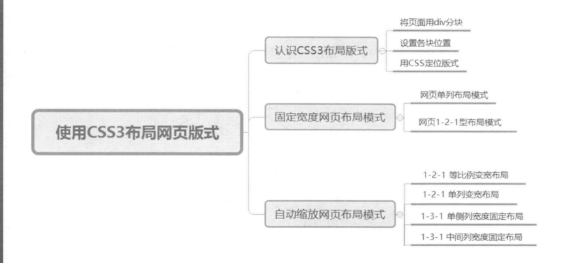

11.1 认识 CSS3 布局版式

DIV 在 CSS+DIV 页面排版中是一个块的概念，DIV 的起始标签和结束标签之间的所有内容都是用来构成这个块的，其中所包含元素的特性由 DIV 标签属性来控制，或者是通过使用样式表格式化这个块来进行控制。CSS+DIV 页面排版的思想是首先在整体上进行 <div> 标签的分块，然后对各个块进行 CSS 定位，最后再在各个块中添加相应的内容。

11.1.1 将页面用 div 分块

使用 DIV+CSS 页面排版布局，需要对网页有一个整体构思，例如采用上中下结构，还是左右两列结构，还是三列结构。这时就可以根据网页构思，将页面划分成几个 DIV 块，用来存放不同的内容。当然了，大块中还可以存放不同的小块。最后，通过 CSS 属性，对这些 DIV 进行定位。

现在的网页设计中，一般情况下都是采用上中下结构，即上面是页面头部，中间是页面内容，下面是页脚，整个上中下结构最后放到一个 DIV 容器中，方便控制。页面头部一般用来存放 Logo 和导航菜单，页面内容包含要展示的信息、链接和广告等，页脚存放版权信息和联系方式等。

将上中下结构放置到一个 DIV 容器中，方便后面排版并且方便对页面进行整体调整，如图 11-1 所示。

图 11-1　网页结构

11.1.2 设置各块位置

复杂的网页布局，不是单纯的一种结构，而是包含多种网页结构。例如，总体上采用上中下结构，中间又分为两列等，如图 11-2 所示。

图 11-2　网页结构

　　页面总体结构确认后，一般情况下，页头和页脚变化就不大了。会发生变化的，一般是页面主体，此时需要根据页面展示的内容，决定中间布局采用什么样式，如三列水平分布还是两列分布等。

11.1.3　用 CSS 定位版式

　　页面版式确定后，就可以利用 CSS 对 DIV 进行定位，使其在指定位置出现，从而实现对页面的整体规划，然后再向各个页面添加内容。
　　下面创建一个整体为上中下布局，页面主体为左右布局的页面。

▌实例 1：创建上中下布局的网页版式

　　步骤 1：创建 HTML 页面，使用 DIV 构建层。
　　首先构建 HTML 网页，使用 DIV 划分最基本的布局块，其代码如下所示：

```html
<!DOCTYPE html>
<html>
<head>
<title>CSS排版</title><body>
<div id="container">
  <div id="banner">页面头部</div>
  <div id=content >
      <div id="right">页面主体右侧</div>
      <div id="left">页面主体左侧</div>
    </div>
    <div id="footer">页脚</div>
  </div>
</body>
</html>
```

　　上面代码中创建了 5 个层，其中 ID 名称为 container 的 DIV 层，是一个布局容器，即所有的页面结构和内容都在这个容器内实现；名称为 banner 的 DIV 层，是页头部分；名称为 footer 的 DIV 层，是页脚部分。名称为 content 的 DIV 层，是中间主体，该层又包含两个层，一个是 right 层，一个 left 层，分别放置不同的内容。
　　运行效果如图 11-3 所示，可以看到网页中显示了这几个层，从上到下依次排列。

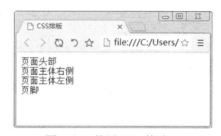

图 11-3　使用 DIV 构建层

　　步骤 2：CSS 设置网页整体样式。
　　用 CSS 修饰 body 标签和 container 层（布局容器），从而对整体样式进行定义，代码如下所示：

```css
<style type="text/css">
<!--
body {
    margin: 0px;
    font-size: 16px;
    font-family: "宋体";
}
#container{
    position: relative;
    width: 100%;
}
-->
</style>
```

　　上面代码只是设置了文字大小、字体，布局容器 container 的宽度、层定位方式，布局容器撑满整个浏览器。
　　运行效果如图 11-4 所示，可以看到此时相比较上一个显示页面，发生的变化不大，只不过字体和文字大小发生了变化，因为 container 没有边框和背景色，无法显示该层。
　　步骤 3：CSS 定义页头部分。

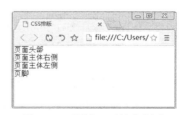

图 11-4　设置网页整体样式

可以使用 CSS 对页头进行定义，即 banner 层，使其在网页上显示，代码如下：

```
#banner{                                 background-color: #a2d9ff;
    height: 80px;                        padding: 10px;
    border: 1px solid #000000;           margin-bottom: 2px;
    text-align: center;             }
```

上面代码首先设置了 banner 层的高度为 80px，接着设置了边框样式、文字对齐方式、背景色、内边距等。

运行效果如图 11-5 所示，可以看到在页面顶端显示一个浅绿色的边框，边框宽度充满整个浏览器，中间显示"页面头部"文本信息。

步骤 4：CSS 定义页面主体。

在页面主体如果两个层并列显示，需要使用 float 属性，将一个层设置到左边，一个层设置到右边。其代码如下所示：

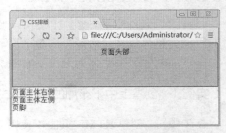

图 11-5　定义网页头部

```
#right{                                  #left{
    float: right;                            float: left;
    text-align: center;                      width: 19%;
    width: 80%;                              border: 1px solid #000000;
    border: 1px solid #ddeecc;               text-align: center;
    margin-left: 1px;                        height: 200px;
    height: 200px;                           background-color: #bcbcbc;
}                                        }
```

上面代码设置了两个层的宽度，right 层占有空间的 80%，left 层占有空间的 19%，并分别设置了两个层的边框样式、对齐方式、背景色等。

运行效果如图 11-6 所示，可以看到页面主体部分，分为两个层并列显示，左边背景色为灰色，占有空间较小，右侧背景色为白色，占有空间较大。

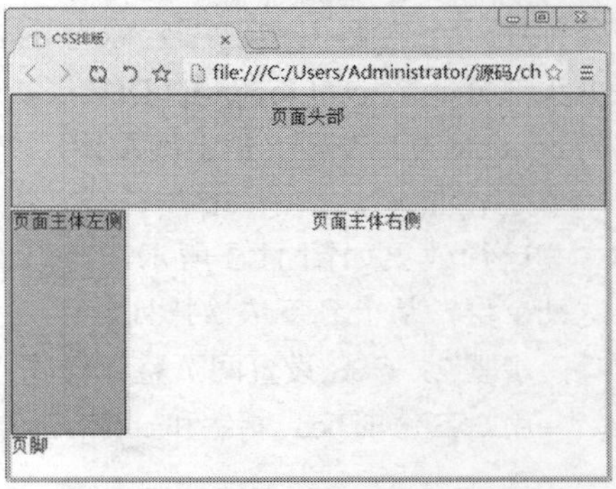

步骤 5：CSS 定义页脚。

最后需要设置页脚部分，页脚通常在主体的下面。因为页面主体使用了 float 属性设置层浮动，所以需要在页脚层设置 clear 属性，使其不受浮动的影响。其代码如下所示：

图 11-6　定义网页主体

```
#footer{
    clear: both;              /* 不受float影响 */
    text-align: center;
    height: 30px;
    border: 1px solid #000000;
    background-color: #ddeecc;
}
```

上面代码设置了页脚的对齐方式、高度、边框和背景色等。运行效果如图 11-7 所示，可以看到页面底部显示了一个边框，背景色为浅绿色，边框宽度充满整个 DIV 布局容器。

图 11-7　定义网页页脚

11.2　固定宽度网页布局模式

CSS 的排版布局是一种全新的排版理念，与传统的表格排版布局完全不同，首先要在页面上分块，然后应用 CSS 属性重新定位。在本节中，我们就固定宽度布局模式进行深入的讲解，使读者能够熟练掌握这些方法。

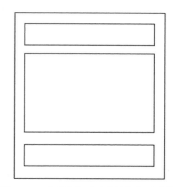

11.2.1　网页单列布局模式

网页单列布局模式是最简单的一种布局形式，也被称为"网页 1-1-1 型布局模式"。如图 11-8 所示为网页单列布局模式示意图。

图 11-8　网页单列布局模式示意图

▍实例 2：创建单列布局的网页版式

步骤 1：新建 11.2.html 文件，输入如下代码，该段代码的作用是在页面中放置一个圆角矩形框。

```
<!DOCTYPE html>
<html>
<head>
    <title>单列网页布局</title>
</head>
<body>
<div class="rounded">
    <h2>页头</h2>
    <div class="main">
        <p>锄禾日当午,汗滴禾下土<br/>锄禾日当午,汗滴禾下土</p>
    </div>
    <div class="footer">
        <p></p>
    </div>
</div>
</body>
</html>
```

代码中这组 <div>…</div> 之间的内容是固定结构的，作用就是实现一个可以变化宽度的圆角框。运行效果如图 11-9 所示。

步骤 2：设置圆角框的 CSS 样式。为了实现圆角框效果，加入如下样式代码。

167

```
<style>
body {
    background:  #FFF;
    font:  14px 宋体;
    margin: 0;
    padding: 0;
}

.rounded {
    background:  url(images/left-top.gif)top left no-repeat;
    width: 100%;
}
.rounded h2 {
    background:
    url(images/right-top.gif)
    top right no-repeat;
    padding: 20px 20px 10px;
    margin: 0;

}
.rounded .main {
    background:
    url(images/right.gif)
    top right repeat-y;
    padding: 10px 20px;
    margin: -20px 0 0 0;
}
.rounded .footer {
    background: url(images/left-bottom.gif);
    bottom left no-repeat;
}
.rounded .footer p {
    color: red;
    text-align: right;
    background: url(images/right-bottom.gif)bottom right no-repeat;
    display: block;
    padding: 10px 20px 20px;
    margin: -20px 0 0 0;
    font: 0/0;
}
</style>
```

在代码中定义了整个盒子的样式，如文字大小等，其后的 5 段以 .rounded 开头的 CSS 样式都是为实现圆角框进行的设置。这段 CSS 代码在后面的制作中，都不需要调整，直接放置在 <style></style> 之间即可，运行效果如图 11-10 所示。

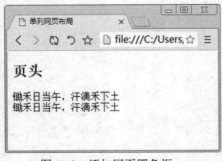

图 11-9　添加网页圆角框

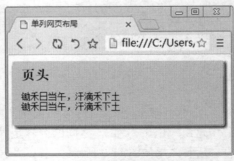

图 11-10　设置圆角框的 CSS 样式

步骤 3：设置网页固定宽度。为该圆角框单独设置一个 id，把针对它的 CSS 样式放到这个 id 的样式定义部分。设置 margin 实现在页面中居中，并用 width 属性确定固定宽度，代码如下：

```
#header {
    margin: 0 auto;
    width: 760px; }
```

> **注意**：这个宽度不要设置在 .rounded 相关的 CSS 样式中，因为该样式会被页面中的各个部分公用，如果设置了固定宽度，其他部分就不能正确显示了。

另外，在 HTML 部分的 <div class="rounded">…</div> 的外面套一个 div，代码如下：

```
<div id="header">
    <div class="rounded">
        <h2>页头</h2>
        <div class="main">
            <p>
                锄禾日当午,汗滴禾下土<br/>
                锄禾日当午,汗滴禾下土</p>
        </div>
        <div class="footer">
            <p></p>
        </div>
    </div>
</div>
```

运行效果如图 11-11 所示。

步骤 4：设置其他圆角矩形框。将放置的圆角框再复制出两个，并分别设置 id 为 content 和 footer，分别代表"正文"和"页脚"。完整的页面框架代码如下：

```
<div id="header">
    <div class="rounded">
        <h2>页头</h2>
        <div class="main">
            <p>
                锄禾日当午,汗滴禾下土<br/>
                锄禾日当午,汗滴禾下土</p>
        </div>
        <div class="footer">
            <p></p>
        </div>
    </div>
</div>
<div id="content">
    <div class="rounded">
        <h2>正文</h2>
        <div class="main">
            <p>
                锄禾日当午,汗滴禾下土<br />
                锄禾日当午,汗滴禾下土</p>
        </div>
        <div class="footer">
            <p>
```

```
                    查看详细信息&gt; &gt;
               </p>
          </div>
     </div>
</div>
<div id="pagefooter">
     <div class="rounded">
          <h2>页脚</h2>
          <div class="main">
               <p>
                    锄禾日当午,汗滴禾下土</p>
          </div>
          <div class="footer">
               <p></p>
          </div>
     </div>
</div>
```

修改 CSS 样式代码如下。

```
#header,#pagefooter,#content{
     margin: 0 auto;
     width: 760px; }
```

从 CSS 代码中可以看到，3 个 div 的宽度都设置为固定值 760px，并且通过设置 margin 的值来实现居中放置，即左右 margin 都设置为 auto。运行效果如图 11-12 所示。

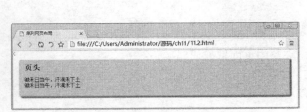 

图 11-11　设置网页固定宽度　　　　　　　　图 11-12　添加其他网页圆角框

11.2.2　网页 1-2-1 型布局模式

网页 1-2-1 型布局模式是网页制作中最常用的一个模式，结构如图 11-13 所示。在布局结构中，增加了一个 side 栏。但是在通常状况下，两个 div 只能竖直排列。为了让 content 和 side 能够水平排列，必须把它们放到另一个 div 中，然后使用浮动或者绝对定位的方法，将 content 和 side 并列。

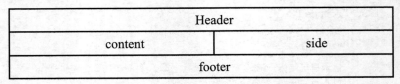

图 11-13　网页 1-2-1 型布局模式示意图

▌实例 3：创建 1-2-1 型布局的网页版式

步骤 1：修改网页单列布局的结果代码。这一步用上节完成的结果作为素材，在 HTML 中复制 content 部分，这个新的 id 设置为 side。然后在它们的外面套一个 div，命名为 container，修改部分的框架代码如下：

```
<div id="container">
    <div id="content">
        <div class="rounded">
            <h2>正文1</h2>
            <div class="main">
                <p>
                        锄禾日当午,汗滴禾下土<br />
                        锄禾日当午,汗滴禾下土</p>
            </div>
            <div class="footer">
                <p>
                        查看详细信息&gt; &gt;
                </p>
            </div>
        </div>
    </div>
    <div id="side">
        <div class="rounded">
            <h2>正文2</h2>
            <div class="main">
                <p>
                        锄禾日当午,汗滴禾下土<br />
                        锄禾日当午,汗滴禾下土</p>
            </div>
            <div class="footer">
                <p>
                        查看详细信息&gt; &gt;
                </p>
            </div>
        </div>
    </div>
</div>
```

修改 CSS 样式代码如下：

```
#header,#pagefooter,#container{
    margin: 0 auto;
    width: 760px; }
#content{}
#side{}
```

从上述代码中可以看出，#container、#header、#pagefooter 并列使用相同的样式，#content、#side 的样式暂时先空着，这时的效果如图 11-14 所示。

步骤 2：实现正文 1 与正文 2 并列排列。

这里有两种方法来实现。第一种方法是使用绝对定位法，具体的代码如下：

```
#header,#pagefooter,#container{          position: relative;  }
    margin: 0 auto;                      #content{
    width: 760px; }                          position: absolute;
#container{                                  top: 0;
```

```
    left: 0;
    width: 500px;
}
```

```
#side{
    margin: 0 0 0 500px;
}
```

在上述代码中，为了使 #content能够使用绝对定位，必须考虑用哪个元素作为它的定位基准。显然应该是 container 这个 div。因此将 #container 的 position 属性设置为 relative，使它成为下级元素的绝对定位基准，然后将 #content 这个 div 的 position 设置为 absolute，即绝对定位，这样它就脱离了标准流，#side 就会向上移动占据原来 #content 所在的位置。将 #content 的宽度和 #side 的左 margin 设置为相同的数值，就正好可以保证它们并列紧挨着放置，且不会相互重叠。运行结果如图 11-15 所示。

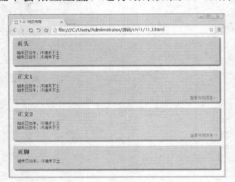
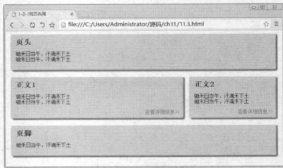

图 11-14　修改网页单列布局样式　　　　图 11-15　使用绝对定位的效果

第二种方法是使用浮动法。在 CSS 样式部分，稍作修改，加入如下样式代码：

```
#content{
    float: left;
    width: 500px;
}
```

```
#side{
    float: left;
    width: 260px;
}
```

使用浮动法修改正文布局模式非常灵活，例如，要将 side 从页面右边移动到左边，即交换与 content 的位置，只需要稍微修改一下 CSS 代码，即可以实现，代码如下：

```
#content{
    float: right;
    width: 500px;
}
```

```
#side{ float: left;
    width: 260px;
}
```

11.3　自动缩放网页布局模式

对于一个 1-2-1 变宽度的布局样式，会产生两种情况：第一是这两列按照一定的比例同时变化；第二是一列固定，另一列变化。

11.3.1　1-2-1 等比例变宽布局

对于等比例变宽布局样式，可以在前面制作的固定宽度网页布局样式中的 1-2-1 浮动法布局的基础上完成。原来的 1-2-1 浮动布局中的宽度都是用像素数值确定的固定宽度，下面就来对它进行改造，使它能够自动调整各个模块的宽度。

▌实例 4：创建 1-2-1 等比例变宽布局的网页版式

CSS 的代码如下：

```
#header,#pagefooter,#container{        Width: 500px;   /*删除原来的固定宽度*/
    margin: 0 auto;                    width:  66%;  } /*改为比例宽度*/
    Width: 768px;  /*删除原来的固定宽度    #side{
    width:  85%;  } /*改为比例宽度*/        float: left;
#content{                                width: 260px;  /*删除原来的固定宽度*/
    float: right;                        width: 33%;  } /*改为比例宽度*/
```

运行效果如图 11-16 所示。在这个页面中，网页内容的宽度为浏览器窗口宽度的 85%，页面中左侧边栏的宽度和右侧内容栏的宽度保持 1:2 的比例，可以看到无论浏览器窗口的宽度如何变化，它们都等比例变化。这样就实现了各个 div 的宽度等比例适应浏览器窗口的效果。

图 11-16　网页 1-2-1 布局样式

注意：在实际应用中还需要注意以下两点：

（1）确保不要使一列或多个列的宽度太大，以免其内部的文字行宽太宽，造成阅读困难。

（2）圆角框的最宽宽度的限制，这种方法制作的圆角框如果超过一定宽度就会出现裂缝。

11.3.2　1-2-1 单列变宽布局

1-2-1 单列变宽布局样式是常用的网页布局样式，用户可以通过 margin 属性变通地实现单列变宽布局。

▌实例 5：创建 1-2-1 单列变宽布局的网页版式

这里仍然在 1-2-1 浮动法布局的基础上进行修改，修改之后的代码如下：

```
#header,#pagefooter,#container{        #content{
    margin: 0 auto;                        margin-left: 260px;
    width: 85%;                        }
    min-width: 500px;                  #side{
    max-width: 800px;                      float: right;
}                                          width: 260px;
#contentWrap{                          }
    margin-left: -260px;               #pagefooter{
    float: left;                           clear: both;
    width: 100%;                       }
}
```

173

运行效果如图 11-17 所示。

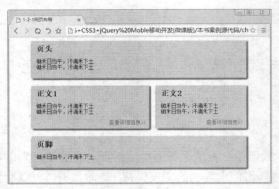

图 11-17　网页 1-2-1 单列变宽布局

11.3.3　1-3-1 单侧列宽度固定布局

对于一列固定、其他两列按比例适应宽度的情况，可以使用浮动方法进行制作。解决的方法同 1-2-1 单列固定一样，这里把活动的两列看成一列，在容器里面再套一个 div，即由原来的一个 wrap 变为两层，分别叫做 outerWrap 和 innerWrap。这样，outerWrap 就相当于上面 1-2-1 方法中的 wrap 容器。新增加的 innerWrap 以标准流方式存在，宽度会自然伸展，由于设置 200px 的左侧 margin，因此它的宽度就是总宽度减去 200px 了。innerWrap 里面的 navi 和 content 都以这个新宽度为宽度基准。

> **实例 6：创建 1-3-1 单侧列宽度固定布局的网页版式**

实现的具体代码如下：

```
<!DOCTYPE html>
<html>
<head>
<title>1-3-1单侧列宽度固定的变宽布局</title>
<style type="text/css">
body {
    background: #FFF;
    font: 14px 宋体;
    margin: 0;
    padding: 0;
}
.rounded {
    background: url(images/left-top.gif) top left no-repeat;
    width: 100%;
}
.rounded h2 {
    background:
    url(images/right-top.gif)
    top right no-repeat;
    padding: 20px 20px 10px;
    margin: 0;
}
```

```
.rounded .main {
    background:
    url(images/right.gif)
    top right repeat-y;
    padding: 10px 20px;
    margin: -20px 0 0 0;
}
.rounded .footer {
    background:
    url(images/left-bottom.gif)
    bottom left no-repeat;
}
.rounded .footer p {
    color: red;
    text-align: right;
    background: url(images/right-bottom.gif) bottom right no-repeat;
    display: block;
    padding: 10px 20px 20px;
    margin: -20px 0 0 0;
    font: 0/0;
}
#header,#pagefooter,#container{
    margin: 0 auto;
    width: 85%;
}
#outerWrap{
    float: left;
    width: 100%;
```

```
            margin-left: -200px;
        }
        #innerWrap{
            margin-left: 200px;
        }
        #left{
            float: left;
            width: 40%;
        }
        #content{
            float: right;

        }
        #content img{
            float: right;
        }
        #side{
            float: right;
            width: 200px;
        }
        #pagefooter{
            clear: both; }
    </style>
    </head>
    <body>
    <div id="header">
        <div class="rounded">
            <h2>页头</h2>
            <div class="main">
            <p>
            锄禾日当午,汗滴禾下土</p>
            </div>
            <div class="footer">
            <p></p>
            </div>
        </div>
    </div>
    <div id="container">
    <div id="outerWrap">
    <div id="innerWrap">
    <div id="left">
        <div class="rounded">
            <h2>正文</h2>
            <div class="main">
            <p>
            锄禾日当午,汗滴禾下土<br/>
            锄禾日当午,汗滴禾下土</p>

            </div>
            <div class="footer">
            <p>
            查看详细信息&gt; &gt;
            </p>
            </div>
        </div>
```

```
    </div>
    <div id="content">
        <div class="rounded">
            <h2>正文1</h2>
            <div class="main">
            <p>
            锄禾日当午,汗滴禾下土</p>

            </div>
            <div class="footer">
            <p>
            查看详细信息&gt; &gt;
            </p>
            </div>
        </div>
    </div>
    </div>
    <div id="side">
        <div class="rounded">
            <h2>正文2</h2>
            <div class="main">
            <p>
            锄禾日当午,汗滴禾下土<br/>
            锄禾日当午,汗滴禾下土</p>
            </div>
            <div class="footer">
            <p>
            查看详细信息&gt; &gt;
            </p>
            </div>
        </div>
    </div>
    </div>

    <div id="pagefooter">
        <div class="rounded">
            <h2>页脚</h2>
            <div class="main">
            <p>
            锄禾日当午,汗滴禾下土
            </p>
            </div>
            <div class="footer">
            <p>
            </p>
            </div>
        </div>
    </div>
    </body>
    </html>
```

在浏览器中进行浏览，当页面收缩时，可以看到如图 11-18 所示的运行结果。

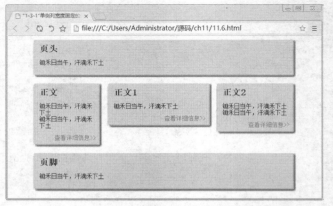

图 11-18 网页 1-3-1 单侧列宽固定的变宽布局

11.3.4 1-3-1 中间列宽度固定布局

这种布局的形式是固定列被放在中间，它的左右各有一列，并按比例适应总宽度，这是一种很少见的布局形式。

> 实例 7：创建 1-3-1 中间列宽度固定布局的网页版式

实现 1-3-1 中间列宽度固定布局的代码如下：

```
<!DOCTYPE html>
<head>
<title>1-3-1中间列宽度固定的布局</title>
<style type="text/css">
body {
    background: #FFF;
    font: 14px 宋体;
    margin: 0;
    padding: 0;
}

.rounded {
    background: url(images/left-top.gif) top left no-repeat;
    width: 100%;
}
.rounded h2 {
    background:
    url(images/right-top.gif)
    top right no-repeat;
    padding: 20px 20px 10px;
    margin: 0;
}
.rounded .main {
    background:
    url(images/right.gif)
```

```
    top right repeat-y;
    padding: 10px 20px;
    margin: -20px 0 0 0;
}
.rounded .footer {
    background:
    url(images/left-bottom.gif)
    bottom left no-repeat;
}
.rounded .footer p {
    color: red;
    text-align: right;
    background: url(images/right-bottom.gif)bottom right no-repeat;
    display: block;
    padding: 10px 20px 20px;
    margin: -20px 0 0 0;
    font: 0/0;
}
#header,#pagefooter,#container{
    margin: 0 auto;
    width: 85%;
}

#naviWrap{
    width: 50%;
    float: left;
    margin-left: -150px;
}

#left{margin-left: 150px; }

#content{
    float: left;
    width: 300px;
```

```
}
#content img{
    float: right;
    }

#sideWrap{
    width: 49.9%;
    float: right;
    margin-right: -150px; }
#side{
    margin-right: 150px; }
#pagefooter{
    clear: both;
}

</style>
</head>
<body>
 <div id="header">
   <div class="rounded">
       <h2>页头</h2>
       <div class="main">
       <p>
       锄禾日当午,汗滴禾下土</p>
       </div>
       <div class="footer">
       <p></p>
       </div>
   </div>
</div>
<div id="container">
<div id="naviWrap">
<div id="left">
   <div class="rounded">
       <h2>正文</h2>
       <div class="main">
       <p>
       锄禾日当午,汗滴禾下土</p>
       </div>
       <div class="footer">
       <p>
       查看详细信息&gt; &gt;
       </p>
       </div>
   </div>
</div>
</div>
<div id="content">
```

```
<div class="rounded">
    <h2>正文1</h2>
    <div class="main">
      <p>
      锄禾日当午,汗滴禾下土</p>

    </div>
    <div class="footer">
    <p>
    查看详细信息&gt; &gt;
    </p>
    </div>
    </div>
  </div>
</div>
<div id="sideWrap">
<div id="side">
   <div class="rounded">
       <h2>正文2</h2>
       <div class="main">
       <p>
       锄禾日当午,汗滴禾下土
       </p>
       </div>
       <div class="footer">
       <p>
       查看详细信息&gt; &gt;
       </p>
       </div>
   </div>
</div>
</div>
</div>
<div id="pagefooter">
   <div class="rounded">
       <h2>页脚</h2>
       <div class="main">
       <p>
       锄禾日当午,汗滴禾下土
       </p>
       </div>
       <div class="footer">
       <p>
       </p>
       </div>
   </div>
</div>
</body>
</html>
```

运行效果如图 11-19 所示。在上述代码中，页面中间列的宽度是 300px，两边列等宽（不等宽的道理是一样的），即总宽度减去 300px 后剩余宽度的 50%，制作的关键是如何实现（总宽度 -300px）/2 的宽度。现在需要在 left 和 side 两个 div 的外面分别套一层 div，把它们"包裹"起来，依靠嵌套的两个 div，实现相对宽度和绝对宽度的结合。

图 11-19　1-3-1 中间列宽度固定的变宽布局

11.4　新手常见疑难问题

▌疑问 1：如何把 3 个以上的 div 都紧靠页面的侧边？

　　在实际网页制作中，经常需要解决这样的问题，方法很简单，只需要修改几个 div 的 margin 值即可。如果要使它们紧贴浏览器窗口的左侧，可以将 margin 设置为 0 auto 0 0；如果要使它们紧贴浏览器窗口的右侧，可以将 margin 设置为 0 0 0 auto。

▌疑问 2：DIV 层的高度设置好，还是不设置好？

　　在 IE 浏览器中，如果设置了高度值，当网页内容过多时，会超出所设置的高度，这时浏览器就会自己撑开高度，以达到显示全部内容的效果，不受所设置的高度值限制。而在 Firefox 浏览器中，如果固定了高度值，那么容器的高度就会被固定住，就算网页内容过多，它也不会撑开，不过会显示全部内容，但是如果容器下面还有内容的话，那么这一块内容就会与下一块内容重合。

　　这个问题的解决办法就是，不要设置高度的值，这样浏览器就会根据内容自动判断高度，就不会出现内容重合的问题了。

11.5　实战技能训练营

▌实战 1：制作一个个人网站页面

　　CSS3 结合 HTML 文档，可以创建出各种版式的网页。本实例结合所学网页版式的知识，创建一个个人网站网页，运行效果如图 11-20 所示。

▌实战 2：制作一个图片版式页面

　　结合本章所学知识，模拟百度图片中图片的显示样式，制作一个图片版式页面，分为显示图片区域和图片列表区域，该网页布局样式为左右结构。实例完成后，效果如图 11-21 所示。

图 11-20　个人网站页面　　　　　　　　　　图 11-21　图片版式页面效果

第12章 JavaScript基础

本章导读

JavaScript 是 Web 页面中的一种脚本编程语言，被广泛用来开发支持用户交互并响应相应事件的动态网页。它还是一种通用的、跨平台的、基于对象和事件驱动并具有安全性的脚本语言。JavaScript 不需要进行编译，可以直接嵌入 HTML 页面中使用。本章将重点学习 JavaScript 的入门知识。

知识导图

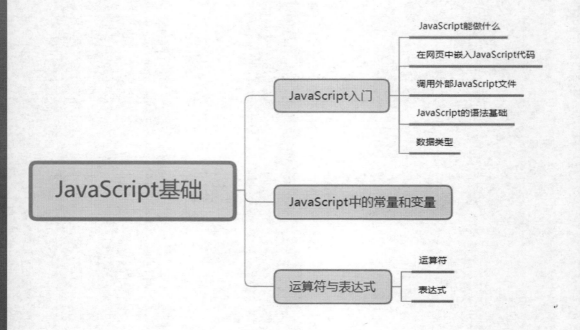

12.1 JavaScript 入门

JavaScript 可用于 HTML 和 Web，更可广泛用于服务器、PC、笔记本电脑、平板电脑和智能手机等设备。它是一种由 Netscape 的 Live Script 发展而来的客户端脚本语言，旨在为客户提供更流畅的网页浏览效果。

12.1.1 JavaScript 能做什么

JavaScript 是一种解释性的，基于对象的脚本语言（Object-based Scripting Language），主要基于客户端运行。几乎所有浏览器都支持 JavaScript，如 Internet Explorer（IE）、Firefox、Netscape、Mozilla、Opera 等。

使用 JavaScript 脚本实现的动态页面在 Web 上随处可见。下面就来介绍几种常见的 JavaScript 应用。

1. 改善导航功能

JavaScript 最常见的应用就是网站导航系统，可以使用 JavaScript 创建一个导航工具。如用于选择下一个页面的下拉菜单，或者当鼠标指针移动到某个导航链接上时弹出的子菜单。如图 12-1 所示为淘宝网页面的导航菜单，当鼠标指针放置在"男装 / 运动户外"上后，右侧会弹出相应的子菜单。

2. 验证表单

验证表单是 JavaScript 的一个比较常用的功能。使用一个简单脚本就可以读取用户在表单中输入的信息，并确保输入格式的正确性。例如，要保证输入的表单信息正确，就要提醒用户一些注意事项，当输入信息后，还需要提示输入的信息是否正确，而不必等待服务器的响应。如图 12-2 所示为一个网站的注册页面。

图 12-1　导航菜单　　　　　　　　　　图 12-2　注册页面

3. 特殊效果

JavaScript 最早的一个应用就是创建引人注目的特殊效果，如在浏览器状态行显示滚动的信息，或者让网页背景颜色闪烁。如图 12-3 所示为一个背景颜色选择器，只要单击颜色块中的颜色，就会显示一个对话框，在其中显示颜色值，而且网页的背景色也会发生变化。

4. 动画效果

在浏览网页时，经常会看到一些动画效果，使页面更加生动。使用 JavaScript 脚本语言也可以实现动画效果。如图 12-4 所示为在页面中实现文字动画效果。

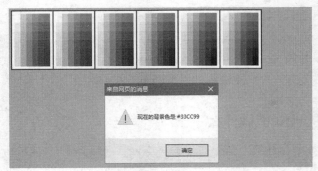

图 12-3　选择背景颜色

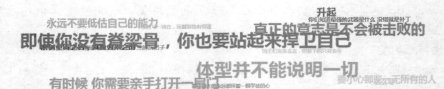

图 12-4　文字动画效果

5. 窗口的应用

网页中经常会出现一些浮动的广告窗口，这些窗口可以通过 JavaScript 脚本语言来实现。如图 12-5 所示是一个企业的宣传网页，可以看到一个浮动广告窗口，用于显示广告信息。

图 12-5　浮动广告窗口

6. 应用 Ajax 技术

应用 Ajax 技术可以实现网页对象的简单定位。例如，在百度首页的搜索文本框中输入要搜索的关键字时，下方会自动给出相关提示。如果给出的提示有符合要求的内容，就可以直接选择，提高了用户的使用效率。如图 12-6 所示，在搜索文本框中输入"长寿花"后，下面将显示相应的提示信息。

图 12-6　百度搜索提示信息

12.1.2　在网页中嵌入 JavaScript 代码

在 HTML 文档中可以使用 <script> 与 </script> 标签将 JavaScript 脚本嵌入其中，一个 HTML 文档中可以使用多个 <script> 标签，每个 <script> 标签中可以包含一行或多行 JavaScript 代码。

根据嵌入位置的不同，可以把 JavaScript 嵌入 HTML 中分为多种形式：在 HTML 网页头部 <head> 与 </head> 标签中嵌入、在 HTML 网页中的 <body> 与 </body> 标签中嵌入、在 HTML 网页的元素事件中嵌入。

1. 在 HTML 网页头部 <head> 与 </head> 标签中嵌入

JavaScript 脚本一般放在 HTML 网页头部的 <head> 与 </head> 标签内，使用格式如下：

```
<!DOCTYPE html>
<html>
<head>
<title>在HTML网页头部嵌入JavaScript代码<title>
<script language="JavaScript">
<!—
...
JavaScript脚本内容
...
//-->
</script>
</head>
<body>
...
</body>
</html>
```

在 <script> 与 </script> 标签中添加相应的 JavaScript 脚本，这样就可以直接在 HTML 文件中调用 JavaScript 代码，以实现相应的效果。

2. 在 HTML 网页中的 <body> 与 </body> 标签中嵌入

<script> 标签可以放在 Web 页面的 <head> 与 </head> 标签中，也可以放在 <body> 与 </body> 标签中。使用格式如下：

```
<html>
<head>
<title>在HTML网页中嵌入JavaScript代码<title>
</head>
<body>
<script language="JavaScript " >
<!--
```

```
……
JavaScript脚本内容
……
//-->
</script>
</body>
</html>
```

JavaScript 代码可以在同一个 HTML 网页的 \<head\> 与 \<body\> 标签中同时嵌入，并且在同一个网页中可以多次嵌入 JavaScript 代码。

▌实例 1：在页面中输出由 * 组成的三角形

```
<!DOCTYPE html>
<html>
<head>
    <meta charset="UTF-8">
    <title>输出 "*" 组成的三角形</title>
    <style type="text/css">
        body {
            background-color:  #CCFFFF;
        }
    </style>
    <script type="text/javascript">
        document.write ("      *"+"<br>") ;
        document.write ("    * *" +"<br>") ;
    </script>
</head>
<body>
<script type="text/javascript">
    document.write ("  * * *"+"<br>") ;
    document.write ("* * * *"+"<br>") ;
</script>
</body>
</html>
```

运行程序，结果如图 12-7 所示。

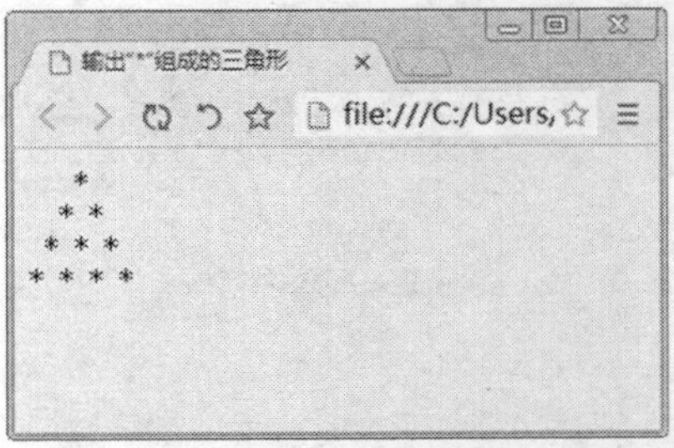

图 12-7　输出由 "*" 组成的三角形

12.1.3　调用外部 JavaScript 文件

如果 JavaScript 的内容较长，或者多个 HTML 网页中都调用相同的 JavaScript 程序，可以将较长的 JavaScript 或者通用的 JavaScript 写成独立的 .js 文件，直接在 HTML 网页中调用。在 Web 页面中链接外部 JavaScript 文件的语法格式如下：

```
<script type="text/javascript" src="javascript.js"></script>
```

> **注意**：如果外部 JavaScript 文件保存在本机中，那么 src 属性可以是绝对路径或是相对路径；如果外部 JavaScript 文件保存在其他服务器中，则 src 属性需要指定绝对路径。

▌实例 2：在对话框中输出 "Hello JavaScript"

12.2.html 文件的代码如下：

```
<!DOCTYPE html>
<html lang="en">
<head>
    <meta charset="UTF-8">
    <title>调用外部JavaScript文件</title>
</head>
<body>
<script type="text/javascript" src="1.js"></script>
</body>
</html
```

1.js 文件的代码如下:

```
alert("Hello JavaScript");
```

运行程序 12.2.html,结果如图 12-8 所示。

图 12-8 调用外部 JavaScript 文件

12.1.4 JavaScript 的语法基础

与 C、Java 及其他语言一样,JavaScript 也有自己的语法,下面简单介绍 JavaScript 的一些基本语法。

1. 代码执行顺序

JavaScript 程序按照在 HTML 文件中出现的顺序逐行执行。如果需要在整个 HTML 文件中执行。最好将其放在 HTML 文件的 <head> 和 </head> 标签中。某些代码,如函数体内的代码,不会被立即执行,只有当所在的函数被其他程序调用时,该代码才被执行。

2. 区分大小写

JavaScript 对字母大小写敏感,也就是说在输入语言的关键字、函数、变量以及其他标识符时,一定要严格区分字母的大小写。例如变量 username 与变量 userName 是两个不同的变量。

3. 代码的换行

当一段代码比较长时,用户可以在文本字符串中使用反斜杠对代码进行换行。下面的例子会正确地显示:

```
document.write("Hello \
World!");
```

不过,用户不能像这样折行:

```
document.write \
("Hello World!");
```

4. 注释语句

与 C、C++、Java、PHP 相同,JavaScript 的注释分为两种,一种是单行注释,例如:

```
// 输出标题:
document.getElementById("myH1").innerHTML="欢迎来到我的主页";
// 输出段落:
document.getElementById("myP").innerHTML="这是我的第一个段落。";
```

一种是多行注释,例如:

```
/*
下面的这些代码会输出
一个标题和一个段落
并将代表主页的开始
*/
document.getElementById("myH1").innerHTML="欢迎来到我的主页";
document.getElementById("myP").innerHTML="这是我的第一个段落。";
```

12.1.5 数据类型

JavaScript 的数据类型可以分为基本数据类型和复合数据类型。基本数据类型包括数值型（Number）、字符串型（String）、布尔型（Boolean）、空类型（Null）与未定义类型（Undefined）。复合数据类型包括对象、数组和函数等，复合数据类型将在后面的章节中学习，本节来学习 JavaScript 的基本数据类型。

1. 数值型

数值型（Number）是 JavaScript 中最基本的数据类型。JavaScript 不是类型语言，与许多其他编程语言的不同之处在于，它不区分整型数值和浮点型数值。在 JavaScript 中，所有的数值都用浮点型来表示。

JavaScript 采用 IEEE754 标准定义的 64 位浮点格式表示数字，它能表示的最大值为 1.7976931348623157e+308，最小值为 5e-324。在 JavaScript 中数值有 3 种表示方式，分别为十进制、八进制和十六进制。

2. 字符串型

字符串由 0 个或者多个字符构成，字符串可以包括字母、数字、标点符号、空格或其他字符等，还可以包括汉字。在 JavaScript 中，字符串主要用来表示文本类型的数据。程序中的字符串型数据必须包含在单引号或双引号中，例如：

（1）单引号括起来的字符串，代码如下：

```
'Hello JavaScript! '
'JavaScript@163.com'
'你好! JavaScript'
```

（2）双引号括起来的字符串，代码如下：

```
"Hello JavaScript! "
"JavaScript@163.com"
"你好! "
```

3. 布尔型

在 JavaScript 中，布尔型数据只有两个值，一个是 true（真），一个是 false（假），它说明了某个事物是真还是假。通常，我们使用 1 表示真，0 表示假。布尔值通常在 JavaScript 程序中用来表示比较所得的结果。例如：

```
n==10
```

这句代码的作用是判断变量 n 的值是否和数值 10 相等，如果相等，比较的结果就是布尔值 true，否则结果就是 false。

4. 未定义类型

Undefined 是未定义类型的变量，表示变量还没有赋值，如 var a:，或者赋予一个不存在的属性值，例如 var a=String.notProperty。

5. 空类型

JavaScript 中的关键字 null 是一个特殊的值，表示空值，用于定义空的或不存在的引用。不过，null 不等同于空的字符串或 0。由此可见，null 与 undefined 的区别是：null 表示一个变量被赋予了一个空值，而 undefined 则表示该变量还未被赋值。

12.2 JavaScript 中的常量和变量

在 JavaScript 中，常量与变量是数据结构的重要组成部分。其中常量是指在程序运行过程中保持不变的数据。例如，123 是数值型常量，"Hello JavaScript！"是字符串常量，true 和 false 是布尔型常量。在 JavaScript 脚本编程中，这些数值是可以直接输入并使用的。

变量是相对于常量而言的。变量有两个基本特性：变量名和变量值。

在 JavaScript 中，变量的命名规则如下：

（1）必须以字母或下划线开头，其他字符可以是数字、字母或下划线，例如，txtName 与 _txtName 都是合法的变量名，而 1txtName 和 &txtName 都是非法的变量名。

（2）变量名只能由字母、数字、下划线组成，不能包含空格、加号、减号等符号，不能用汉字做变量名。例如，txt%Name、名称文本、txt-Name 都是非法变量名。

（3）JavaScript 的变量名是区分大小写的。例如，Name 与 name 代表两个不同的变量。

（4）不能使用 JavaScript 中的保留关键字作为变量名，例如，var、enum、const 都是非法变量名。JavaScript 中的保留关键字如表 12-1 所示。

表 12-1　JavaScript 中的保留关键字

abstract	arguments	boolean	break	byte	case
catch	char	class	const	continue	debugger
default	delete	do	double	else	enum
eval	export	extends	false	final	finally
float	for	function	goto	if	implements
import	in	instanceof	int	interface	let
long	native	new	null	package	private
protected	public	return	short	static	super
switch	synchronized	this	throw	throws	transient
true	try	typeof	var	void	volatile
while	with	yield			

尽管 JavaScript 是一种弱类型的脚本语言，变量可以在不声明的情况下直接使用，但在实际使用过程中，最好还是先用 var 关键字声明变量。语法格式如下：

```
var variablename
```

variablename 为变量名，例如，声明一个变量之后再对变量进行赋值，例如：

```
var username;          //声明变量
```

```
username="杜牧";        //对变量进行赋值
```

在声明变量的同时可以对变量赋值，这一过程也被称为变量初始化，例如，

```
var username="杜牧";                    //声明变量并进行初始化赋值
var x=5,y=12;                         //声明多个变量并进行初始化赋值
```

这里声明了 3 个变量 username、x 和 y，并分别对其进行了赋值。

变量的作用范围又称为作用域，是指变量在程序中的有效范围。根据作用域的不同，变量可划分为全局变量和局部变量。

（1）全局变量：全局变量的作用域是全局性的，即在整个 JavaScript 程序中起作用。

（2）局部变量：局部变量是函数内部声明的，只作用于函数内部，其作用域是局部性的；函数的参数也是局部性的，只在函数内部起作用。

在函数内部，局部变量的优先级高于同名的全局变量。也就是说，如果存在与全局变量名称相同的局部变量，或者在函数内部声明了与全局变量同名的参数，则该全局变量将不再起作用。

▌实例 3：变量作用域的应用

定义一个全部变量与一个局部变量，然后输出变量的作用域类型。

```html
<!DOCTYPE html>
<html>
<head>
    <meta charset="UTF-8">
    <title>变量的作用域</title>
</head>
<body>
<script type="text/javascript">
    var scope="全局变量";        //声明一个全局变量
    function checkscope()
    {
        var scope="局部变量"; //声明一个同名的局部变量
        document.write（scope）; //使用的是局部变量,而不是全局变量
    }
    checkscope();      //调用函数,输出结果
</script>
</body>
</html>
```

运行程序，结果如图 12-9 所示。从结果中可以看出输出的是"局部变量"，这就说明局部变量的优先级高于同名的全局变量。

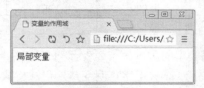

图 12-9　变量的优先级

> **注意**：虽然在全局作用域中可以不用 var 声明变量，但在声明局部变量时，一定要使用 var。

12.3 运算符与表达式

运算符是完成一系列操作的符号，用于将一个或几个值进行计算而生成一个新的值，对其进行计算的值称为操作数，操作数可以是常量或变量。表达式是运算符和操作数组合而成的式子，表达式的值就是对操作数进行运算后的结果。

12.3.1 运算符

按照运算符的功能，可以将 JavaScript 中的运算符分为算术运算符、逻辑运算符、位运算符、赋值运算符、条件运算符、位操作运算符和字符串运算符等；按照操作数的个数，可以将运算符分为单目运算符、双目运算符和三目运算符。使用运算符可以进行算术、赋值、比较、逻辑等各种运算。

1. 算术运算符

算术运算符用于各类数值之间的加、减、乘、除等运算。算术运算符是比较简单的运算符，也是在实际操作中经常用到的操作符。

2. 赋值运算符

赋值运算符是将一个值赋给另一个变量或表达式的符号。在 JavaScript 中，赋值运算可以分为简单赋值运算和复合赋值运算。最基本的赋值运算符为 =，主要用于将运算符右边的操作数值赋给左边的操作数。复合赋值运算混合了其他操作和赋值操作。例如：

a+=b

这个复合赋值运算等同于 a=a+b。

3. 字符串运算符

字符串运算符是对字符串进行操作的符号，一般用于连接字符串。在 JavaScript 中，可以使用 + 和 += 运算符对两个字符串进行连接运算。JavaScript 中常用的字符串运算符如表 12-2 所示。

表 12-2　JavaScript 中常用的字符串运算符

运算符	描　　述	示　　例
+	连接两个字符串	" 好好学习，"+" 天天向上！ "
+=	连接两个字符串并将结果赋给第一个字符串	var name=" 好好学习，" name+=" 天天向上！ " 相当于 name= name+" 天天向上！ "

> 注意：字符串连接符 += 与赋值运算符类似，用于将两边的字符串（操作数）连接起来并将结果赋给左边的操作数。

4. 比较运算符

比较运算符在逻辑语句中使用，用于连接操作数组成比较表达式，并对操作符两边的操作数进行比较，其结果为逻辑值 true 或 false。JavaScript 中常用比较运算符如表 12-3 所示。

表 12-3　JavaScript 中常用的比较运算符

运算符	描　述	示　例
>	大于	2>3 返回值为 false
<	小于	2<3 返回值为 true
>=	大于等于	2<=2 返回值为 true
<=	小于等于	2>=3 返回值为 false
==	等于。只根据表面值进行判断，不涉及数据类型	"2"==2 返回值为 true
===	绝对等于。根据表面值和数据类型同时进行判断	"2"===2 返回值为 false
!=	不等于。只根据表面值进行判断，不涉及数据类型	"2"!=2 返回值为 false
!==	不绝对等于。根据表面值和数据类型同时进行判断	"2"!==2 返回值为 true

5. 逻辑运算符

逻辑运算符用于判断变量或值之间的逻辑关系，操作数一般是逻辑型数据。在 JavaScript 中，有 3 种逻辑运算符，如表 12-4 所示。

表 12-4　JavaScript 中常用的逻辑运算符

运算符	描　述	示　例
&&	逻辑与	a&&b，当 a 和 b 同时都为真时，结果为真，否则为假
||	逻辑或	a||b，当 a 或 b 有一个为真时，结果为真，否则为假
!	逻辑非	!a，当 a 为假时，结果为真，否则为假

6. 条件运算符

条件运算符是构造快速条件分支的三目运算符，可以看作是 if...else... 语句的简写形式，语法格式如下：

逻辑表达式?语句1：语句2;

如果 "?" 前的逻辑表达式结果为 true，则执行 "?" 与 ":" 之间的语句 1，否则执行语句 2。由于条件运算符构成的表达式带有一个返回值，因此，可通过其他变量或表达式对其值进行引用。

在 JavaScript 中，运算符具有明确的优先级与结合性。优先级用于控制运算符的执行顺序，具有较高优先级的运算符比较低优先级的运算符先执行，如表 12-5 所示为 JavaScript 中各运算符的优先级；结合性则是指具有同等优先级的运算符将按照哪种顺序进行运算，结合性有向左结合和向右结合。圆括号可用来改变运算符优先级所决定的求值顺序。

表 12-5　运算符的优先级

优先级	结合性	运算符
最高	从左到右	.、[]、（）
由高到低依次排序	从右到左	++、--、-、!、delete、new、typeof、void
	从左到右	*、/、%
	从左到右	+、-
	从左到右	<<、>>、>>>
	从左到右	<、<=、>、>=、in、instanceof

续表

优先级	结合性	运算符
由高到低 依次排序	从左到右	==、!=、===、!===
	从左到右	&
	从左到右	^
	从左到右	|
	从左到右	&&
	从左到右	||
	从右到左	?:
	从右到左	=
	从右到左	*=、/=、%=、+=、-=、<<=、>>=、>>>=、&=、^=、|=
最低	从左到右	,

▌实例 4：计算贷款到期后的总还款数

假设贷款的利率为 5%，贷款金额为 50 万元，贷款期限为 5 年，计算贷款到期后的总还款金额数。

```html
<!DOCTYPE html>
<html>
<head>
    <meta charset="UTF-8">
    <title>运算符优先级应用示例</title>
</head>
<body>
<script type="text/javaScript">
    var rate=0.05;
    var money=500000;
    var total=money*（1+rate）*（1+rate）*（1+rate）*（1+rate）*（1+rate）;
    document.write（"贷款利率为："+rate +"<br>"）;
    document.write（"贷款金额为："+money+"元" +"<br>"）;
    document.write（"贷款年限为："+"5年"+"<br>"）;
    document.write（"还款总额为："+total+"元"）;
</script>
</body>
</html>
```

运行程序，结果如图 12-10 所示。

图 12-10　计算贷款到期后的总还款额

12.3.2　表达式

表达式是运算符和操作数组合而成的式子，可以包含常量、变量、运算符等。表达式的类型由运算符及参与运算的操作数类型决定，其基本类型包括赋值表达式、算术表达式、逻辑表达式和字符串表达式等。

1. 赋值表达式

在 JavaScript 中，赋值表达式的计算过程是按照自右向左进行的，其语法格式如下：

变量 赋值运算符 表达式

在赋值表达式中，有比较简单的赋值表达式，例如 i=1；也有定义变量时，给变量赋初始值的赋值表达式，如 var str="Happy JavaScript！"；还有使用比较复杂的赋值运算符连接的赋值表达式，如 k+=18。

2. 算术表达式

算术表达式就是用算术运算符连接的 JavaScript 语句，其运行结果为数字。如"i+j+k、20-x、a*b、j/k、sum%2；"等即为合法的算术运算符的表达式。算术运算符的两边必须都是数值，若在"+"运算中存在字符或字符串，则该表达式将是字符串表达式，因为 JavaScript 会自动将数值型数据转换成字符串型数据。例如，""好好学习"+i+"天天向上"+j"表达式将被看作字符串表达式。

3. 字符串表达式

字符串表达式是操作字符串的 JavaScript 语句，其运行结果为字符串。JavaScript 的字符串表达式只能使用 + 与 += 两个字符串运算符。如果在同一个表达式中既有数字又有字符串，同时还没有将字符串转换成数字的方法，则返回值一定是字符串型。

4. 逻辑表达式

逻辑表达式一般用来判断某个条件或者表达式是否成立，其结果只能为 true 或 false。

▎实例 5：逻辑表达式的应用示例

按照闰年的规定，即某年的年份值是 4 的倍数并且不是 100 的倍数，或者该年份值是 400 的倍数，那么这一年就是闰年。下面应用逻辑表达式来判断输入年份是否为闰年。

```
<!DOCTYPE html>
<html>
<head>
    <meta charset="UTF-8">
    <title>逻辑表达式应用示例</title>
</head>
<body>
<script type="text/javaScript">
    function checkYear()
    {
        var txtYearObj = document.all.txtYear;              //文本框对象
        var txtYear = txtYearObj.value;
        if((txtYear == null)||(txtYear.length < 1)||(txtYear < 0))
        {            //文本框值为空
            window.alert("请在文本框中输入正确的年份！");
            txtYearObj.focus();
            return;
        }
        if(isNaN(txtYear))
        {            //用户输入不是数字
            window.alert("年份必须为整型数字！");
```

```
                txtYearObj.focus();
                return;
            }
            if(isLeapYear(txtYear))
                window.alert(txtYear + "年是闰年！");
            else
                window.alert(txtYear + "年不是闰年！");
        }
        function isLeapYear(yearVal)              //*判断是否闰年
        {
            if((yearVal % 100 == 0)&&(yearVal % 400 == 0))
                return true;
            if(yearVal % 4 == 0)return true;
            return false;
        }
</script>
<form action="#" name="frmYear">
    请输入当前年份：
    <input type="text" name="txtYear">
    <p>判断是否为闰年：
        <input type="button" value="确定" onclick="checkYear()">
</form>
</body>
</html>
```

运行程序，在显示的文本框中输入 2020，单击"确定"按钮后，系统先判断文本框是否为空，再判断文本框输入的数值是否合法，最后判断其是否为闰年并弹出相应的提示框，如如图 12-11 所示。

如果输入值为 2021，单击"确定"按钮，得出的结果如图 12-12 所示。

图 12-11　返回 2020 年判断结果

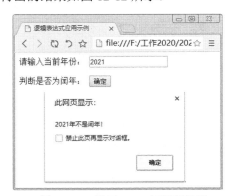

图 12-12　返回 2021 年判断结果

12.4　新手常见疑难问题

疑问 1：可以加载其他 Web 服务器上的 JavaScript 文件吗？

如果外部 JavaScript 文件保存在其他服务器上，要在 <script> 标签的 src 属性中指定绝对路径。例如，这里加载域名为 www.website.com 的 Web 服务器上的 jscript.js 文件。代码如下：

```
<script type="text/javascript" src="http: //www.website.com/jscript.js"></script>
```

▌疑问 2：JavaScript 中，运算符 == 和 = 有什么区别？

运算符 == 是比较运算符，运算符 = 是赋值运算符，它们完全不同。运算符 = 用于给操作数赋值；而运算符 == 则用于比较两个操作数的值是否相等。如果在需要比较两个表达式的值是否相等的情况下，错误地使用赋值运算符=，则会将右边操作数的值赋给左边的操作数。

12.5 实战技能训练营

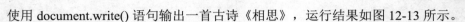

▌实战 1：使用 document.write() 语句输出一首古诗

使用 document.write() 语句输出一首古诗《相思》，运行结果如图 12-13 所示。

▌实战 2：使用变量输出个人基本信息

定义用于存储个人信息的变量，然后输出这些个人信息，运行结果如图 2-14 所示。

图 12-13　输出古诗　　　　　　　图 12-14　输出个人信息

第13章 程序控制语句

本章导读

　　JavaScript 具有多种类型的程序控制语句，利用这些语句可以进行程序流程上的判断与控制，从而完成比较复杂的程序操作。本章就来介绍 JavaScript 程序控制语句的相关知识，主要内容包括条件判断语句、循环语句、跳转语句等。

知识导图

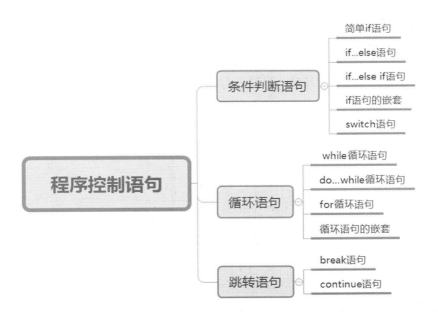

13.1 条件判断语句

条件判断语句就是对语句中不同条件的值进行判断，进而根据不同的条件来执行不同的语句，从而得出不同的结果。条件判断语句是一种比较简单的选择结构语句，包括 if 语句、if...else 语句、switch 语句等，这些语句各具特点，在一定条件下可以相互转换。

13.1.1 简单 if 语句

if 语句是最常用的条件判断语句，通过判断条件表达式的值为 true 或 false，来确定程序的执行顺序。在实际应用中，if 语句有多种表现形式，最简单的 if 语句的应用格式如下：

```
if（表达式）
{
    语句块;
}
```

参数说明如下。

（1）表达式：必选项，用于指定条件表达式，可以使用逻辑运算符。

（2）语句块：用于指定要执行的语句序列，可以是一条或多条语句。当表达式为真时，执行大括号内包含的语句，否则就不执行。if 语句的执行流程如图 13-1 所示。

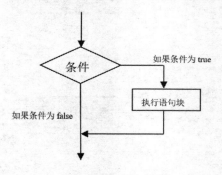

图 13-1　if 语句流程

> 注意：if 语句中的 if 必须小写，如果使用大写字母（IF）会生成 JavaScript 错误！

▌实例 1：找出三个数值中的最大值

```
<!DOCTYPE html>
<html>
<head>
    <meta charset="UTF-8">
    <title>找出三个数值中的最大值</title>
</head>
<body>
<script type="text/javaScript">
```

```
        var maxValue;               //声明变量
        var a=10;                   //声明变量并赋值
        var b=20;                   //声明变量并赋值
        var c=30;                   //声明变量并赋值
        maxValue=a;                 //假设a的值最大,定义a为最大值
        if(maxValue<b){             //如果最大值小于b
            maxValue=b;             //定义b为最大值
        }
        if(maxValue<c){             //如果最大值小于c
            maxValue=c;             //定义c为最大值
        }
        document.write("a="+a+"<br>");
        document.write("b="+b+"<br>");
        document.write("c="+c+"<br>");
        document.write("这三个数的最大值为"+maxValue);     //输出结果
</script>
</body>
</html>
```

运行程序，结果如图 13-2 所示。

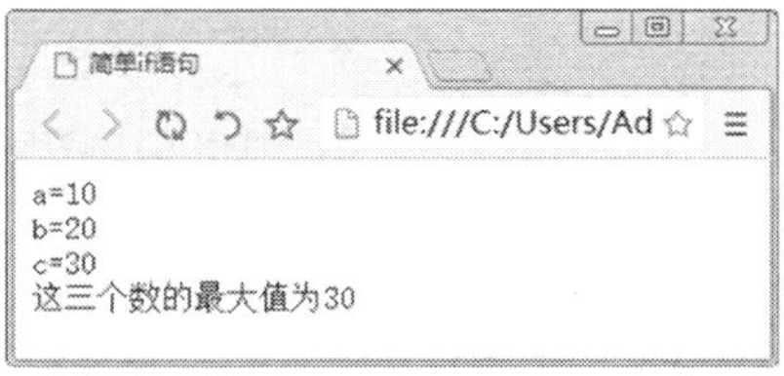

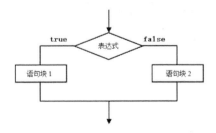

图 13-2　输出三个数中的最大值

13.1.2　if...else 语句

if...else 语句是 if 语句的标准形式，具体语法格式如下：

```
if（表达式）{
    语句块1
}
else{
    语句块2
}
```

参数说明如下。

（1）表达式：必选项，用于指定条件表达式，可以使用逻辑运算符。

（2）语句块 1：用于指定要执行的语句序列，可以是一条或多条语句。当表达式为 true（真）时，执行该语句。

（3）语句块 2：用于指定要执行的语句序列，可以是一条或多条语句。当表达式为 false（真）时，执行该语句。

if...else 语句的流程如图 13-3 所示。

图 13-3　if...else 语句执行流程

在 if...else 语句中，首先对表达式的值进行判断，如果它的值是 true，则执行语句块 1 中的内容，否则执行语句块 2 中的内容。

实例 2：根据时间输出不同的问候语

本案例规定当时间小于 20:00 时，输出问候语"Good day！"，否则，输出问候语"Good evening！"。

```
<!DOCTYPE html>
<html>
<head>
    <meta charset="UTF-8">
    <title>if...else语句的应用</title>
</head>
<body>
<script type="text/javaScript">
    var x="";
    var time=new Date().getHours();
    if (time<20){
        x="Good day! ";
    }
    else{
```

```
        x="Good evening! ";
    }
    document.write("当前时间为:"+time+"时");
    document.write("<p>");
    document.write("输出问候语为:"+x);
</script>
</body>
</html>
```

运行程序，结果如图 13-4 所示。

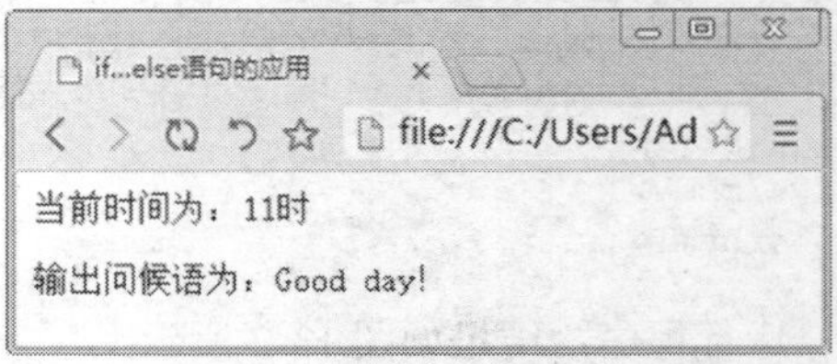

图 13-4　if...else 语句应用示例

13.1.3　if…else if 语句

在 JavaScript 语言中，还可以在 if...else 语句中的 else 后跟 if 语句的嵌套，从而形成 if...else if 的结构，这种结构的一般表现形式如下：

```
if（表达式1）
    语句块1;
else if（表达式2）
    语句块2;
else if（表达式3）
    语句块3;
    …
else
    语句块n;
```

该流程控制语句的功能是首先判断表达式 1，如果返回值为 true，则执行语句块 1；再判断表达式 2，如果返回值为 true，则执行语句块 2；再判断表达式 3，如果返回值为 true，则执行语句块 3…否则执行语句块 n。

实例 3：输出不同的问候语

本案例规定如果时间小于 10:00，输出问候语"早上好！"，如果时间大于 10:00 小于 20:00，输出问候语"今天好！"，否则输出问候语"晚上好！"。

```
<!DOCTYPE html>
<html>
<head>
    <meta charset="UTF-8">
    <title>if...else if语句的应用</title>
</head>
<body>
<script type="text/javaScript">
    var d = new Date();
    var time = d.getHours();
    document.write("当前时间为:"+time+"时");
```

```
    document.write("<p>");
    if (time<10)
    {
        document.write("<b>输出的问候语为：早上好！</b>");
    }
    else if (time>=10 && time<20)
    {
        document.write("<b>输出的问候语为：今天好！</b>");
    }
    else
    {
        document.write("<b>输出的问候语为：晚上好！</b>");
    }
</script>
</body>
</html>
```

运行程序，结果如图 13-5 所示。

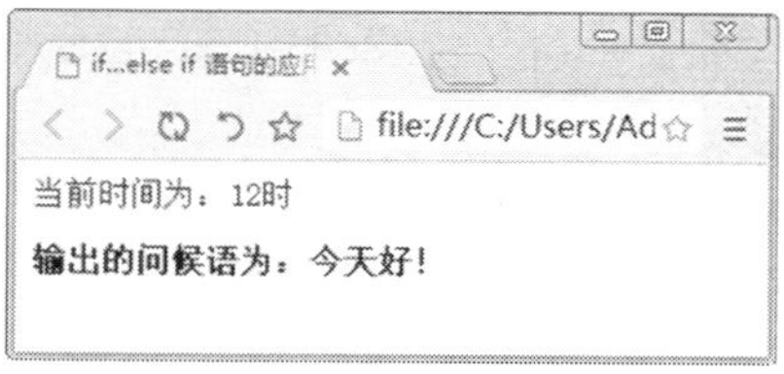

13.1.4 if 语句的嵌套

图 13-5 输出不同时间的问候语

if 语句不但可以单独使用，还可以嵌套使用，即在 if 语句的从句部分嵌套另外一个完整的 if 语句。基本语法格式如下：

```
if（表达式1）{
    if（表达式2）{
        语句块1
    }else{
        语句块2
    }
}else{
```

```
if（表达式3）{
    语句块3
}else{
    语句块4
}
}
```

> **注意**：在使用 if 语句的嵌套应用时，最好使用大括号 "{}" 来确定相互之间的层次关系。

实例 4：判断某考生是否考上大学

本案例设计效果如下：某考生的高考成绩为 550 分，才艺表演成绩为 120 分。假设重点戏剧类大学的录取分数为 500 分，而才艺表演成绩必须在 130 分以上才可以报考表演类大学。使用 if 嵌套语句判断这个考生是否可以报考表演类大学。

```
<!DOCTYPE html>
<html>
<head>
    <meta charset="UTF-8">
    <title>if语句的嵌套</title>
</head>
<body>
<script type="text/javaScript">
    var totalscore=550;
    var Talentscore=120;
    document.write("高考总成绩为："+totalscore+"分");
    document.write("<p>");
    document.write("才艺表演成绩为："+Talentscore+"分");
```

```
    if（totalscore>500）{
        if （Talentscore>130）{
            document.write（"该考生可以报考表演类大学"）;
        } else{
            document.write（"<p>"）;
            document.write（"该考生可以报考重点戏剧类大学,但不可报考表演类大学"）;
        }
    }else{
        if（totalscore>400）{
            document.write（"<p>"）;
            document.write（"该考生可以报考普通戏剧类大学"）;
        }else{
            document.write（"<p>"）;
            document.write（"该考生只能报考专科学校"）;
        }
    }
</script>
</body>
</html>
```

运行程序，结果如图 13-6 所示。

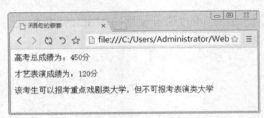

图 13-6　输出不同的判断结果

13.1.5　switch 语句

　　switch 语句允许测试一个变量等于多个值时的情况。每个值称为一个 case，且被测试的变量会对每个 switch case 进行检查。一个 switch 语句相当于一个 if...else 嵌套语句，因此它们的相似度很高，几乎所有的 switch 语句都能用 if...else 嵌套语句表示。

　　switch 语句与 if...else 嵌套语句最大的区别在于：if...else 嵌套语句中的条件表达式是一个逻辑表达的值，即结果为 true 或 false，而 switch 语句后的表达式值为数值类型或字符串型并与 case 标签里的值进行比较。

　　switch 语句的语法格式如下：

```
switch（表达式）                          break;
{                                        …
    case常量表达式1:                     case常量表达式n:
        语句块1;                              语句块n;
        break;                               break;
    case常量表达式2:                     default:
        语句块2;                              语句块n+1;
        break;                               break;
    case常量表达式3:                 }
        语句块3;
```

　　首先计算表达的值，当表达式的值等于常量表达式 1 的值时，执行语句块 1；当表达式的值等于常量表达式 2 的值时，执行语句块 2；……；当表达式的值等于常量表达式 n 的值时，执行语句块 n。否则执行 default 后面的语句块 n+1，当执行到 break 语句时跳出 switch 结构。

switch 语句必须遵循下面的规则：

（1）switch 语句中的表达式是一个常量表达式，必须是一个数值类型或字符串类型。

（2）一个 switch 语句中可以有任意数量的 case 语句。每个 case 语句后跟一个要比较的值和一个冒号。

（3）case 标签后的表达式必须与 switch 中的变量具有相同的数据类型，且必须是一个常量或字符串量。

（4）当被测试的变量等于 case 中的常量时，case 后跟的语句将被执行，直到遇到 break 语句为止。

（5）当遇到 break 语句时，switch 终止，控制流将跳转到 switch 语句后的下一行。

（6）不是每一个 case 都需要包含 break。如果 case 语句不包含 break，控制流将会继续后续的 case，直到遇到 break 为止。

（7）switch 语句可以有一个可选的默认值，出现在 switch 的结尾。默认值可用于在上面所有 case 都不为真时执行一个任务。默认值中的 break 语句不是必需的。

▌实例 5：switch 语句应用示例

```html
<!DOCTYPE html>
<html>
<head>
    <meta charset="UTF-8">
    <title>switch语句的应用</title>
</head>
<body>
<script type="text/javaScript">
    var x;
    var d=new Date().getDay();
    switch(d){
        case 0:
            x="今天是星期日";
            break;
        case 1:
            x="今天是星期一";
            break;
        case 2:
            x="今天是星期二";
            break;
        case 3:
            x="今天是星期三";
            break;
        case 4:
            x="今天是星期四";
            break;
        case 5:
            x="今天是星期五";
            break;
        case 6:
            x="今天是星期六";
            break;
    }
    document.write(x);
</script>
</body>
</html>
```

运行程序，结果如图 13-7 所示。

图 13-7　switch 语句的应用示例

13.2　循环语句

在实际应用中，往往会遇到一行或几行代码需要执行多次的情况，这就是代码的循环。几乎所有的程序都包含循环语句，循环语句是重复执行的指令，重复次数由条件决定，这个条件称为循环条件，反复执行的程序段称为循环体。

在 JavaScript 中，为用户提供了 4 种循环结构类型，分别为 while 循环、do...while 循环、for 循环、嵌套循环，具体介绍如表 13-2 所示。

表 13-2　循环结构类型

循环类型	描　述
while 循环	当给定条件为真时，重复语句或语句组。在执行循环主体之前测试条件
do...while 循环	除了在循环主体结尾测试条件外，其他与 while 语句类似
for 循环	多次执行一个语句序列，简化管理循环变量的代码
嵌套循环	可以在 while、for 或 do..while 循环语句内使用一个或多个循环语句

13.2.1　while 循环语句

while 循环语句根据循环条件的返回值来判断执行零次或多次循环体。当逻辑条件成立时，重复执行循环体，直到条件不成立时终止。while 循环语句的语法格式如下：

```
while (表达式)
{
    语句块;
}
```

在这里，语句块可以是一条单独的语句，也可以是几条语句组成的代码块。表达式可以是任意的表达式，表达式的值非零时为 true，当条件为 true 时执行循环；当条件为 false 时，退出循环，程序流将继续执行紧接着循环的下一条语句。

当遇到 while 循环时，首先计算表达式的返回值，当表达式的返回值为 true 时，执行一次循环体中的语句块，循环体中的语句块执行完毕时，将重新查看是否符合条件，若表达式的值还返回 true 将再次执行相同的代码，否则跳出循环。while 循环的特点：先判断条件，后执行语句。

使用 while 语句时要注意以下几点：

（1）while 语句中的表达式一般是关系表达或逻辑表达式，只要表达式的值为真（非 0）即可继续循环。

（2）循环体包含一条以上语句时，应用 {} 括起来，以复合语句的形式出现；否则，它只认为 while 后面的第 1 条语句是循环体。

（3）循环前，必须给循环控制变量赋初值，如（sum=0;）。

（4）循环体中，必须有改变循环控制变量值的语句（使循环趋向结束的语句），如（i++;），否则循环永远不结束，形成所谓的死循环。例如下面的代码：

```
int i=1;
while (i<10)
    document.write ("while语句注意事项");
```

因为 i 的值始终是 1，也就是说，永远满足循环条件 i<10，所以，程序将不断地输出"while语句注意事项"，陷入死循环，因此必须要给出循环终止条件。

while 循环被称为有条件循环，是因为语句部分的执行要依赖于判断表达式中的条件。之所以说其是使用入口条件的，是因为在进入循环体之前必须满足这个条件。如果在第一次进入循环体时条件就没有被满足，程序将永远不会进入循环体。例如如下代码：

```
int i=11;
while (i<10)
    document.write ("while语句注意事项");
```

因为 i 一开始就被赋值为 11，不符合循环条件 i<10，所以不会执行后面的输出语句。要使程序能够进入循环，必须给 i 赋比 10 小的初值。

▌实例 6：求数列 1/2、2/3、3/4... 前 20 项的和

```
<!DOCTYPE html>
<html>
<head>
    <meta charset="UTF-8">
    <title>while语句的应用</title>
</head>
<body>
<script type="text/javaScript">
    var i;                  //定义变量i用于存放整型数据
    var sum=0;              //定义变量sum用于存放累加和
    i=1;                    //循环变量赋初值
    while( i<=20 )          //循环的终止条件是i<=20
    {
        sum=sum+i/( i+1.0 );        //每次把新值加到sum中
        i++;                        //循环变量增值,此语句一定要有
    }
    document.write( "该数列前20项的和为： "+sum );
</script>
</body>
</html>
```

运行程序，结果如图 13-8 所示。本实例的数列可以写成通项式：n/（n+1），n=1，2,...,20，n 从 1 循环到 20，计算每次得到当前项的值，然后加到 sum 中即可求出。

图 13-8　程序运行结果

> **注意**：while 后面不能直接加分号 (;)，如果直接在 while 语句后面加分号 (;)，系统会认为循环体是空体，什么也不做。而后面用 {} 括起来的部分将认为是 while 语句的下一条语句。

13.2.2　do...while 循环语句

在 JavaScript 语言中，do...while 循环是在循环的尾部检查它的条件。do...while 循环与 while 循环类似，但是也有区别。do...while 循环和 while 循环的主要区别如下：

（1）do...while 循环是先执行循环体后判断循环条件，while 循环是先判断循环条件后执行循环体。

（2）do...while 循环的最小执行次数为 1 次，while 语句的最小执行次数为 0 次。

do...while 循环的语法格式如下：

```
do
```

```
    {
        语句块;
    }
    while（表达式）;
```

这里的条件表达式出现在循环的尾部，所以循环中的语句块会在条件被测试之前至少执行一次。如果条件为真，控制流会跳转回上面的 do 关键字，然后重新执行循环中的语句块，这个过程会不断重复，直到给定条件变为假为止。

程序遇到关键字 do，执行大括号内的语句块，语句块执行完毕，执行 while 关键字后的表达式，如果表达式的返回值为 true，则向上执行语句块，否则结束循环，执行 while 关键字后的程序代码。

使用 do...while 语句应注意以下几点：

（1）do...while 语句是先执行"循环体语句"，后判断循环终止条件，与 while 语句不同。二者的区别在于：当 while 后面的表达式开始的值为 0（假）时，while 语句的循环体一次也不执行，而 do...while 语句的循环体至少要执行一次。

（2）在书写格式上，循环体部分要用 {} 括起来，即使只有一条语句也如此；do...while 语句最后以分号结束。

> **提示：** while 与 do...while 的最大区别在于 do...while 将先执行一遍大括号中的语句，再判断表达式的真假。

▌实例 7：使用 do...while 语句计算 1+2+3+...+100 的和

```html
<!DOCTYPE html>
<html>
<head>
    <meta charset="UTF-8">
    <title>do...while语句的应用</title>
</head>
<body>
<script type="text/javaScript">
    var i=1;            //定义变量并初始化
    var sum=1;          //定义变量并初始化
    document.write("100以内自然数求和：");
    document.write("<p>");
    do{
        sum+=i;
        i++;            //自增运算
    }
    while(i<=100);      //while语句并设置表达式的条件
    document.write("1+2+3+...+100="+sum);  //输出结果
</script>
</body>
</html>
```

运行程序，结果如图 13-9 所示。

13.2.3 for 循环语句

for 循环和 while 循环、do...while 循环一样，可以循环重复执行一个语句块，直到指定的循环条件返回

图 13-9 输出计算结果

值为假。for 循环的语法格式如下:

```
for（表达式1；表达式2；表达式3）
{
语句块;
}
```

主要参数介绍如下:

（1）表达式 1 为赋值语句,如果有多个赋值语句可以用逗号隔开,形成逗号表达式。

（2）表达式 2 返回一个布尔值,用于检测循环条件是否成立。

（3）表达式 3 为赋值表达式,用来更新循环控制变量,以保证循环能正常终止。

for 循环的执行过程如下:

（1）表达式 1 会首先被执行,且只会执行一次。这一步允许用户声明并初始化任何循环控制变量。用户也可以不在这里写任何语句,只要有一个分号出现即可。

（2）接下来会判断表达式 2。如果为真,则执行循环主体。如果为假,则不执行循环主体,且控制流会跳转到紧接着 for 循环的下一条语句。

（3）在执行完 for 循环主体后,控制流会跳回表达式 3 语句。该语句允许用户更新循环控制变量。该语句可以留空,只要在条件后有一个分号出现即可。

（4）最后条件再次被判断。如果为真,则执行循环,这个过程会不断重复（循环主体,然后增加步值,再然后重新判断条件）。在条件变为假时,for 循环终止。

▌实例 8: 使用 for 循环语句计算 1+2+3+…+100 的和

```html
<!DOCTYPE html>
<html>
<head>
    <meta charset="UTF-8">
    <title>for循环语句的应用</title>
</head>
<body>
<script type="text/javaScript">
    for（var i=0,Sum=0; i<=100; i++）
    {
        Sum+=i;
    }
    document.write（"100以内自然数求和: "）;
    document.write（"<p>"）;
    document.write（"1+2+3+...+100="+Sum）;
</script>
</body>
</html>
```

运行程序,结果如图 13-10 所示。

图 13-10　for 循环语句的应用示例

注意： 通过上述实例可以发现，while 循环、do...while 循环和 for 循环有很多相似之处，几乎所有的循环语句，这三种循环都可以互换。

13.2.4 循环语句的嵌套

在一个循环体内又包含另一个循环结构，称为循环嵌套。如果内嵌的循环中还包含循环语句，这种称为多层循环。while 循环、do...while 循环和 for 循环语句之间可以相互嵌套。

1. 嵌套 for 循环

在 JavaScript 语言中，嵌套 for 循环的语法结构如下：

```
for（表达式1；表达式2；表达式3）              语句块；
{                                              ......
    语句块；                                   }
    for（表达式1；表达式2；表达式3）          ......
    {                                          }
```

实例 9：输出九九乘法口诀

```html
<!DOCTYPE html>
<html>
<head>
    <meta charset="UTF-8">
    <title>嵌套for循环语句的应用</title>
</head>
<body>
<script type="text/javaScript">
    var i,j;
    for（i=1；i<=9；i++）              //外层循环 每循环1次输出一行
    {
        for（j=1；j<=i；j++）          //内层循环 循环次数取决于i
        {
            document.write（i+"×"+j+"="+i*j+"  "）;
        }
        document.write（"<br>"）;
    }
</script>
</body>
</html>
```

运行程序，结果如图 13-11 所示。

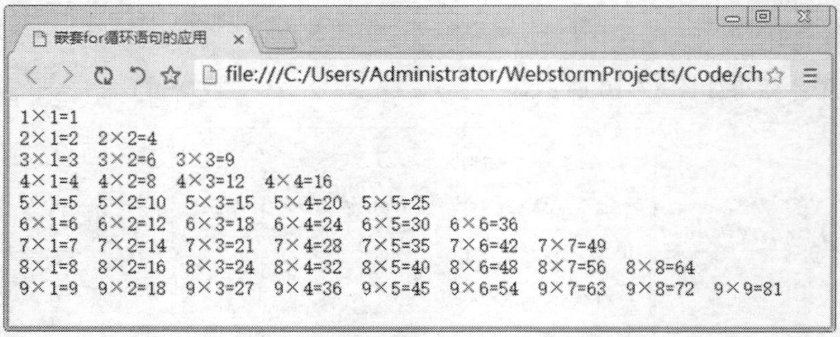

图 13-11　输入乘法口诀

2. 嵌套 while 循环

在 JavaScript 语言中，嵌套 while 循环的语法结构如下：

```
while（条件1）
{
    语句块
    while（条件2）
    {
```

实例 10：使用 while 语句在屏幕上输出由 * 组成的形状

```
<!DOCTYPE html>
<html>
<head>
    <meta charset="UTF-8">
    <title>嵌套while循环语句的应用</title>
</head>
<body>
<script type="text/javaScript">
    var i=1,j;
    while（i<=5）
    {
        j=1;
        while（j<=i）
        {
            document.write（"*"）;
```

```
            语句块;
            ......
        }
        ......
    }
            j++;
        }
        document.write（"<br>"）;
        i++;
    }
</script>
</body>
</html>
```

运行程序，结果如图 13-12 所示。

图 13-12　输出由 * 组成的形状

3. 嵌套 do...while 循环

在 JavaScript 语言中，嵌套 do...while 循环的语法结构如下：

```
do
{
    语句块;
    do
    {
```

实例 11：使用 do...while 语句在屏幕上输出由 * 组成的形状

```
<!DOCTYPE html>
<html>
<head>
    <meta charset="UTF-8">
    <title>嵌套do...while循环语句的应用</title>
</head>
<body>
<script type="text/javaScript">
    var i=1,j;
    do{
        j=1;
        do{
            document.write（"*"）;
```

```
        语句块;
        ......
        }while（条件2）;
        ......
}while（条件1）;
```

```
            j++;
        }while（j<=i）;
        i++;
        document.write（"<br>"）;
    }while（i<=6）;
</script>
</body>
</html>
```

运行程序，结果如图 13-13 所示。

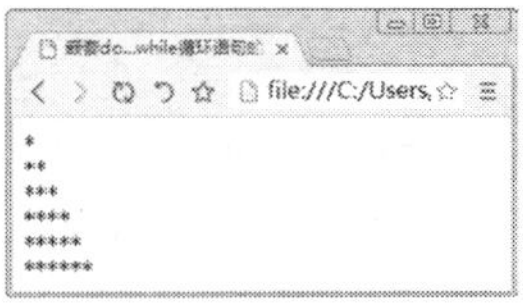

图 13-13　输出由 * 组成的形状

13.3　跳转语句

循环控制语句可以改变代码的执行顺序，通过这些语句可以实现代码的跳转。JavaScript 语言提供的 break 和 continue 语句，可以实现这一目的。break 语句的作用是立即跳出循环，continue 语句的作用是停止正在进行的循环，而直接进入下一次循环。

13.3.1　break 语句

break 语句只能应用在选择结构 switch 语句和循环语句中，如果出现在其他位置会引起编译错误。break 语句有以下两种用法，分别如下：

（1）当 break 语句出现在一个循环内时，循环会立即终止，且程序流将继续执行紧接着循环的下一条语句。

（2）break 语句可用于终止 switch 语句中的一个 case。

> **注意：** 如果用户使用的是嵌套循环（即一个循环内嵌套另一个循环），break 语句会停止执行最内层的循环，然后开始执行该语句块之后的下一行代码。

break 语句的语法格式如下：

```
break;
```

break 语句用在循环体内的作用是终止当前的循环语句。例如：
无 break 语句：

```
int sum=0, number;
while (number !=0){
    sum+=number;
}
```

有 break 语句：

```
int sum=0, number;
while (1){
   if (number==0)
      break;
   sum+=number;
}
```

这两段程序产生的效果是一样的。需要注意的是：break 语句只是跳出当前的循环语句，对于嵌套的循环语句，break 语句的功能是从内层循环跳到外层循环。例如：

```
int i=0, j, sum=0;                          if (j==i) break;
while (i<10){                               }
   for (j=0; j<10; j++){                   i++;
      sum+=i+j;                          }
```

上面程序中的 break 语句执行后，程序立即终止 for 循环语句，并转向 for 循环语句的下一个语句，即 while 循环体中的 i++ 语句，继续执行 while 循环语句。

实例12：break 语句应用示例

使用 while 循环输出变量 a 在 10 到 20 之间的整数，在内循环中使用 break 语句，当输出到 15 时跳出循环。

```
<!DOCTYPE html>
<html>
<head>
    <meta charset="UTF-8">
    <title>break语句的应用</title>
</head>
<body>
<script type="text/javaScript">
    var a =10;           //局部变量定义
    while (a<20)      // while循环执行
    {
        document.write ("a的值: "+a);
        document.write ("<br>");
        a++;
        if (a>15)
        {
            break;    /*使用break语句
终止循环*/
        }
    }
</script>
</body>
</html>
```

运行程序，结果如图 13-14 所示。

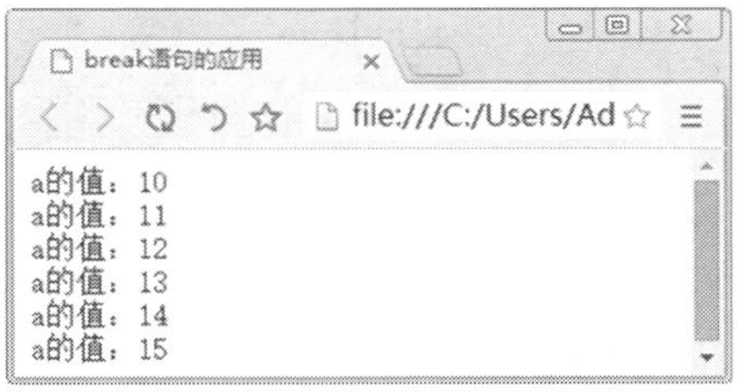

图 13-14 break 语句的应用示例

> **注意**：在嵌套循环中，break 语句只能跳出离自己最近的那一层循环。

13.3.2 continue 语句

JavaScript 中的 continue 语句有点像 break 语句，但它不是强制终止，continue 会跳过当前循环中的代码，强迫开始下一次循环。对于 for 循环，continue 语句执行后自增语句仍然会执行。对于 while 和 do...while 循环，continue 语句重新执行条件判断语句。

continue 语句的语法格式如下：

```
continue;
```

通常情况下，continue 语句总是与 if 语句在一起，用来加速循环。假设 continue 语句用于 while 循环语句，要求在某个条件下跳出本次循环，一般形式如下：

```
while (表达式1){
    ...
    if (表达式2){
        continue;
    }
    ...
}
```

这种形式和前面介绍的 break 语句用于循环的形式十分相似，其区别是：continue 只终止本次循环，继续执行下一次循环，而不是终止整个循环过程。而 break 语句则是终止整个循环过程，不会再去判断循环条件是否还满足。在循环体中，continue 语句被执行之后，其后面的语句均不再执行。

▌实例13：continue 语句应用示例

输出 100~120 之间所有不能被 2 和 5 同时整除的整数。

```
<!DOCTYPE html>
```

```
<html>
<head>
    <meta charset="UTF-8">
    <title>continue语句的应用</title>
</head>
<body>
<script type="text/javaScript">
    var i,n=0;                              //n计数
    for(i=100; i<=120; i++)
    {
        if(i%2==0&&i%5==0)                  //如果能同时整除2和5,不打印
        {
            continue;                       //结束本次循环未执行的语句,继续下次判断
        }
        document.write(i+" ");
        n++;
        if(n%5==0)                          //5个数输出一行
            document.write("<br>");
    }
</script>
</body>
</html>
```

运行程序，结果如图 13-15 所示。可以看出输出的这些数值不能同时被 2 和 5 整除，并且每 5 个数输出一行。

在本例中，只有当 i 的值能同时被 2 和 5 整除时，才执行 continue 语句，然后判断循环条件 i<=120，再进行下一次循环。只有当 i 的值不能同时被 2 和 5 整除时，才执行后面的语句。

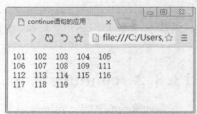

图 13-15　continue 语句的应用示例

13.4　新手常见疑难问题

▎疑问 1：JavaScript 语言中的 while、do...while、for 几种循环语句有什么区别？

同一个问题，往往既可以用 while 语句解决，也可以用 do...while 或者 for 语句来解决，但在实际应用中，应根据具体情况来选用不同的循环语句。选用的一般原则是：

（1）如果循环次数在执行循环体之前就已确定，一般用 for 语句。如果循环次数是由循环体的执行情况确定的，一般用 while 语句或者 do...while 语句。

（2）当循环体至少执行一次时，用 do...while 语句；反之，如果循环体可能一次也不执行，则选用 while 语句。

（3）循环语句中，for 语句使用频率最高，while 语句其次，do 语句很少用。

三种循环语句 for、while、do...while 可以互相嵌套、自由组合。但要注意的是，各循环必须完整，相互之间绝不允许交叉。

▎疑问 2：continue 语句和 break 语句有什么区别？

continue 语句只结束本次循环，而不是终止整个循环过程。break 语句则是结束整个循环过程，不再判断执行循环的条件是否成立。break 语句可以用在循环语句和 switch 语句中。在循环语句中用来结束内部循环；在 switch 语句中用来跳出 switch 语句。

13.5 实战技能训练营

▌实战1：根据员工业绩划分等级

某公司将员工的销售金额分为不同的等级，划分标准如下。
① "业绩优秀"：销售额大于或等于100万；
② "业绩良好"：大于或等于80万；
③ "业绩完成"：大于或等于60万；
④ "业绩未完成"：小于60万。
这里假设张三的销售业绩为78万，输出该销售业绩对应的等级。运行结果，如图13-16所示。

图13-16 根据销售业绩输出对应的等级

▌实战2：在下拉菜单中选择年月信息

在注册页面中，一般会出现要求用户选择年月的内容，为方便用户的选择可以把年月信息放置在下拉菜单中输出，这里可以使用循环语句来实现这一功能。如图13-17所示为选择年份的运行结果，如图13-18所示为选择月份的运行结果。

图13-17 选择年份信息

图13-18 选择月份信息

第14章 函数的应用

本章导读

当在 JavaScript 中需要实现较为复杂的系统功能时，就需要使用函数功能了，函数是进行模块化程序设计的基础，通过函数的使用可以提高程序的可读性与易维护性。本章将详细介绍 JavaScript 函数的应用，主要内容包括定义函数、函数的调用、常用内置函数、特殊函数等。

知识导图

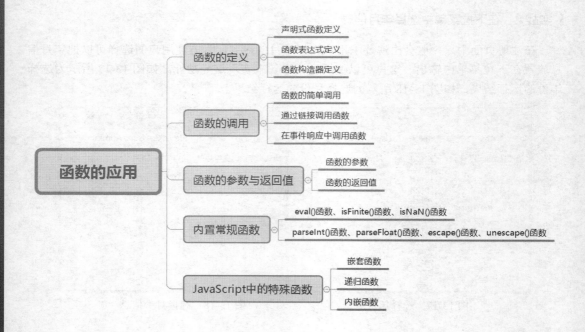

14.1　函数的定义

函数是由事件驱动的或者当它被调用时执行的可重复使用的代码块，是实现一个特殊功能和作用的程序接口，可以被当作一个整体来引用和执行。

14.1.1　声明式函数定义

使用函数前，必须先定义函数，JavaScript 使用关键字 function 定义函数。在 JavaScript 中，函数的定义通常由 4 部分组成：关键字、函数名、参数列表和函数内部实现语句，具体语法格式如下：

```
function 函数名([参数1,参数2...])
{
    执行语句;
    [return表达式; ]
}
```

主要参数介绍如下。

（1）function：定义函数的关键字。

（2）函数名：函数调用的依据，可由编程者自行定义，函数名要符合标识符的定义。

（3）参数 1，参数 2...：函数的参数，可以是常量，也可以是变量或表达式。参数列表中可定义一个或多个参数，各参数之间用逗号分隔；当然，参数列表也可为空。

（4）执行语句：函数体，该部分执行语句是对数据处理的描述，函数的功能由它们实现，本质上相当于一个脚本程序。

（5）return 指定函数的返回值，为可选参数。

函数声明后不会立即执行，会在用户需要的时候调用。当调用函数时，会执行函数内的代码。同时，可以在某事件发生时直接调用函数（比如当用户单击按钮时），并且可由 JavaScript 在任何位置进行调用。

> **注意**：JavaScript 对大小写敏感，关键词 function 必须是小写的，并且必须以与函数名称相同的大小写来调用函数。

■ 实例 1：定义带有参数的函数

定义一个带有参数的函数，用于计算两个数的和。

```
<!DOCTYPE html>
<html>
<head>
    <meta charset="UTF-8">
    <title>带有参数的函数</title>
    <script type="text/javaScript">
        function sum(a,b)
        {
            var sum=a+b;
```

```
        return sum;
    }
    document.write("10+20="+sum(10,20));
</script>
</head>
<body>
</body>
</html>
```

运行程序，结果如图 14-1 所示。

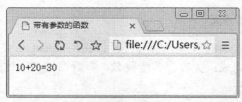

图 14-1　带有参数的函数

> **提示：** 在编写函数时，应尽量降低代码的复杂度，保持函数功能的单一性，简化程序设计，以使脚本代码结构清晰、简单易懂。

14.1.2　函数表达式定义

JavaScript 函数除了可以使用声明方式定义外，还可以通过一个表达式定义，并且函数表达式可以存储在变量中。例如定义一个函数，实现两个数的相乘，具体代码如下：

```
var x=function(a,b){return a*b};
```

▍实例 2：计算两个数的乘积

使用表达式方式定义一个函数，用于计算两个数的乘积。

```
<!DOCTYPE html>
<html>
<head>
    <meta charset="UTF-8">
    <title>函数表达式定义方式</title>
    <script type="text/javaScript">
        var x=function(a,b){return a*b};
        document.write("5*6="+x(5,6));
    </script>
</head>
<body>
</body>
</html>
```

运行程序，结果如图 14-2 所示。从运算结果可以看出，函数存储在变量后，变量可作为函数使用。

图 14-2　函数表达式定义应用示例

14.1.3　函数构造器定义

使用 JavaScript 内置函数构造器 Function() 可以定义函数。例如定义一个函数，实现两个数的相减，具体代码如下：

```
var myFunction=new Function("a","b","return a-b");
```

| 实例 3：计算两个数的差值

使用函数构造器方式定义一个函数，用于计算两个数的差值。

```
<!DOCTYPE html>
<html>
<head>
    <meta charset="UTF-8">
    <title>函数构造器定义方式</title>
    <script type="text/javaScript">
        var myFunction=new Function("a","b","return a-b");
        document.write("10-6="+myFunction(10,6));
    </script>
</head>
<body>
</body>
</html>
```

运行程序，结果如图 14-3 所示。

图 14-3　函数构造器的定义

在 JavaScript 中，很多时候，用户不必使用构造函数，这样就可以避免使用 new 关键字。因此上面的函数定义示例可以修改为如下代码：

```
var myFunction=Function(a,b){return a-b};
document.write("10-6="+myFunction(10,6));
```

在浏览器中的运行结果与实例 3 的运行结果一样。

14.2 函数的调用

定义函数的目的是为了在后续的代码中调用函数，在 JavaScript 中调用函数的方法有简单调用、通过链接调用、在事件响应中调用等。

1. 函数的简单调用

函数的简单调用是 JavaScript 中调用函数常用的方法，语法格式如下：

```
函数名（传递给函数的参数1,传递给函数的参数2,...）
```

函数的定义语句通常放在 HTML 文件的 <head> 段中，而函数的调用语句则可以放在 HTML 文件中的任何位置。

▌ 实例 4：在网页中输出图片

定义一个函数 showImage()，该函数的功能是在页面中输出一张图片，然后通过调用这个函数实现图片的输出。

```html
<!DOCTYPE html>
<html>
<head>
    <meta charset="UTF-8">
    <title>函数的简单调用</title>
    <script type="text/javaScript">
        function showImage(){
            document.write("<img
src='01.jpg'>");
        };
    </script>
</head>
<body>
<script type="text/javaScript">
```

```html
        showImage();
</script>
</body>
</html>
```

运行程序，结果如图 14-4 所示。

图 14-4　程序运行结果

2. 通过链接调用函数

通过单击网页中的超级链接，可以调用函数。具体的方法是在标签 <a> 中的 href 属性中添加调用函数的语句，语法格式如下：

```
javascript: 函数名()
```

当单击网页中的超链接时，相关函数就会被执行。

▌ 实例 5：通过单击超链接调用函数

定义一个函数 showTest()，该函数可以实现通过单击网页中的超链接，在弹出的对话框中显示一段文字。

```html
<!DOCTYPE html>
<html>
<head>
 <meta charset="UTF-8">
 <title>通过链接调用函数</title>
 <script type="text/javaScript">
```

```
     function showTest(name,job){
        alert("欢迎"+name+"来本店"+job);
           }
  </script>
</head>
<body>
  <p>单击这个超链接,来调用函数。</p>
  <a href="javascript: showTest('张董事长','检查工作! ');">单击链接</a>
</body>
</html>
```

运行程序，结果如图 14-5 所示。

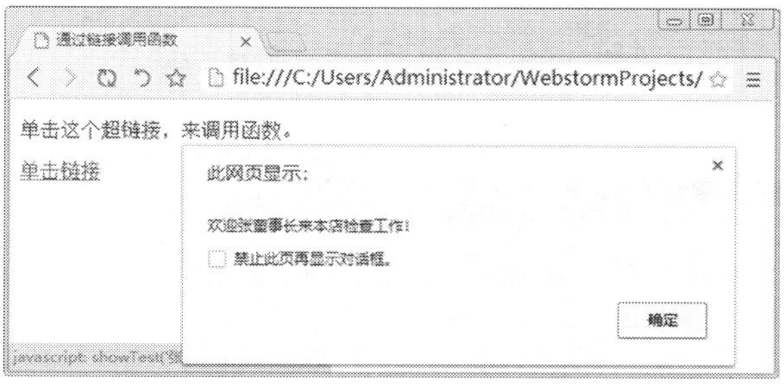

图 14-5　程序运行结果

从上述代码中可以看出，首先定义了一个名称为 showTest() 的函数，函数体比较简单，然后使用 alert() 语句输出了一个字符串，最后在单击网页中的超链接时调用 showTest() 函数，在弹出的对话框中显示内容。

3. 在事件响应中调用函数

当用户在网页中单击按钮、复选框、单选按钮等触发事件时，可以实现相应的操作。这时，我们就可以通过编写程序对事件做出的反应进行规定，这一过程也被称为响应事件。在 JavaScript 中，将函数与事件相关联就完成了响应事件的过程。

▎实例 6：通过单击按钮调用函数

定义一个函数 showTest()，该函数可以实现通过单击按钮，在弹出的对话框中显示一段文字。

```
<!DOCTYPE html>
<html>
<head>
    <meta charset="UTF-8">
    <title>通过链接调用函数</title>
    <script type="text/javaScript">
        function showTest(name,job){
            alert("欢迎"+name+"来本店"+job);
        }
    </script>
</head>
<body>
    <p>单击这个按钮,来调用函数。</p>
<button onclick="showTest('张董事长','检查工作! ')">单击按钮</button>
</body>
</html>
```

运行程序，结果如图 14-6 所示。

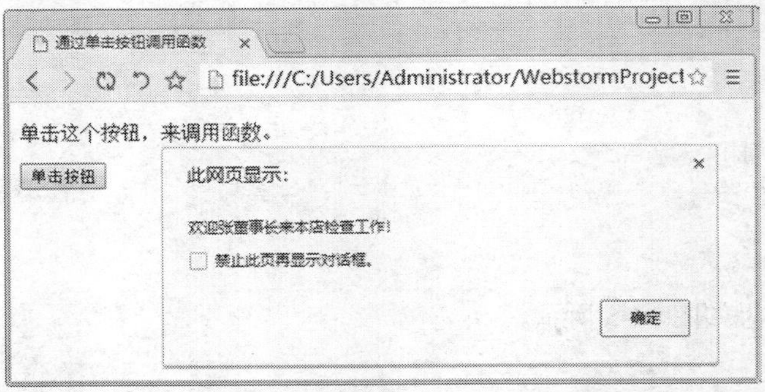

图 14-6　在事件响应中调用函数

14.3　函数的参数与返回值

函数的参数与返回值是函数中比较重要的两个概念，本节就来介绍函数的参数与返回值的应用。

14.3.1　函数的参数

在定义函数时，有时会指定函数的参数，这个参数被称为形参，在调用带有形参的函数时，需要指定实际传递的参数，这个参数被称为实参。

在 JavaScript 中，定义函数参数的语法格式如下：

```
function 函数名（形参,形参,...）
{
    函数体
}
```

定义函数时，可以在函数名后的小括号内指定一个或多个形参，当指定多个形参时，中间使用逗号隔开。指定形参的作用为当调用函数时，可以为被调用的函数传递一个或多个值。

如果定义的函数带有一个或多个形参，那么在调用该函数时就需要指定对应的实参。具体的语法格式如下：

```
函数名（实参,实参,…）
```

▌实例 7：输出学生的姓名与班级

定义一个带有两个参数的函数 studentinfo()，这两个参数用于指定学生的姓名与班级信息，然后进行输出。代码如下：

```
<!DOCTYPE html>
<html>
<head>
    <meta charset="UTF-8">
    <title>函数参数的应用</title>
    <script type="text/javaScript">
        function studentinfo(name,classinfo){
```

```
                alert("学生姓名："+name+"\n所在班级："+classinfo);
            }
        </script>
    </head>
    <body>
        <p>单击这个按钮，来调用带有参数的函数。</p>
        <button onclick="studentinfo('张一涵','英语系4班')">单击按钮</button>
    </body>
</html>
```

运行程序，结果如图 14-7 所示。

图 14-7 定义函数的参数

14.3.2 函数的返回值

在调用函数时，有时希望通过参数向函数传递数据，有时希望从函数中获取数据，这个数据就是函数的返回值。在 JavaScript 的函数中，可以使用 return 语句为函数返回一个值。语法格式如下：

```
return 表达式;
```

> **注意**：在使用 return 语句时，函数会停止执行，并返回指定的值。但是，整个 JavaScript 程序并不会停止执行，它会从调用函数的地方继续执行代码。

实例 8：计算购物清单中所有商品的总价

某公司要开展周年庆，需要购买一些鲜花来装饰会场，假设需要购买的鲜花信息如下：

（1）玫瑰花：单价 5 元，购买 50 支；

（2）长寿花：单价 35 元，购买 10 盆；

（3）百合花：单价 25 元，购买 25 支。

定义一个函数 price()，该函数带有两个参数，将商品单价与商品数量作为参数进行传递，然后分别计算鲜花的总价，最后再将不同鲜花的总价进行相加，最终计算出所有鲜花的总价。

```
<!DOCTYPE html>
<html>
<head>
    <meta charset="UTF-8">
    <title>购物清单及总价</title>
```

```
<script type="text/javascript">
    //定义函数,将商品单价和商品数量作为参数传递
    function price(unitPrice,number){
        var totalPrice=unitPrice*number; //计算单个商品总价
        return totalPrice; //返回单个商品总价
    }
    var Rose=price(5,50); //调用函数,计算玫瑰花的总价
    var Kalanchoe = price(35,10); //调用函数,计算长寿花总价
    var Lilies = price(25,25); //调用函数,计算百合花总价
    document.write("玫瑰花总价: "+Rose+"元"+"<br>");
    document.write("长寿花总价: "+Kalanchoe+"元"+"<br>");
    document.write("百合花总价: "+Lilies+"元"+"<br>");
    var total=Rose+Kalanchoe+Lilies; //计算所有商品总价
    document.write("商品总价: "+total+"元"); //输出所有商品总价
</script>
</head>
<body>
</body>
</html>
```

运行程序，结果如图 14-8 所示。

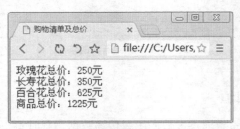

图 14-8　计算购物清单及总价

14.4　内置常规函数

内置函数是语言内部事先定义好的函数，使用 JavaScript 的内置函数，可提高编程效率。常见的内置函数如下。

1. eval() 函数

eval() 函数计算 JavaScript 字符串，并把它作为脚本代码来执行。如果参数是一个表达式，eval() 函数将执行表达式；如果参数是 JavaScript 语句，eval() 将执行 JavaScript 语句。语法结构如下：

```
eval(string)
```

参数 string 是必选项，是要计算的字符串，其中含有要计算的 JavaScript 表达式或要执行的语句。

2. isFinite() 函数

isFinite() 函数用于检查其参数是否是无穷大，如果该参数不是数字，或者是正无穷数和负无穷数，则返回 false，否则返回 true。如果是字符串类型的数字，则会自动转换为数字型。语法结构如下：

```
isFinite(value)
```

参数 value 是必选项，为要检测的数值。

3. isNaN() 函数

isNaN() 函数用于检查其参数是否是非数字值。如果参数值为 NaN 或字符串、对象、undefined 等非数字值，则返回 true，否则返回 false。语法结构如下：

```
isNaN(value)
```

参数 value 为必选项，为要检测的数值。

4. parseInt() 函数

parseInt() 函数可解析一个字符串，并返回一个整数。具体语法格式如下：

```
parseInt(string, radix)
```

函数中参数的使用方法如下：

（1）string 为必选项，是要被解析的字符串。

（2）radix 为可选项，表示要解析的数字的基数，该值介于 2~36 之间。

（3）当参数 radix 的值为 0，或没有设置该参数时，parseInt() 会根据 string 来判断数字的基数。若忽略参数 radix，JavaScript 默认数字的基数如下：

①如果 string 以 0x 开头，parseInt() 会把 string 的其余部分解析为十六进制的整数。

②如果 string 以 0 开头，那么 ECMAScript v3 允许 parseInt() 的一个实现把其后的字符解析为八进制或十六进制的数字。

③如果 string 以 1~9 数字开头，parseInt() 将把它解析为十进制的整数。

5. parseFloat() 函数

parseFloat() 函数可以解析一个字符串，并返回一个浮点数。该函数指定字符串中的首个字符是否是数字。如果是，则对字符串进行解析，直到到达数字的末端为止，然后返回该数字，而不是作为字符串。语法格式如下：

```
parseFloat(string)
```

参数 string 为必选项，为要被解析的字符串。

> **注意**：字符串中只返回第一个数字，开头和结尾的空格是允许的，如果字符串的第一个字符不能被转换为数字，那么 parseFloat() 会返回 NaN。

6. escape() 函数

escape() 函数可对字符串进行编码，这样就可以在所有的计算机上读取该字符串了。该方法不会对 ASCII 字母和数字进行编码，也不会对下面这些 ASCII 标点符号进行编码： * @ - _ + . /。其他所有的字符都会被转义序列替换。语法结构如下：

```
escape(string)
```

其中，参数 string 为必选项，是要被转义或编码的字符串。

7. unescape() 函数

unescape() 函数可对通过 escape() 编码的字符串进行解码。语法结构如下：

```
unescape(string)
```

参数 string 为必选项，是要解码的字符串。

下面以 escape() 函数和 unescape() 函数为例进行讲解。

▎实例 9：使用 escape() 函数和 unescape() 函数对字符串进行编码和解码

```
<!DOCTYPE html>
<html>
<head>
    <meta charset="UTF-8">
    <title>对字符串进行编码和解码</title>
</head>
<body>
<h3>escape()函数应用示例</h3>
<script type="text/javascript">
    document.write("空格符对应的编码是%20,感叹号对应的编码符是%21,"+"<br/>");
        document.write("<br/>"+"故,执行语句escape('hello JavaScript!')
后,"+"<br/>");
    document.write("<br/>"+"结果为: "+escape("hello JavaScript!")+"<br/>");
        document.write("<br/>"+"故,执行语句unescape('Hello%20JavaScript%21')
后,"+"<br/>");
    document.write("<br/>"+"结果为: "+unescape('Hello%20JavaScript%21'));
</script>
</body>
</html>
```

运行程序，结果如图 14-9 所示。

图 14-9　对字符串进行编码和解码

14.5　JavaScript 中的特殊函数

在了解了什么是函数以及函数的调用方法外，下面再来介绍一些特殊函数，如嵌套函数、递归函数、内嵌函数等。

14.5.1　嵌套函数

嵌套函数是指在一个函数的函数体中使用了其他的函数，这样定义的优点在于可以使用内部函数轻松获得外部函数的参数以及函数的全局变量。嵌套函数的语法格式如下：

```
function 外部函数名（参数1,参数2,...）{
    function 内部函数名（参数1,参数2,...）{
```

```
        函数体
    }
}
```

> **注意：** 在 JavaScript 中使用嵌套函数会使程序的可读性降低，因此，应尽量避免使用这种定义嵌套函数的方式。

■ 实例 10：使用嵌套函数计算某学生成绩的平均分

```html
<!DOCTYPE html>
<html>
<head>
    <meta charset="UTF-8">
    <title>计算某学生成绩的平均分</title>
    <script type="text/javascript">
        function getAverage(math,chinese,english){//定义含有3个参数的函数
            var average=(math+chinese+english)/3; //获取3个参数的平均值
            return average;   //返回average变量的值
        }
        function getResult(math,chinese,english){//定义含有3个参数的函数
            document.write("该学生各课成绩如下："+"<br>"); //输出传递的3个参数值
            document.write("数学："+math+"分"+"<br>");
            document.write("语文："+chinese+"分"+"<br>");
            document.write("英语："+english+"分"+"<br>");
            var result=getAverage(math,chinese,english); //调用getAverage()函数
          document.write("该学生的平均成绩为："+result+"分"); //输出函数的返回值
        }
    </script>
</head>
<body>
<script type="text/javascript">
    getResult(93,90,87);              //调用getResult()函数
</script>
</body>
</html>
```

运行程序，结果如图 14-10 所示。

图 14-10　嵌套函数的应用

14.5.2　递归函数

递归是一种重要的编程技术，可以让一个函数从其内部调用自身。在定义递归函数时，需要两个必要条件：首先包括一个结束递归的条件；其次包括一个递归调用的语句。

递归函数的语法格式如下。

```
function递归函数名（参数1）{
    递归函数名（参数2）;
}
```

实例 11：使用递归函数求取 30 以内偶数的和

```html
<!DOCTYPE html>
<html>
<head>
    <meta charset="UTF-8">
    <title>函数的递归调用</title>
    <script type="text/javascript">
        var msg="\n函数的递归调用 : \n\n";
        function Test()    //响应按钮的onclick事件处理程序
        {
            var result;
            msg+="调用语句 : \n";
            msg+="            result = sum（30）; \n";
            msg+="调用步骤 : \n";
            result=sum（30）;
            msg+="计算结果 : \n";
            msg+="            result = "+result+"\n";
            alert（msg）;
        }
        function sum（m）  //计算当前步骤的和
        {
            if（m==0）
                return 0;
            else
            {
                msg+="            语句 : result = " +m+ "+sum（" +(m-2) +"）; \n";
                result=m+sum（m-2）;
            }
            return result;
        }
    </script>
</head>
<body>
<form>
    <input type=button value="测试" onclick="Test()">
</form>
</body>
</html>
```

在上述代码中，为了求取 30 以内的偶数和定义了递归函数 sum(m)，而函数 Test() 对其进行调用，并利用 alert 方法弹出相应的提示信息。

运行程序，结果如图 14-11 所示。单击"测试"按钮，即可在弹出的信息提示框中查看递归函数的使用效果，如图 14-12 所示。

图 14-11　函数的递归调用　　　　　　　　　图 14-12　查看运行结果

14.5.3　内嵌函数

所有函数都能访问全局变量，实际上，在 JavaScript 中，所有函数都能访问它们上一层的作用域。JavaScript 支持内嵌函数，内嵌函数可以访问上一层的函数变量。

实例 12：使用内嵌函数访问父函数

定义一个内嵌函数 plus()，使它可以访问父函数中的 counter 变量，在其中添加如下代码：

```
<!DOCTYPE html>
<html>
<head>
    <meta charset="UTF-8">
    <title>内嵌函数的使用</title>
</head>
<body>
<p>内嵌函数的使用</p>
<script>
    function add(){
        var counter = 0;
        function plus(){counter +=
```

```
1; }
        plus();
        return counter;
    }
    document.write(add());
</script>
</body>
</html>
```

运行程序，结果如图 14-13 所示。

图 14-13　内嵌函数的使用

14.6　新手常见疑难问题

疑问 1：函数中的形参个数与实参个数必须相同吗？

可以不相同。一般情况下，在定义函数时定义了多少个形参，在函数调用时就会给出多少个实参。但是，JavaScript 本身不会检查实参个数与形参是否一样。如果实参个数小于函数定义的形参个数，JavaScript 会自动将多余的参数值设置为 undefined。如果实参个数大于函数定义的形参个数，那么多余的实参就会被忽略。

▌ 疑问 2：在定义函数时，一个页面可以定义两个名称相同的函数吗？

可以定义，而且 JavaScript 不会给出报错提示。不过，在程序运行的过程中，由于两个函数的名称相同，第一个函数会被第二函数所覆盖，所以第一个函数不会执行。因此，要想让程序能够正确执行，最好不要在一个页面中定义两个名称相同的函数。

14.7　实战技能训练营

实战 1：一元二次方程式求解

编写函数 calcF()，实现输入一个值，计算一元二次方程式 $f(x)=4x^2+3x+2$ 的结果。运行程序，结果如图 14-14 所示。单击"计算"按钮，在对话框中提示用户输入 x 的值，如图 14-15 所示。然后单击"确定"按钮，在对话框中显示相应的计算结果，如图 14-16 所示。

▌ 实战 2：制作一个立体导航菜单

立体导航菜单在网页制作中经常会用到。通过使用 JavaScript 中强大的函数功能，可以制作一个立体导航菜单。程序运行效果如图 14-17 所示。

图 14-14　加载网页效果

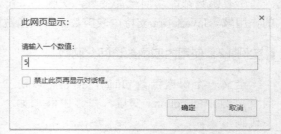

图 14-15　输入数值

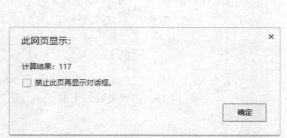

图 14-16　显示计算结果

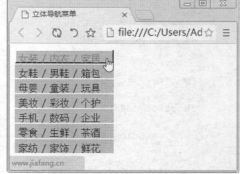

图 14-17　立体导航菜单

第15章 对象的应用

本章导读

在 JavaScript 中，几乎所有的事物都是对象。对象是 JavaScript 中最基本的数据类型之一，是一种复合的数据类型，它将多种数据类型集中在一个数据单元，并允许通过对象来存取这些数据的值。本章将详细介绍 JavaScript 的对象，主要内容包括创建对象的方法、对象的访问语句、数组对象和 String 对象等。

知识导图

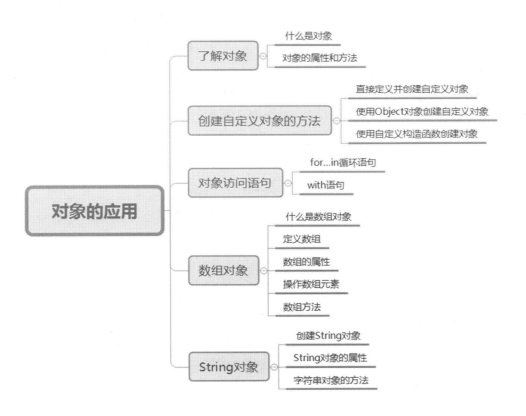

15.1　了解对象

在 JavaScript 中，对象是非常重要的，当你理解了对象后，才真正了解了 JavaScript。对象包括内置对象、自定义对象等多种类型，使用这些对象可大大简化 JavaScript 程序的设计，并提供直观、模块化的方式进行脚本程序开发。

1. 什么是对象

对象（object）可以是一件事、一个实体、一个名词，还可以是有自己标识的任何东西。对象是类的实例化。比如，自然人就是一个典型的对象。"人"的状态包括身高、体重、肤色、性别等特性，如图 15-1 所示。"人"的行为包括吃饭、思考、说话、睡觉等，如图 15-2 所示。

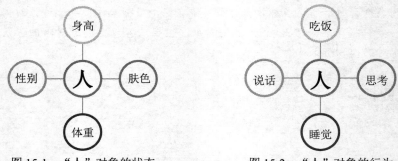

图 15-1　"人"对象的状态　　　　图 15-2　"人"对象的行为

在计算机的世界里，也存在对象，这些对象不仅包含来自于客观世界的对象，还包含为解决问题而引入的抽象对象。例如，一个用户就可以被看作一个对象，它包含用户名、用户密码等状态，还包含注册、登录等行为，如图 15-3 所示。

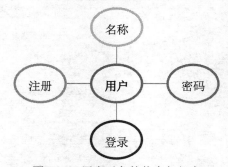

图 15-3　用户对象的状态与行为

2. 对象的属性和方法

在 JavaScript 中，可以使用字符来定义和创建 JavaScript 对象，对象包含两个要素：属性和方法。通过访问或设置对象的属性，并且调用对象的方法，就可以对对象进行各种操作，从而实现需要的功能。

1）对象的属性

对象的属性可以用来描述对象状态，它是包含在对象内部的一组变量。在程序中使用对象的一个属性类似于使用一个变量。获取或设置对象的属性值的语法格式如下：

对象名.属性名

例如，这里以汽车"car"对象为例，该对象有颜色、名称等属性，以下代码可以分别获取该对象的这两个属性值。

```
var name=car.name;
var color=car.color;
var weight=car.weight;
```

也可以通过以下代码来设置"car"对象的这两个属性。

```
car.name="Fiat";
car.color="white";
car.weight="850kg";
```

2）对象的方法

针对对象行为的复杂性，JavaScript语言将包含在对象内部的函数称为对象的方法，利用它可以实现某些功能，例如，可以定义Open()来处理文件的打开情况，此时Open()就称为方法。

在程序中调用对象的一个方法类似于调用一个函数，语法格式如下：

对象名.方法名（参数）

与函数一样，在对象的方法中可以使用一个或多个参数，也可以不使用参数，这里以对象"car"为例，该对象包含启动、停止、刹车、行驶等方法，以下代码可以分别调用该对象的这几个方法：

```
car.start();
car.stop();
car.brake();
car.drive();
```

总之，在JavaScript中，对象就是属性和方法的集合，这些属性和方法也叫作对象的成员。方法作为对象成员的函数，表示对象所具有的行为；属性作为对象成员的变量，表明对象的状态。

15.2　创建自定义对象的方法

JavaScript对象是拥有属性和方法的数据。例如，在真实生活中，一辆汽车是一个对象。对象具有自己的属性，如重量、颜色等，方法有启动、停止等。

在JavaScript中创建自定义对象有以下几种方法。

（1）直接创建自定义对象。

（2）通过自定义构造函数创建对象。

（3）通过系统内置的Object对象创建。

15.2.1　直接定义并创建自定义对象

直接定义并创建对象，既易于阅读和编写，也易于解析和生成。直接定义并创建自定义对象采用"键/值对"集合的形式。在这种形式下，一个对象以"{"（左括号）开始，以"}"（右括号）结束。每个"名称"后跟一个"："（冒号），"键/值对"之间使用"，"（逗号）分隔。

直接定义并创建自定义对象的语法格式如下：

```
var 对象名={属性名1：属性值1,属性名2：属性值2，属性名3：属性值3…}
```

例如创建一个人物对象，并设置 3 个属性，包括 name、age、eyecolor，具体代码如下：

```
person={name: "刘天佑",age: 3,eyecolor: "black"}
```

直接定义并创建自定义对象具有以下特点：

（1）简单格式化的数据交换。

（2）符合人们的读写习惯。

（3）易于机器的分析和运行。

▌实例 1：创建对象并输出对象属性值

创建一个人物对象 person，并设置 3 个属性，包括姓名、年龄、职业，然后输出这 3 个属性的值。

```html
<!DOCTYPE html>
<html>
<head>
    <meta charset="UTF-8">
    <title>直接定义并创建自定义对象</title>
</head>
<body>
<script type="text/javascript">
    var person={                                    //创建人物对象person
        name: "刘一诺",
        age: "35岁",
        job: "教师"
    }
    document.write ("姓名："+person.name+"<br>");    //输出name属性值
    document.write ("年龄："+person.age+"<br>");     //输出age属性值
    document.write ("职业："+person.job+"<br>");     //输出job属性值
</script>
</body>
</html>
```

运行程序，结果如图 15-4 所示。

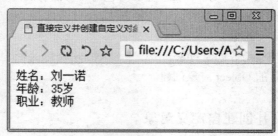

图 15-4　直接定义并创建对象

15.2.2 使用 Object 对象创建自定义对象

Object 对象是 JavaScript 中的内置对象，它提供了对象的最基本功能，这些功能构成了所有其他对象的基础，使用 Object 对象可以在不定义构造函数的情况下，来创建自定义对象。具体的语法格式如下：

```
obj=new Object([value])
```

（1）obj：要赋值为 Object 对象的变量名。

（2）value：对象的属性值，可以是任意一种基本数据类型，还可以是一个对象。如果 value 是一个对象，则返回不做改动的该对象。如果 value 是 null 或 undefined，或者没有定义任何数据类型，则产生没有内容的对象。

使用 Object 可以创建一个没有任何属性的空对象。如果要设置对象的属性，可以将一个值赋给对象的新属性。在使用 Object 对象创建自定义对象时，还可以定义对象的方法。

▌实例 2：使用 Object 创建对象的同时创建方法

创建一个人物对象 person，并设置 3 个属性，包括姓名、年龄、职业，然后使用 show() 方法输出这 3 个属性的值。

```
<!DOCTYPE html>
<html>
<head>
    <meta charset="UTF-8">
    <title>使用Object创建对象</title>
</head>
<body>
<script type="text/javascript">
    var person=new Object();        //创建空的人物对象person
    person.name="刘一诺";           //设置name属性值
    person.age="35岁";              //设置age属性值
    person.job="教师";             //设置job属性值
    person.show=function(){
    alert("姓名："+person.name+"\n年龄："+person.age+"\n职业："+person.job);
    };
    person.show();   //调用方法
</script>
</body>
</html>
```

运行程序，结果如图 15-5 所示。

图 15-5 使用 show() 方法输出属性值

如果在创建 Object 对象时指定了参数，可以直接将这个参数的值转换为相应的对象。例如，通过 Object 对象创建一个字符串对象，代码如下：

```
var mystr=new Object("初始化String");  //创建一个字符串对象
```

15.2.3　使用自定义构造函数创建对象

在 JavaScript 中可以自定义构造函数，通过调用自定义的构造函数可以创建并初始化一个新的对象。与普通函数不同，调用构造函数必须要使用 new 运算符。构造函数与普通函数一样，可以使用参数，其参数通常用于初始化新对象。

1. 使用 this 关键字构造

在构造函数的函数体内需要通过 this 关键字初始化对象的属性与方法，例如，要创建一个教师对象 teacher，可以定义一个名称为 Teacher 的构造函数，代码如下：

```
function Teacher(name,sex,age)        //定义构造函数
{
    this.name=name;                   //初始化对象的name属性
    this.sex=sex;                     //初始化对象的sex属性
    this.age=age;                     //初始化对象的age属性
}
```

从代码中可知，Teacher 构造函数内部对 3 个属性进行了初始化，其中 this 关键字表示对对象自己的属性和方法的引用。

利用定义的 Teacher 构造函数，再加上 new 运算符可以创建一个新对象，代码如下：

```
var teacher01=new Teacher("陈婷婷","女","26岁"); //创建对象实例
```

在这里 teacher01 是一个新对象，具体来讲，teacher01 是对象 teacher 的实例。使用 new 运算符创建一个对象实例后，JavaScript 会自动调用所使用的构造函数，执行构造函数中的程序。

在使用构造函数创建自定义对象的过程中，对象的实例是不唯一的。例如，这里可以创建多个 teacher 对象的实例，而且每个实例都是独立的。代码如下：

```
var teacher02=new Teacher("纪萌萌","女","28岁");        //创建对象实例
var teacher03=new Teacher("陈尚军","男","36岁");        //创建对象实例
```

▌实例 3：使用自定义构造函数创建对象

创建一个商品对象 shop，并设置 5 个属性，包括商品的名称、类别、品牌、价格与尺寸，然后为 shop 对象创建多个对象实例并输出实例属性。

```
<!DOCTYPE html>
<html>
<head>
    <meta charset="UTF-8">
    <title>使用自定义构造函数创建对象</title>
    <style type="text/css">
        *{
            font-size: 15px;
            line-height: 28px;
```

```
                font-weight: bolder;
            }
        </style>
    </head>
    <body>
    <img src="02.jpg" align="left" hspace="10" />
    <script type="text/javascript">
        function Shop(name,type,brand,price,size){
            this.name=name;                                    //对象的name属性
            this.type=type;                                    //对象的type属性
            this.brand=brand;                                  //对象的brand属性
            this.price=price;                                  //对象的price属性
            this.size=size;                                    //对象的size属性
        }
        document.write("春季连衣裙"+"<br>");
        var Shop1=new Shop("春季收腰长袖连衣裙","裙装类","EICHITOO/爱居兔","351元
","155/80A/S 160/84A/M 165/88A/L");  //创建一个新对象Shop1
        document.write("商品名称: "+Shop1.name+"<br>");         //输出name属性值
        document.write("商品类别: "+Shop1.type+"<br>");         //输出type属性值
        document.write("商品品牌: "+Shop1.brand+"<br>");        //输出brand属性值
        document.write("商品价格: "+Shop1.price+"<br>");        //输出price属性值
        document.write("尺码类型: "+Shop1.size+"<br>");         //输出size属性值
        document.write("秋季连衣裙"+"<br>");
        var Shop2=new Shop("秋季V领长袖连衣裙","裙装类","EICHITOO/爱居兔","289元
","155/80A/S 160/84A/M 165/88A/L");  //创建一个新对象Shop2
        document.write("商品名称: "+Shop2.name+"<br>");         //输出name属性值
        document.write("商品类别: "+Shop2.type+"<br>");         //输出type属性值
        document.write("商品品牌: "+Shop2.brand+"<br>");        //输出brand属性值
        document.write("商品价格: "+Shop2.price+"<br>");        //输出price属性值
        document.write("尺码类型: "+Shop2.size+"<br>");         //输出size属性值
    </script>
    </body>
</html>
```

在浏览器中显示运行结果，如图 15-6 所示。

图 15-6 输出两个对象实例

对象不仅可以拥有属性，还可以拥有方法。在定义构造函数的同时可以定义对象的方法，与对象的属性一样，在构造函数里需要使用 this 关键字来初始化对象的方法。例如，在 teacher 对象中可以定义 3 个不同的方法，分别用于显示姓名（showName）、年龄（showAge）和性别（showSex）。

```
function Teacher(name,sex,age)     //定义构造函数
```

```
{
    this.name=name;                          //初始化对象的name属性
    this.sex=sex;                            //初始化对象的sex属性
    this.age=age;                            //初始化对象的age属性
    this.showName=showName;                  //初始化对象的方法
    this.showSex=showSex;                    //初始化对象的方法
    this.showAge=showAge;                    //初始化对象的方法
}
function showName(){                          //定义showName()方法
    alert ( this.name ) ;                     //输出name属性值
}
function showSex(){                           //定义showSex()方法
    alert ( this.sex ) ;                      //输出sex属性值
}
function showAge(){                           //定义showAge()方法
    alert ( this.age ) ;                      //输出age属性值
}
```

另外，在构造函数时还可以直接定义对象的方法，代码如下：

```
function Teacher ( name,sex,age )            //定义构造函数
{
    this.name=name;                          //初始化对象的name属性
    this.sex=sex;                            //初始化对象的sex属性
    this.age=age;                            //初始化对象的age属性
    this.showName=function(){                //定义showName()方法
        alert ( this.name ) ;                //输出name属性值
    };
    this.showSex= function(){                //定义showSex()方法
        alert ( this.sex ) ;
    };
    this.showAge=function(){                 //定义showAge()方法
        alert ( this.age ) ;
    };
}
```

实例4：输出某学生的高考考试成绩

```
<!DOCTYPE html>
<html>
<head>
    <meta charset="UTF-8">
    <title>统计高考考试分数</title>
    <script type="text/javascript">
        function Student ( math,Chinese,English,lizong ) {
            this.math = math;                        //对象的math属性
            this.Chinese = Chinese;                  //对象的Chinese属性
            this.English = English;                  //对象的English属性
            this.lizong = lizong;                    //对象的lizong属性
            this.totalScore = function(){            //对象的totalScore方法
                document.write ( "数学："+this.math );
                document.write ( "<br>语文："+this.Chinese );
                document.write ( "<br>英语："+this.English );
                document.write ( "<br>理综："+this.lizong );
                document.write ( "<br>-----------------" );
                document.write ( "<br>总分："+ ( this.math+this.Chinese+this.
English+this.lizong ) );
            }
        }
```

```
    </script>
</head>
<body>
<script type="text/javascript">
    var Student1=new Student(135,128,125,268);    //创建对象Student1
    Student1.totalScore();
</script>
</body>
</html>
```

运行程序，结果如图 15-7 所示。

图 15-7　输出某学生的考分

2. 使用 prototype 属性

在使用构造函数创建自定义对象的过程中，如果构造函数定义了多个属性和方法，那么在每次创建对象实例时都会为该对象分配相同的属性和方法，这样会增加对内存的需求，这时可以通过 prototype 属性来解决。

prototype 属性是 JavaScript 中的所有函数都具有的一个属性，该属性可以向对象中添加属性或方法，语句格式如下：

```
object.prototype.name=value
```

各个参数的含义如下。

（1）object：构造函数的名称。

（2）name：需要添加的属性名或方法名。

（3）value：添加属性的值或执行方法的函数。

> **注意**：this 与 prototype 的区别主要在于属性访问的顺序以及占用的空间不同。使用 this 关键字，示例初始化时为每个实例开辟构造方法包含的所有属性、方法所需的空间；而使用 prototype 定义，由于 prototype 实际上是指向父级元素的一种引用，仅仅是数据的副本，因此在初始化及存储上都比 this 节约资源。

实例 5：使用 prototype 属性的方式输出商品信息

创建一个商品对象 shop，并设置 5 个属性，包括商品的名称、类别、品牌、价格与尺寸，然后使用 prototype 属性向对象中添加属性和方法，并输出这些属性的值。

```
<!DOCTYPE html>
<html>
<head>
    <meta charset="UTF-8">
```

```
<title>使用prototype属性</title>
<style type="text/css">
    *{
        font-size: 15px;
        line-height: 28px;
        font-weight: bolder;
    }
</style>
<script type="text/javascript">
    function Shop ( name,type,brand,price,number ) {
        this.name=name;                          //对象的name属性
        this.type=type;                          //对象的type属性
        this.brand=brand;                        //对象的brand属性
        this.price=price;                        //对象的price属性
        this.number=number;                      //对象的number属性
        Shop.prototype.show=function(){
            document.write ( "<br>商品名称: "+this.name );
            document.write ( "<br>商品类别: "+this.type );
            document.write ( "<br>商品品牌: "+this.brand );
            document.write ( "<br>商品价格: "+this.price );
            document.write ( "<br>商品数量: "+this.number );
        }
    }
</script>
</head>
<body>
<img src="02.jpg" align="left" hspace="10" />
<script type="text/javascript">
    var shop1 = new Shop ( "春季收腰长袖连衣裙","裙装类","EICHITOO/爱居兔","351元
","1800件" );
    shop1.show();
    document.write ( "<p>" );
    var shop2 = new Shop ( "秋季V领长袖连衣裙","裙装类","EICHITOO/爱居兔","289元
","2000件" );
    shop2.show();
</script>
</body>
</html>
```

运行程序，结果如图 15-8 所示。

图 15-8　输出商品信息

15.3 对象访问语句

在 JavaScript 中，用于对象访问的语句有两种，分别是 for...in 循环语句和 with 语句。下面详细介绍这两种语句的用法。

15.3.1 for...in 循环语句

for...in 循环语句和 for 语句十分相似，该语句用来遍历对象的每一个属性。每次都会将属性名作为字符串保存在变量中。语法格式如下。

```
for(变量 in 对象{
语句
}
```

主要参数介绍如下。

（1）变量：用于存储某个对象的所有属性名。

（2）对象：用于指定要遍历属性的对象。

（3）语句：用于指定循环体。

for...in 语句用于对某个对象的所有属性进行循环操作，将某个对象的所有属性名称依次赋值给同一个变量，而不需要事先知道对象属性的个数。

> **注意**：应用 for...in 语句遍历对象属性时，在输出属性值时一定要使用数组的形式（对象名[属性名]）进行输出，不能使用"对象名.属性名"的形式输出。

▌实例 6：使用 for...in 语句输出书籍信息

创建一个对象 mybook，以数组的形式定义对象 mybook 的属性值，然后使用 for...in 语句输出书籍信息。

```
<!DOCTYPE html>
<html>
<head>
    <meta charset="UTF-8">
    <title>使用for in语句</title>
    <style type="text/css">
        *{
            font-size: 15px;
            line-height: 28px;
            font-weight: bolder;
        }
    </style>
</head>
<body>
<h1 style="font-size: 25px; ">四大名著</h1>
<script type="text/javascript">
    var mybook = new Array()
```

```
mybook[0] = "《红楼梦》";
mybook[1] = "《西游记》";
mybook[2] = "《水浒传》";
mybook[3] = "《三国演义》";
for (var i in mybook)
{
        document.write(mybook[i]+
"<br/>")
    }
</script>
</body>
</html>
```

运行程序，结果如图 15-9 所示。

图 15-9　for...in 循环语句的应用

15.3.2　with 语句

有了 with 语句，在存取对象属性和方法时就不用重复指定参考对象了，在 with 语句块中，凡是 JavaScript 不识别的属性和方法都和该语句块指定的对象有关。语法格式如下：

```
with （对象名称）{
    语句
}
```

主要参数介绍如下。

（1）对象名称：用于指定要操作的对象名称。

（2）语句：要执行的语句，可直接引用对象的属性名或方法名。

▌ 实例 7：使用 with 语句输出商品信息

创建一个商品对象 shop，并设置 4 个属性，包括商品的名称、品牌、价格与数量，然后使用 with 语句输出这些属性的值。

```
<!DOCTYPE html>
<html>
<head>
    <meta charset="UTF-8">
    <title>使用with语句输出商品信息</title>
    <style type="text/css">
        *{
            font-size: 18px;
            line-height: 35px;
            font-weight: bolder;
        }
    </style>
</head>
<body>
<script type="text/javascript">
    function Shop（name,brand,price,number）{
        this.name=name;                 //对象的name属性
        this.brand=brand;               //对象的brand属性
        this.price=price;               //对象的price属性
        this.number=number;             //对象的number属性
    }
    var shop=new Shop（"秋季收腰长袖连衣裙","EICHITOO/爱居兔","351元","2500件"）;
//创建一个新对象Shop
    with（shop）{
    alert（"商品名称: "+name+"\n商品品牌: "+brand+"\n商品价格: "+price+"\n库存数量:
"+number）;
    }
</script>
</body>
</html>
```

运行程序，结果如图 15-10 所示。

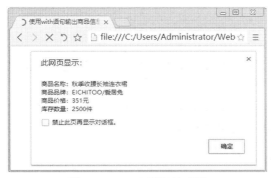

图 15-10　with 语句的应用

15.4　数组对象

数组是 JavaScript 中唯一用来存储和操作有序数据集的数据结构，使用数组可以快速、方便地管理一组相关数据。通过运用数据，可以对大量性质相同的数据进行存储、排序、插入及删除等操作，这样提高了程序开发的效率。

15.4.1　什么是数组对象

数组对象是使用单独的变量名来存储一系列的值，并且可以用变量名访问任何一个值，数组中的每个元素都有自己的 ID，以便它可以很容易地被访问。例如：如果你有一组数据（例如：车名），存在单独变量如下所示：

```
var car1="Saab";
var car2="Volvo";
var car3="BMW";
```

若想从 3 辆车中找出某一辆车比较容易，然而，如果是从 300 辆车中找出某一辆车呢？这将不是一件容易的事！最好的方法就是用数组。

数组是 JavaScript 中的一种复合数据类型。变量中保存单个数据，而数组中保存的是多个数据的集合。我们可以把数组看作一个单行表格，该表格中的每一个单元格中都可以存储一个数据，即一个数组中可以包含多个元素，如图 15-11 所示。

| 元素 1 | 元素 2 | 元素 3 | 元素 4 | 元素 5 | … | 元素 n |

图 15-11　数组示意图

数组是数组元素的集合，每个单元格中存放的就是数组元素，每个数组元素都有一个索引号（即数组的下标），通过索引号可以方便地引用数组元素。数组的下标需要从 0 开始编号，例如，第一个数组元素的下标是 0，第二个数组元素的下标是 1，以此类推。

15.4.2　定义数组

定义数组的语法格式如下：

```
arrayObject=new Array(size);
```

239

主要参数介绍如下。

（1）arrayObject：必选项，新创建的数组对象名。

（2）size：可选项，用于设置数组的长度。由于数组的下标是从零开始，因此创建元素的下标将从 0 到 size-1。

如果忽略参数 size，则可以定义一个空数组。空数组中是没有数组元素的，不过，可以在定义空数组后再向数组中添加数组元素。例如：

```
var mybooks=new Array();           //定义名称为mybooks的空数组
```

在定义数组时，可以指定数组元素的个数。此时并没有为数组元素赋值，所有数组元素的值都是 undefined。例如：

```
var books=new Array(4);         //定义名称为books的数组,该数组有4个元素
```

在定义数组的同时可以直接给出数组元素的值。此时，数组的长度就是在括号中给出的数组元素的个数。语法格式如下：

```
arrayObject=new Array(element1, element2, element3,…);
```

（1）arrayObject：必选项，新创建的数组对象名。

（2）element：存入数组中的元素。使用该语法时必须有一个以上的元素。

例如，定义一个名为 myCars 的数组对象，向该对象中存入数组元素，代码如下：

```
var myCars=new Array（"Saab","Volvo","BMW"）;    //定义一个包含3个数组元素的数组
```

实例 8：定义数组

创建一个数组对象 mybooks 并定义数组元素的个数为 4，然后使用 for 循环语句输出数组元素值。再次创建一个数组对象 cars，直接指定元素值，然后输出该数组的元素。

```html
<!DOCTYPE html>
<html>
<head>
    <meta charset="UTF-8">
    <title>定义数组</title>
</head>
<body>
<h3>四大名著</h3>
<script type="text/javascript">
    var mybooks=new Array(4);
    mybooks[0]="《红楼梦》";
    mybooks[1]="《水浒传》";
    mybooks[2]="《西游记》";
    mybooks[3]="《三国演义》";
    for (i = 0; i < 4; i++){
        document.write(mybooks[i]
+ "<br>");
    }
    var cars=new Array("Saab",
"Volvo","BMW");
    document.write(cars);
</script>
</body>
</html>
```

运行程序，结果如图 15-12 所示。

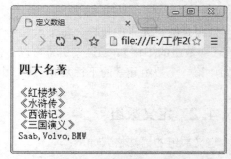

图 15-12　指定数组个数

除了可以使用上述方法定义数组以外，用户还可以直接定义数组，就是将数组元素直接放在一个中括号中，元素与元素之间需要用逗号分隔，语法格式如下：

```
arrayObject=[element1, element2, element3,…];
```

（1）**arrayObject**：必选项，新创建的数组对象名。

（2）element：存入数组中的元素。使用该语法时必须有一个以上的元素。

例如，定义一个名为 **myCars** 的数组对象，并向该对象中存入数组元素，代码如下：

```
var myCars=["Saab","Volvo","BMW"];        //直接定义一个包含3个数组元素的数组
```

15.4.3 数组的属性

数组对象的属性有 3 个，如表 15-1 所示。

表 15-1　数组对象的属性及描述

属　　性	描　　述
constructor	返回创建数组对象的原型函数
length	设置或返回数组元素的个数
prototype	允许向数组对象添加属性或方法

下面分别介绍数组对象最常用的两个属性 length 和 prototype。

1. length 属性

使用数组属性中的 length 属性可以计算数组长度，该属性的作用是指定数组中元素数量是从非零开始的整数，当将新元素添加到数组时，此属性会自动更新。其语法格式为：

```
arrayObject.length
```

其中 **arrayObject** 是数组对象的名称。例如定义一个数组：

```
var fruits=["Banana", "Orange", "Apple", "Mango"];
```

获取该数组的代码如下：

```
fruits.length
```

从而获取该数组的长度为 4。

2. prototype 属性

prototype 属性是所有 JavaScript 对象共有的属性，可以让用户向数组对象中添加属性和方法。当构建一个属性时，所有的数组都将被设置属性，它是默认值，在构建一个方法时，所有的数组都可以使用该方法。其语法格式为：

```
Array.prototype.name=value
```

> **注意**：Array.prototype 不能单独引用数组，而 Array() 对象可以。

实例 9：使用 prototype 属性将数组值转换为大写

创建一个数组对象 fruits，并同时指定数组元素，然后将数组元素值转换为大写并输出。

```
<!DOCTYPE html>
<html>
<head>
    <meta charset="UTF-8">
    <title>prototype属性的使用</title>
</head>
<body>
<p id="demo">创建一个新的数组,将数组值转换为大写</p>
<button onclick="myFunction()">获取结果</button>
<script type="text/javascript">
    Array.prototype.myUcase=function()
    {
        for (i=0; i<this.length; i++)
        {
            this[i]=this[i].toUpperCase();
        };
    };
    function myFunction()
    {
        var fruits=["Banana","Orange","Apple","Mango"];
        fruits.myUcase();
        var x=document.getElementById("demo");
        x.innerHTML=fruits;
    };
</script>
</body>
</html>
```

运行程序，结果如图 15-13 所示。单击“获取结果”按钮，即可在浏览器窗口中显示符合条件的结果信息，如图 15-14 所示。

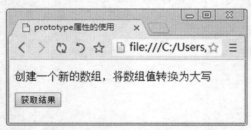

图 15-13　prototype 属性的应用示例

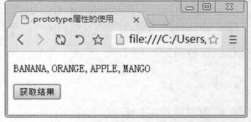

图 15-14　获取符合条件的数据信息

15.4.4　操作数组元素

数组元素是数组的集合，对数组进行操作，实际上就是对数组元素进行操作。通过数组对象的下标，获取指定的元素值。例如，获取数组对象中的第 3 个元素的值。代码如下：

```
var mybooks=new Array("《红楼梦》","《三国演义》");  //定义数组
document.write(mybooks[1]);                          //输出下标为1的数组元素值
```

数组对象的元素个数即使在定义时已经设置好，它的元素个数也不是固定的，我们可以通过添加数组元素的方法增加数组元素的个数，添加数组元素的方法非常简单，只要对数组元素进行重新赋值就可以了。

例如，定义一个包含两个数组元素的数组对象 mybooks，然后为数组添加 2 个元素，最后输出数组中的所有元素值，代码如下：

```
var mybooks=new Array("《红楼梦》","《水浒传》");  //定义包含2个数组元素的数组
mybooks[2]="《西游记》";
mybooks[3]="《三国演义》";
document.write(mybooks);        //输出所有数组元素值
```

运行结果如下：

《红楼梦》,《水浒传》,《西游记》,《三国演义》

另外，还可以对已经存在的数组元素进行重新赋值。例如，定义一个包含两个元素的数组，将第二个数组元素进行重新赋值并输出数组中的所有元素值，代码如下：

```
var mybooks=new Array("《红楼梦》","《水浒传》");  //定义包含2个数组元素的数组
mybooks[1]="《西游记》";
document.write(mybooks);        //输出所有数组元素值
```

运行结果如下：

《红楼梦》,《西游记》

使用 delete 运算符可以删除数组元素的值，但是只能将该元素恢复为未赋值的状态，即 undefined，数组对象的元素个数是不改变的。

例如，定义一个包含 4 个元素的数组，然后使用 delete 运算符删除下标为 2 的数组元素，最后输出数组对象的所有元素值。代码如下：

```
//定义数组
var mybooks=new Array("《红楼梦》","《水浒传》","《西游记》","《三国演义》");
delete mybooks[2];
document.write(mybooks);        //输出下标为2的数组元素值
```

运行结果如下：

《红楼梦》,《水浒传》,undefined,《三国演义》

15.4.5 数组方法

在 JavaScript 中，数据对象的方法有 25 种，如表 15-2 所示。

表 15-2 数组对象的方法及描述

方 法	描 述
concat()	连接两个或更多的数组，并返回结果
copyWithin()	从数组的指定位置拷贝元素到数组的另一个指定位置
every()	检测数值元素的每个元素是否都符合条件
fill()	使用一个固定值来填充数组

方　法	描　述
filter()	检测数值元素，并返回符合条件的所有元素的数组
find()	返回符合传入测试（函数）条件的数组元素
findIndex()	返回符合传入测试（函数）条件的数组元素索引
forEach()	数组中的每个元素都执行一次回调函数
indexOf()	搜索数组中的元素，并返回它所在的位置
join()	把数组的所有元素放入一个字符串
lastIndexOf()	返回一个指定的字符串值最后出现的位置，在一个字符串中的指定位置从后向前搜索
map()	通过指定函数处理数组的每个元素，并返回处理后的数组
pop()	删除数组的最后一个元素并返回删除的元素
push()	向数组的末尾添加一个或更多元素，并返回新的长度
reduce()	将数组元素计算为一个值（从左到右）
reduceRight()	将数组元素计算为一个值（从右到左）
reverse()	反转数组的元素顺序
shift()	删除并返回数组的第一个元素
slice()	选取数组的一部分，并返回一个新数组
some()	检测数组元素中是否有元素符合指定条件
sort()	对数组的元素进行排序
splice()	从数组中添加或删除元素
toString()	把数组转换为字符串，并返回结果
toLocalString()	把数组转换为本地字符串，并返回结果
unshift()	向数组的开头添加一个或更多元素，并返回新的长度
valueOf()	返回数组对象的原始值

下面以最常用的 concat() 方法和 sort() 方法为例进行讲解。

1. concat() 方法

使用 concat() 方法可以连接两个或多个数组。该方法不会改变现有的数组，而仅仅返回被连接数组的一个副本。语法格式如下：

```
arrayObject.concat(array1,array2,...,arrayN)
```

主要参数介绍如下。

（1）arrayObject：必选项，数组对象的名称。

（2）arrayN：必选项，该参数可以是具体的值，也可以是数组对象，可以是任意多个。

> **注意**：连接多个数组后，其返回值是一个新的数组，而原有数组中的元素和数组长度是不变的。

实例 10：使用 concat() 方法连接三个数组

```
<!DOCTYPE html>
<html>
<head>
```

```
    <meta charset="UTF-8">
    <title>连接多个数组</title>
</head>
<body>
<h4>连接多个数组</h4>
```

```
<script type="text/javascript">
    var arr = new Array(3);
    arr[0] = "北京";
    arr[1] = "上海";
    arr[2] = "广州";
    var arr2 = new Array(3);
    arr2[0] = "西安";
    arr2[1] = "天津";
    arr2[2] = "杭州";
    var arr3 = new Array(2);
    arr3[0] = "长沙";
    arr3[1] = "温州";
    document.write(arr.concat
(arr2,arr3))
```

</script>
</body>
</html>

运行程序，结果如图 15-15 所示。

图 15-15　连接数组

2. sort() 方法

使用 sort() 方法可以对数组的元素进行排序，排序顺序可以是按字母或数字升序或降序，默认排序顺序为按字母升序。语法格式如下

```
arrayObject.sort(sortby)
```

主要参数介绍如下。

（1）arrayObject：必选项，数组对象的名称。

（2）sortby：可选项，用来确定元素顺序的函数的名称，如果这个参数被省略，那么元素将按照 ASCII 字符顺序进行升序排序。

▌实例 11：使用 sort() 方法排序数组中的元素

创建一个数组对象 x 并赋值 5、8、3、6、4、9，然后使用 sort() 方法排列数组中的元素，并输出排序后的数组元素。

```
<!DOCTYPE html>
<html>
<head>
    <meta charset="UTF-8">
    <title>排列数组中的元素</title>
</head>
<body>
<h4>排列数组中的元素</h4>
<script type="text/javascript">
    var x=new Array(5,8,3,6,4,9);                          //创建数组
    document.write("排序前数组: "+x.join(",")+"<p>");       //输出数组元素
    x.sort();        //按字符升序排列数组
     document.write("按照ASCII字符顺序进行排序: "+x.join(",")+"<p>");   //输出排序
后数组
    x.sort(asc);    //有比较函数的升序排列
    /*升序比较函数*/
    function asc(a,b)
    {
        return a-b;
    }
    document.write("排序升序后数组: "+x.join(",")+"<p>"); //输出排序后数组
    x.sort(des);    //有比较函数的降序排列
    /*降序比较函数*/
    function des(a,b)
    {
```

245

```
            return b-a;
        }
    document.write("排序降序后数组："+x.join(",")); //输出排序后数组
</script>
</body>
</html>
```

运行程序，结果如图 15-16 所示。

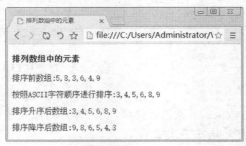

图 15-16　排序数组对象

> **注意**：当数字按字母顺序排列时，有些比较大的数字会在小的数字前，例如：40 将排在
> 5 的前面。对数字进行排序时，需要通过一个函数作为参数来调用，函数指定数字是按
> 照升序还是降序排列，这种方法会改变原始数组。

15.5　String 对象

在 JavaScript 语言中，使用 String 对象可以对字符串进行处理。本章节将
重点学习 String 对象的操作方法。

15.5.1　创建 String 对象

在 JavaScript 中，可以将字符串直接看成 String 对象，不需要进行转换。使用 String 对象操作字符串时，不会改变字符串中的内容。

String 对象是动态对象，使用构造函数可以显式地创建字符串对象。用户可以通过 String 对象在程序中获取字符串的长度、提取子字符串以及将字符串转换为大小写样式。创建 String 对象的方法有两种，下面分别进行介绍。

1. 直接声明字符串变量

通过声明字符串变量的方法，可以把声明的变量看作 String 对象，语法格式如下：

```
var StringName=StringText
```

主要参数介绍如下。

（1）StringName：字符串变量名称。

（2）StringText：字符串文本。

例如，创建字符串对象 myString，并对其赋值，代码如下：

```
var myString="This is a sample";
```

第15章 对象的应用

2. 使用 new 关键字来创建

使用 new 关键字创建 String 对象的方法如下。

```
var newstr=new String(StringText)
```

主要参数介绍如下。

（1）newstr：创建的 String 对象名。

（2）StringText：可选项，字符串文本。

> **注意**：字符串构造函数 String() 的第一个字母必须为大写字母。

例如，通过 new 关键字创建字符串对象 myString，并对其赋值，代码如下。

```
var myString=new String("This is a sample"); // 创建字符串对象
```

> **注意**：上述两种语句的效果是一样的，因此声明字符串时可以采用 new 关键字，也可以不采用 new 关键字。

JavaScript 会自动在字符串与字符串对象之间进行转换。因此，任何一个字符串常量都可以看作是一个 String 对象，可以将其直接作为对象来使用，只要在字符变量的后面加上"."，便可以直接调用 String 对象的属性和方法，只是字符串与 String 对象的不同之处在于返回的 typeof 值不同，字符串返回的是 string 类型，String 对象返回的则是 object 类型。

实例 12：创建 String 对象并输出该对象的字符串文本

创建两个 String 对象 myString01 和 myString02，然后定义字符串对象的值并输出。

```html
<!DOCTYPE html>
<html>
<head>
    <meta charset="UTF-8">
    <title>创建String对象</title>
</head>
<body>
<h3>四大名著</h3>
<script type="text/javascript">
    var myString01=new String("《红楼梦》,《水浒传》,《西游记》,《三国演义》");
    document.write(myString01+"<br>");
    var myString02="《红楼梦》,《水浒传》,《西游记》,《三国演义》";
    document.write(myString02+"<br>");
</script>
</body>
</html>
```

运行程序，结果如图 15-17 所示。

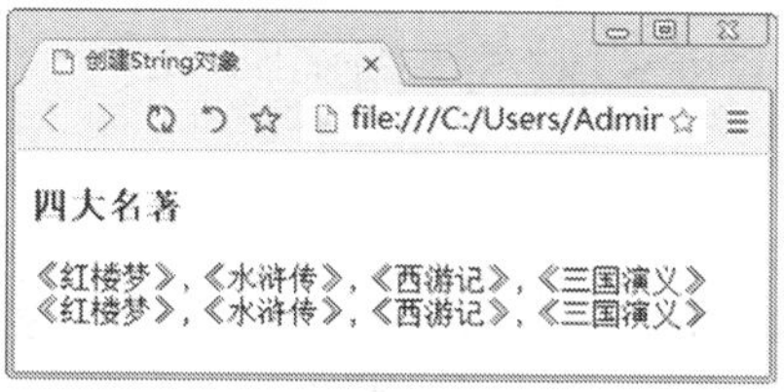

图 15-17 输出字符串的值

15.5.2　String 对象的属性

String 对象的属性如表 15-3 所示。

表 15-3　String 对象的属性及说明

属　性	说　明
constructor	字符串对象的函数模型
length	字符串的长度
prototype	添加字符串对象的属性

下面以最常用的 length 属性为例进行讲解。

length 属性用于获取当前字符串的长度，该长度包含字符串中所有字符的个数，而不是字节数，一个英文字符占一个字节，一个中文字符占两个字节。空格也占一个字符数。

length 属性的语法格式如下：

```
stringObject.length
```

参数 stringObject 表示当前获取长度的 String 对象名，也可以是字符变量名。

▎实例 13：将商品的名称按照字数进行分类

创建一个数组对象 shop，然后根据商品名称的字数定义字符串变量，最后在页面中输出字符串变量的值。

```
<!DOCTYPE html>
<html>
<head>
    <meta charset="UTF-8">
    <title>输出商品分类结果</title>
</head>
<body>
<script type="text/javascript">
    //定义商品数组
    var shop=new Array("西红柿","茄子","西蓝花","黄瓜","油麦菜","大叶青菜","辣椒","红心萝卜","花菜");
    var two=""; //初始化二字商品变量
    var three=""; //初始化三字商品变量
    var four=""; //初始化四字商品变量
    for(var i=0; i<shop.length; i++){
        if(shop[i].length==2){//如果商品名称长度为2
            two+=shop[i]+" "; //将商品名称连接在一起
        }
        if(shop[i].length==3){//如果商品名称长度为3
            three+=shop[i]+" "; //将商品名称连接在一起
        }
        if(shop[i].length==4){//如果商品名称长度为4
            four+=shop[i]+" "; //将商品名称连接在一起
        }
    }
    document.write("二字商品："+two+"<br>"); //输出二字商品
    document.write("三字商品："+three+"<br>"); //输出三字商品
    document.write("四字商品："+four+"<br>"); //输出四字商品
```

```
</script>
</body>
</html>
```

运行程序，结果如图 15-18 所示。

15.5.3 字符串对象的方法

图 15-18 分类显示商品信息

在 String 对象中提供了很多处理字符串的方法，通过这些方法可以对字符串进行查找、截取、大小写转换、连接以及格式化处理等。为方便操作，JavaScript 中内置了大量的方法，用户只需要直接使用这些方法，即可完成相应操作。如表 15-4 所示为 String 对象中用于操作字符串的方法。

表 15-4　String 对象中用于操作字符串的方法

charAt()	返回指定位置的字符
charCodeAt()	返回指定位置的字符的 Unicode 编码
concat()	连接字符串
fromCharCode()	从字符编码创建一个字符串
indexOf()	检索字符串
lastIndexOf()	从后向前搜索字符串
match()	找到一个或多个匹配的正则表达式
replace()	替换与正则表达式匹配的子串
search()	检索与正则表达式匹配的值
slice()	提取字符串的片断，并在新的字符串中返回被提取的部分
split()	把字符串分割为字符串数组
substr()	从起始索引号提取字符串中指定数目的字符
substring()	提取字符串中两个指定的索引号之间的字符
toLocaleLowerCase()	把字符串转换为小写
toLocaleUpperCase()	把字符串转换为大写
toLowerCase()	把字符串转换为小写
toUpperCase()	把字符串转换为大写
toSource()	代表对象的源代码
toString()	返回字符串
valueOf()	返回某个字符串对象的原始值

下面挑选几个最常用的方法进行讲解。

1. concat() 方法

用于连接两个或多个字符串。语法格式如下：

```
stringObject.concat(stringX,stringX,...,stringX)
```

主要参数介绍如下。

（1）stringObject：String 对象名，也可以是字符变量名。

（2）stringX：必选项，将被连接为一个字符串的一个或多个字符串对象。

concat() 方法将把它的所有参数转换成字符串，然后按顺序连接到字符串 stringObject 的尾部，并返回连接后的字符串。

> **注意：** stringObject 本身并没有被更改。另外，stringObject.concat() 与 Array.concat() 相似。不过，使用 "+" 运算符进行字符串的连接运算通常会更简便。

▌实例 14：使用 concat() 方法连接字符串

```html
<!DOCTYPE html>
<html>
<head>
    <meta charset="UTF-8">
    <title>使用concat()方法</title>
</head>
<body>
<script type="text/javascript">
    var str1=new String（"清明时节"）;
    document.write（"字符串1: "+str1+"<br>"）;
    var str2=new String（"雨纷纷"）;
    document.write（"字符串2: "+str2+"<br>"）;
    document.write（"连接后的字符串: "+str1.concat（str2））;
</script>
</body>
</html>
```

运行程序，结果如图 15-19 所示。

2. split() 方法

可以把一个字符串分割成字符串数组。语法格式如下：

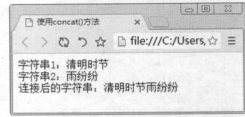

图 15-19　连接字符串

```
stringObject.split（separator,limit）
```

主要参数介绍如下。

（1）stringObject：String 对象名，也可以是字符变量名。

（2）separator：必选项。字符串或正则表达式，从该参数指定的地方分割 stringObject。

（3）limit：可选参数。该参数可指定返回的数组的最大长度。如果设置了该参数，返回的子字符串不会多于这个参数指定的数组。如果没有设置该参数，整个字符串都会被分割，不考虑它的长度。

▌实例 15：使用 split() 方法分割字符串

创建一个字符串对象，然后使用 split() 方法分割这个字符串并输出分割后的结果。

```html
<!DOCTYPE html>
<html>
<head>
    <meta charset="UTF-8">
    <title>使用split()方法</title>
</head>
```

```
<body>
<script type="text/javascript">
    var str=new String("I Love World");
    document.write("原字符串: "+str+"<br>");
    document.write("以空格分割字符串: "+str.split(" ")+"<br>");
    document.write("以空字符串分割: "+str.split("")+"<br>");
    document.write("以空格分割字符串并返回两个元素: "+str.split(" ",2));
</script>
</body>
</html>
```

运行程序，结果如图 15-20 所示。

3. slice() 方法

slice() 方法可提取字符串的某个部分，并以新的字符串返回被提取的部分。语法格式如下：

图 15-20　分割字符串

```
stringObject.slice(start,end)
```

主要参数介绍如下。

（1）stringObject：String 对象名，也可以是字符变量名。

（2）start：必选项，要抽取的字符串的起始下标。第一个字符位置为 0。

（3）end：可选项。紧接着要截取的子字符串结尾的下标。若未指定此参数，则要提取的子字符串是包括 start 到原字符串结尾的字符串。如果该参数是负数，那么它规定的是从字符串的尾部开始算起的位置。

> **提示**：字符串中第一个字符位置为 0，第二个字符位置为 1，以此类推。如果是负数，则该参数规定的是从字符串的尾部开始算起的位置。也就是说，−1 指字符串的最后一个字符，−2 指倒数第二个字符，以此类推。

▌**实例 16：使用 slice() 方法截取字符串**

```
<!DOCTYPE html>
<html>
<head>
    <meta charset="UTF-8">
    <title>截取字符串</title>
</head>
<body>
<script type="text/javascript">
    var str=new String("你好JavaScript");
    document.write("正常显示为: " + str + "</p>");
    document.write("从下标为2的字符截取到下标为5的字符: " +str.slice(2,6)+ "</p>");
    document.write("从下标为2的字符截取到字符串末尾: " +str.slice(2)+"</p>");
    document.write("从第一个字符提取到倒数第7个字符: " +str.slice(0,-6));
</script>
</body>
</html>
```

运行程序，结果如图 15-21 所示。

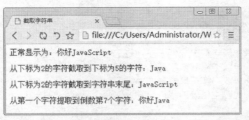

图 15-21　使用 slice() 截取字符串

4. lastIndexOf()

lastIndexOf() 方法可返回一个指定的字符串值最后出现的位置。语法格式如下：

```
stringObject.lastIndexOf(substring,start)
```

主要参数介绍如下。

（1）stringObject：String 对象名，也可以是字符变量名。

（2）substring：必选项。要在字符串中查找的子字符串。

（3）start：可选参数。规定在字符串中开始检索的位置。它的合法取值是 0 到 stringObject.length-1。如省略该参数，则从字符串的最后一个字符开始检索。如果没有找到匹配字符串则返回 -1。

▌ 实例 17：使用 lastIndexOf() 方法返回某字符串最后出现的位置

```html
<!DOCTYPE html>
<html>
<head>
    <meta charset="UTF-8">
    <title>查找字符串</title>
</head>
<body>
<script type="text/javascript">
    var str=new String("一片两片三四片,五片六片七八片。");
    document.write("原字符串: "+str+"</p>");
    document.write("输出字符"片"在字符串中最后出现的位置: "+str.lastIndexOf("片")
+"</p>");
    document.write("输出字符"十片"在字符串中最后出现的位置: "+str.lastIndexOf("十
片")+"</p>");
    document.write("输出字符"片"在下标为4的字符前最后出现的位置: "+str.lastIndexOf
("片",4));
</script>
</body>
</html>
```

运行程序，结果如图 15-22 所示。

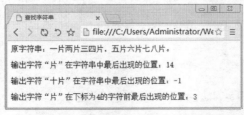

图 15-22　返回某字符串最后出现的位置

15.6　新手常见疑难问题

▌疑问 1：使用 for...in 语句遍历对象属性，为什么不能正确输出数据？

在应用 for...in 语句遍历对象属性时，在输出属性值时一定要使用数组的形式（对象名 [属性名]）进行输出，不能使用"对象名 . 属性名"的形式输出。如果使用"对象名 . 属性名"的形式输出数据，是不能正确输出数据的。

▌疑问 2：在输出数组元素值时，为什么总不能正确输出想要的数值呢？

在输出数组元素值时，一定要注意输出数组元素值的下标是否正确，因为数组对象的元素下标是从 0 开始的。例如，如果想要输出数组中的第 3 个元素值，其下标值为 2；另外在定义数组元素的下标时，一定不能超过数组元素的个数，不然就会输出未知值 undefined。这也是很多初学者容易犯的错误。

15.7　实战技能训练营

▌实战 1：使用对象制作一个网页钟表特效

通过 JavaScript 中的自定义对象功能，并结合 HTML 5 中的容器画布 canvas 技术，以及 CSS3 样式表，在网页中创建一个类似于钟表的特效。程序运行结果如图 15-23 所示。

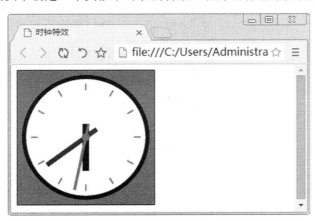

图 15-23　钟表特效

▌实战 2：制作背景颜色选择器

创建一个数组对象 hex 用来存放不同的颜色值，然后定义几个函数分别将数组中的颜色组合在一起，并在页面显示，最后再定义一个 display 函数，来显示颜色值。程序运行结果如图 15-24 所示。

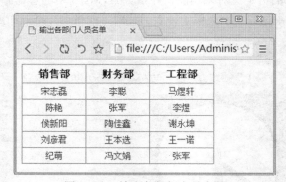

图 15-24　背景颜色选择器

实战 3：输出各部门人员名单

通过 JavaScript 的 String 对象可以实现字符串元素的分类显示，这里使用 String 对象中的 split() 方法和 for 循环语句实现某公司各部门人员名单的输出。程序运行结果如图 15-25 所示。

销售部	财务部	工程部
宋志磊	李聪	马煜轩
陈艳	张军	李煜
侯新阳	陶佳鑫	谢永坤
刘彦君	王本选	王一诺
纪萌	冯文娟	张军

图 15-25　输出各部门人员名单

第16章 JavaScript的窗口对象

本章导读

　　窗口与对话框是用户浏览网页时最常遇到的元素，在 JavaScript 中使用 window 对象可以操作窗口与对话框。本章就来介绍 JavaScript 的窗口对象，主要内容包括 window 对象、打开与关闭窗口、操作窗口对象、调用对话框等。

知识导图

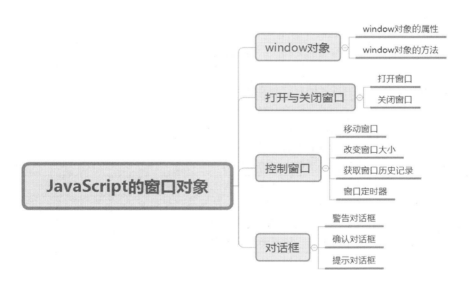

16.1 window 对象

window 对象表示浏览器中打开的窗口，通过 window 对象可以打开窗口或关闭窗口、控制窗口的大小和位置，由窗口弹出的对话框，还可以控制窗口上是否显示地址栏、工具栏和状态栏等。

16.1.1 window 对象的属性

window 对象在客户端 JavaScript 中扮演重要的角色，它是客户端程序的全局（默认）对象，该对象包含多个属性。window 对象常用的属性及描述如表 16-1 所示。

表 16-1 window 对象常用的属性

属　性	描　述
closed	返回窗口是否已被关闭
defaultStatus	设置或返回窗口状态栏中的默认文本
document	对话框中显示的当前文档
frames	表示当前对话框中所有 frames 对象的集合
history	对 History 对象的只读引用
innerHeight	返回窗口的文档显示区的高度
innerWidth	返回窗口的文档显示区的宽度
length	设置或返回窗口中的框架数量
location	指定当前文档的 URL
name	设置或返回窗口的名称
navigator	表示浏览器对象，用于获取与浏览器相关的信息
opener	表示打开当前窗口的父窗口
outerHeight	返回窗口的外部高度，包含工具条与滚动条
outerWidth	返回窗口的外部宽度，包含工具条与滚动条
pageXOffset	设置或返回当前页面相对于窗口显示区左上角的 X 位置
pageYOffset	设置或返回当前页面相对于窗口显示区左上角的 Y 位置
parent	表示包含当前窗口的父窗口
screen	表示用户屏幕，提供屏幕尺寸、颜色深度等信息
screenLeft	返回相对于屏幕窗口的 x 坐标
screenTop	返回相对于屏幕窗口的 y 坐标
screenX	返回相对于屏幕窗口的 x 坐标
screenY	返回相对于屏幕窗口的 y 坐标
self	表示当前窗口
status	设置窗口状态栏的文本
top	表示最顶层的浏览器对话框

熟悉并了解 window 对象的各种属性，将有助于 Web 应用开发者的设计开发。

1. defaultStatus 属性

几乎所有的 Web 浏览器都有状态条（栏），如果需要打开浏览器即在其状态条显示相关信息，可以为浏览器设置默认的状态条信息，Window 对象的 defaultStatus 属性可实现此功能。其语法格式如下：

```
window.defaultStatus="statusMsg";
```

其中，statusMsg 代表需要在状态条显示的默认信息。

▎实例 1：设置状态栏默认信息

```html
<!DOCTYPE html>
<html>
<head>
    <meta charset="UTF-8">
    <title>设置状态栏默认信息</title>
</head>
<body>
<script type="text/javascript">
    window.defaultStatus="本站内容更加精彩！！";
</script>
<p>查看状态栏中的文本。</p>
</body>
</html>
```

运行程序，结果如图 16-1 所示。

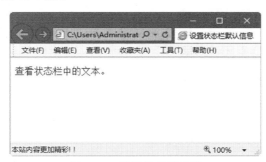

图 16-1　设置状态栏信息

> **注意**：defaultStatus 属性在 Firefox、Chrome 或 Safari 的默认配置下是不工作的。这里使用 IE 浏览器查看运行结果。

2. frames 属性

框架可以把浏览器窗口分成几个独立的部分，每部分显示单独的页面，页面的内容是互相联系的，框架是一种特殊的窗口，在网页设计中经常遇到。

如果当前窗口是在框架 <frame> 或 <iframe> 中，通过 window 对象的 frameElement 属性可获取当前窗口所在的框架对象，其语法格式如下：

```
var frameObj=window.frameElement;
```

其中，frameObj 是当前窗口所在的框架对象。使用该属性获得框架对象后，可使用框架对象的各种属性与方法，从而实现对框架对象进行各种操作。

■ 实例 2：frames 属性的应用

创建一个页面，将窗口分为两个部分的框架集，并指定名称为 mainFrame 的框架的源文件为 main.html，名称为 topFrame 的框架源文件是 top.html。当用户单击 mainFrame 框架中的"窗口框架"按钮时，即可获取当前窗口所在的框架对象，同时弹出提示信息，并显示框架的名称。

```html
<!DOCTYPE html>
<html>
<head>
<title>含有窗口框架的网页</title>
</head>
<frameset rows="60,*" cols="*" frameborder="1" border="1" framespacing="1">
  <frame src="top.html " name="topFrame" scrolling="no" id="top"
   marginheight="0" marginwidth="0" noresize/>
  <frame src="main.html" name="mainFrame" scrolling="auto" id="main">
</frameset>
</html>
```

main.html 文件的具体内容如下：

```html
<!DOCTYPE html>
<html>
<head>
    <meta charset="UTF-8">
    <title>窗口框架</title>
    <script type="text/javascript">
    function getFrame()
    { //获取当前窗口所在的框架
    var frameObj = window.frameElement;
    window.alert("当前窗口所在框架的名称: " + frameObj.name);
    window.alert("当前窗口的框架数量: " + window.length);
    }
    function openWin()
    { //打开一个窗口
    window.open("top.html", "_blank");
    }
    </script>
</head>
<body>
<form name="frmData" method="post" action="#">
    <input type="hidden" name="hidObj" value="隐藏变量">
    <p>
    <center>
        <h1>显示框架页面的内容</h1>
    </center>
    </p>
    <p>
    <center>
        <input type="button" value="窗口框架" onclick="getFrame()">
    </center>
    <br>
    <center>
        <input type="button" value="打开窗口" onclick="openWin()">
    </center>
    </p>
</form>
</body>
</html>
```

top.html 文件的具体内容如下：

```html
<!DOCTYPE html>
<html>
<head>
    <meta charset="UTF-8">
    <title>顶部框架页面</title>
</head>
<body>
<form name="frmTop" method="post" action="#">
    <center>
        <h1>框架顶部页面</h1>
    </center>
</form>
</body>
</html>
```

运行程序，结果如图 16-2 所示。在该代码中使用了 <frameset> 标记及两个 <frame> 标记组成了一个框架页面，其中显示在框架顶部的是 top.html 文件，显示在框架边框以下的是 main.html 文件。

单击"窗口框架"按钮，即可看到当前窗口所在框架的名称信息，如图 16-3 所示。

图 16-2　含有窗口框架的网页　　图 16-3　显示当前窗口所在框架的名称

单击"确定"按钮，即可看到打开窗口数量的提示信息，如图 16-4 所示。

如果单击"打开窗口"按钮，即可转到链接的页面中，如图 16-5 所示。

图 16-4　显示当前窗口的框架数量　　图 16-5　跳转到链接页面

3. parent 属性

parent 属性返回当前窗口的父窗口。语法格式如下：

```
window.parent
```

▌实例 3：parent 属性的应用

创建一个页面，打开新窗口，并在父窗口中弹出警告提示框。

```
<!DOCTYPE html>
<html>
<head>
    <meta charset="UTF-8">
    <title>parent属性的应用</title>
    <script type="text/javascript">
        function openWin(){
            window.open('','','width=200,height=100');
            alert(window.parent.location);
        }
    </script>
</head>
<body>
<input type="button" value="打开窗口" onclick="openWin()">
</body>
</html>
```

运行程序，结果如图 16-6 所示。单击"打开窗口"按钮，即可打开新窗口，并在父窗口弹出警告提示框，如图 16-7 所示。

图 16-6　parent 属性的应用

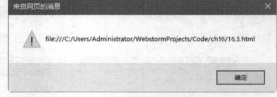

图 16-7　警告提示框

4. top 属性

当页面中存在多个框架时，可以使用 window 对象的 top 属性直接获取当前浏览器窗口中各子窗口的最顶层对象。其语法格式如下：

```
window.top
```

▌实例 4：top 属性的应用

创建一个页面，检查当前窗口的状态。

```
<!DOCTYPE html>
<html>
<head>
    <meta charset="UTF-8">
    <title>top属性的应用</title>
    <script type="text/javascript">
        function check(){
            if (window.top!=window.self){
                document.write("<p>这个窗口不是最顶层窗口!我在一个框架?</p>")
            }
            else{
                document.write("<p>这个窗口是最顶层窗口!</p>")
            }
        }
    </script>
</head>
<body>
<input type="button" onclick="check()" value="检查窗口">
```

```
</body>
</html>
```

运行程序，结果如图 16-8 所示。单击"检查窗口"按钮，check() 函数被调用，检查当前窗口的状态，并在网页中输入窗口的状态信息，如图 16-9 所示。

图 16-8 检查当前窗口的状态

图 16-9 显示检查的结果

16.1.2 window 对象的方法

除了对象属性外，window 对象还拥有很多方法。window 对象常用的方法及描述如表 16-2 所示。

表 16-2 window 对象常用的方法及描述

方　法	描　述
alert()	显示带有一段消息和一个确认按钮的警告框
blur()	把键盘焦点从顶层窗口移开
clearInterval()	取消由 setInterval() 方法设置的 timeout
clearTimeout()	取消由 setTimeout() 方法设置的 timeout
close()	关闭浏览器窗口
confirm()	显示带有一段消息以及确认按钮和取消按钮的对话框
createPopup()	创建一个 pop-up 窗口
focus()	把键盘焦点给予一个窗口
moveBy()	可相对窗口的当前坐标把它移动指定的像素
moveTo()	把窗口的左上角移动到一个指定的坐标
open()	打开一个新的浏览器窗口或查找一个已命名的窗口
print()	打印当前窗口的内容
prompt()	显示可提示用户输入的对话框
resizeBy()	按照指定的像素调整窗口的大小
resizeTo()	把窗口的大小调整到指定的宽度和高度
scrollBy()	按照指定的像素值来滚动内容
scrollTo()	把内容滚动到指定的坐标
setInterval()	按照指定的周期（以毫秒计）来调用函数或计算表达式
setTimeout()	在指定的毫秒数后调用函数或计算表达式

16.2　打开与关闭窗口

窗口的打开与关闭主要通过使用 open() 和 close() 方法来实现，也可以在
打开窗口时指定窗口的大小及位置。本节就来介绍打开与关闭窗口的实现方法。

16.2.1　打开窗口

使用 open() 方法可以打开一个新的浏览器窗口或查找一个已命名的窗口。语法格式如下：

```
window.open(URL,name,specs,replace)
```

参数说明如下。

（1）URL：可选。打开指定页面的 URL，如果没有指定 URL，打开新的空白窗口。

（2）name：可选。指定 target 属性或窗口的名称，支持的值如表 16-3 所示。

表 16-3　name 的可选参数及说明

可选参数	说　　明
_blank	URL 加载到一个新的窗口，这是默认值
_parent	URL 加载到父框架
_self	URL 替换当前页面
_top	URL 替换任何可加载的框架集
name	窗口名称

（3）specs：可选。一个逗号分隔的项目列表，支持的值如表 16-4 所示。

表 16-4　specs 的可选参数及说明

可选参数	说　　明
channelmode=yes|no|1|0	是否要在影院模式显示 window，默认是没有的。仅限 IE 浏览器
directories=yes|no|1|0	是否添加目录按钮。默认是肯定的，仅限 IE 浏览器
fullscreen=yes|no|1|0	浏览器是否显示全屏模式。默认是没有的，仅限 IE 浏览器
height=pixels	窗口的高度，最小值为 100
left=pixels	窗口的左侧位置
location=yes|no|1|0	是否显示地址字段，默认值是 yes
menubar=yes|no|1|0	是否显示菜单栏，默认值是 yes
resizable=yes|no|1|0	是否可调整窗口大小，默认值是 yes
scrollbars=yes|no|1|0	是否显示滚动条，默认值是 yes
status=yes|no|1|0	是否要添加一个状态栏，默认值是 yes
titlebar=yes|no|1|0	是否显示标题栏，被忽略，除非调用 HTML 应用程序或一个值得信赖的对话框，默认值是 yes
toolbar=yes|no|1|0	是否显示浏览器工具栏，默认值是 yes
top=pixels	窗口顶部的位置，仅限 IE 浏览器
width=pixels	窗口的宽度，最小值为 100

（4）replace：Optional.Specifies 规定了装载到窗口的 URL 是在窗口的浏览历史中创建
一个新条目，还是替换浏览历史中的当前条目，支持的值如表 16-5 所示。

表 16-5　replace 的可选参数及说明

true	URL 替换浏览历史中的当前条目
false	URL 在浏览历史中创建新的条目

▌ 实例 5：通过单击按钮打开新窗口

创建一个页面，然后通过单击按钮打开新窗口。

```html
<!DOCTYPE html>
<html>
<head>
    <meta charset="UTF-8">
    <title>通过按钮打开新窗口</title>
    <script type="text/javascript">
        function open_win(){
            window.open("http://www.baidu.com");
        }
    </script>
</head>
<body>
<form>
    <input type="button" value="打开窗口" onclick="open_win()">
</form>
</body>
</html>
```

运行程序，结果如图 16-10 所示。单击"打开窗口"按钮，即可直接在新窗口中打开百度网站的首页，如图 16-11 所示。

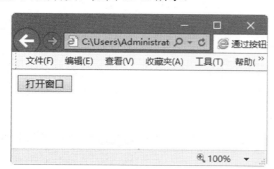

图 16-10　通过按钮打开新窗口

图 16-11　直接在新窗口中打开页面

> **注意**：在使用 open() 方法时，需要注意以下几点：
> （1）通常浏览器窗口中，总有一个文档是打开的，因为不需要为输出建立一个新文档。
> （2）在完成对 Web 文档的写操作后，要使用或调用 close() 方法来实现对输出流的关闭。
> （3）在使用 open() 方法打开一个新流时，可为文档指定一个有效的文档类型，有效文档类型包括 text/HTML、text/gif、text/xim 等。

16.2.2　关闭窗口

用户可以在 JavaScript 中使用 window 对象的 close() 方法关闭指定的已经打开的窗口。语法格式如下：

```
window.close()
```

例如，如果想要关闭窗口，可以使用下面任意一种语句来实现。

```
window.close()
close()
this.close()
```

实例 6：关闭新窗口

首先通过 window 对象的 open() 方法打开一个新窗口，然后通过按钮再关闭该窗口。

```
<!DOCTYPE html>
<html>
<head>
    <meta charset="UTF-8">
    <title>关闭新窗口</title>
    <script type="text/javascript">
        function openWin(){
            myWindow=window.open ("","","width=200,height=100");
            myWindow.document.write ("<p>这是'我的新窗口'</p>");
        }
        function closeWin(){
            myWindow.close();
        }
    </script>
</head>
<body>
 <input type="button" value="打开我的窗口" onclick="openWin()" />
 <input type="button" value="关闭我的窗口" onclick="closeWin()" />
</body>
</html>
```

运行程序，结果如图 16-12 所示。单击"打开我的窗口"按钮，即可直接在新窗口中打开我的窗口，如图 16-13 所示。单击"关闭我的窗口"按钮，即可关闭打开的新窗口，如图 16-14 所示。

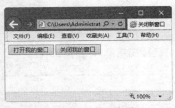
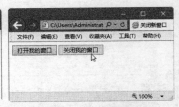

图 16-12 运行结果   图 16-13 在新窗口中打开我的窗口   图 16-14 关闭新窗口

在 JavaScript 中使用 window.close() 方法关闭当前窗口时，如果当前窗口是通过 JavaScript 打开的，则不会有提示信息。在某些浏览器中，如果需要关闭窗口的浏览器只有当前窗口的历史访问记录，使用 window.close() 关闭窗口时，同样不会有提示信息。

16.3 控制窗口

通过 window 对象除了可以打开与关闭窗口外，还可以控制窗口的大小和位置等，下面进行详细介绍。

16.3.1　移动窗口

使用 moveTo() 方法可把窗口的左上角移动到一个指定的坐标。语法格式如下：

```
window.moveTo(x,y)
```

▌实例 7：将新窗口移动到屏幕的左上角

使用 window 对象的 moveTo() 方法将新窗口移动到屏幕的左上角。

```
<!DOCTYPE html>
<html>
<head>
    <meta charset="UTF-8">
    <title>移动窗口的位置</title>
    <script type="text/javascript">
        function openWin()
        {
            myWindow=window.open('','','width=200,height=100');
            myWindow.document.write("<p>这是我的新窗口</p>");
        }
        function moveWin(){
            myWindow.moveTo(0,0);
            myWindow.focus();
        }
    </script>
</head>
<body>
<input type="button" value="打开窗口" onclick="openWin()" />
<br><br>
<input type="button" value="移动窗口" onclick="moveWin()" />
</body>
</html>
```

运行程序，结果如图 16-15 所示。单击"打开窗口"按钮，即可打开一个新的窗口，如图 16-16 所示。单击"移动窗口"按钮，即可将打开的新窗口移动到屏幕的左上角，如图 16-17 所示。

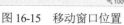

图 16-15　移动窗口位置

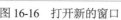

图 16-16　打开新的窗口

图 16-17　移动窗口到桌面左上角

16.3.2　改变窗口大小

利用 window 对象的 resizeBy() 方法可以根据指定的像素来调整窗口的大小，具体语法格式如下：

```
resizeBy(width,height)
```

参数描述如下：

（1）width：必需。要使窗口宽度增加的像素数，可以是正、负数值。

（2）height：可选。要使窗口高度增加的像素数，可以是正、负数值。

> **注意**：此方法指定窗口的右下角移动的像素，左上角将不会被移动（它停留在原来的坐标位置）。

实例8：改变窗口的大小

可以通过 window 对象的 resizeBy() 方法改变窗口的大小。

```html
<!DOCTYPE html>
<html>
<head>
    <meta charset="UTF-8">
    <title>改变窗口大小</title>
    <script type="text/javascript">
        function resizeWindow(){
            top.resizeBy(100,100);
        }
    </script>
</head>
<body>
<form>
    <input type="button" onclick="resizeWindow()" value="调整窗口">
</form>
</body>
</html>
```

运行程序，结果如图 16-18 所示。单击"调整窗口"按钮，即可改变窗口的大小，如图 16-19 所示。

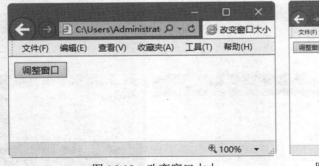

图 16-18　改变窗口大小

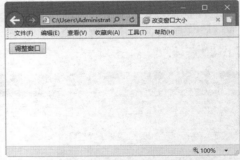

图 16-19　通过按钮调整窗口大小

16.3.3　获取窗口历史记录

利用 history 对象可以获取窗口历史记录，history 对象是一个只读的 URL 字符串数组，该对象主要用来存储一个最新访问网页的 URL 地址的列表，可通过 window.history 属性对其进行访问。

history 对象常用的属性及描述如表 16-6 所示。

表 16-6　history 对象常用的属性及描述

属　　性	说　　明
length	返回历史列表中的网址数
current	当前文档的 URL
next	历史列表的下一个 URL
previous	历史列表的前一个 URL

history 对象常用的方法及描述如表 16-7 所示。

表 16-7　history 对象常用的方法及描述

方　　法	说　　明
back()	加载 history 列表中的前一个 URL
forward()	加载 history 列表中的下一个 URL
go()	加载 history 列表中的某个具体页面

注意：当前没有应用于 history 对象的公开标准，不过所有浏览器都支持该对象。

例如，利用 history 对象中的 back() 方法和 forward() 方法可以引导用户在页面中跳转，具体的代码如下：

```
<a href="javascrip: window.history.forward(); ">forward</a>
<a href="javascrip: window.history.back(); ">back</a>
```

还可以使用 history.go() 方法指定要访问的历史记录。若参数为正数，则向前移动；若参数为负数，则向后移动。具体代码如下：

```
<a href="javascrip: window.history.go(-1); ">向后退一次</a>
<a href="javascrip: window.history.back(2); ">向后前进两次</a>
```

使用 history.Length() 属性能够访问 history 数组的长度，可以很容易地转移到列表的末尾，例如：

```
<a href="javascrip: window.history.go(window.historylength-1); ">末尾</a>
```

16.3.4　窗口定时器

用户可以设置一个窗口在某段时间后执行何种操作，这被称为窗口定时器。使用 window 对象中的 setTimeout() 方法可以在指定的毫秒数后调用函数或计算表达式，用于设置窗口定时器。语法格式如下：

```
setTimeout(code, milliseconds, param1, param2, ...)
setTimeout(function, milliseconds, param1, param2, ...)
```

▍实例 9：设计一个网页计数器

使用 window 对象的 setTimeout() 方法设计一个网页计算器。当单击"开始计数"按钮时开始执行计数程序，输入框从 0 开始计算，单击"停止计数"按钮时停止计数，当再次单击"开始计数"按钮时会重新开始计数。

```
<!DOCTYPE html>
<html>
<head>
    <meta charset="UTF-8">
    <title>网页计数器</title>
    <script type="text/javascript">
        var c = 0;
        var t;
        var timer_is_on = 0;
        function timedCount(){
            document.getElementById("txt").value = c;
            c = c + 1;
            t = setTimeout(function(){ timedCount()}, 1000);
        }
        function startCount(){
            if (!timer_is_on){
                timer_is_on = 1;
                timedCount();
            }
        }
        function stopCount(){
            clearTimeout(t);
            timer_is_on = 0;
        }
    </script>
</head>
<body>
<button onclick="startCount()">开始计数!</button>
<input type="text" id="txt">
<button onclick="stopCount()">停止计数!</button>
</body>
</html>
```

运行程序，结果如图 16-20 所示。单击"开始计数！"按钮，即可在文本框中显示计数信息，如图 16-21 所示。单击"停止计数！"按钮，即可停止计数。当再次单击"开始计数！"按钮时，则继续开始计数。

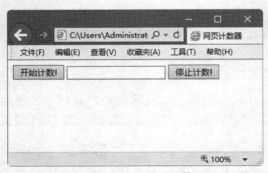
图 16-20　网页计数器

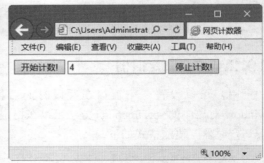
图 16-21　在文本框中显示计数信息

16.4　对话框

JavaScript 提供了 3 个标准的对话框，分别是警告对话框、确认对话框和提示对话框，这 3 个对话框是基于 window 对象产生的，即作为 window 对象的方法使用。

me
No

16.4.1 警告对话框

采用 alert() 方法可以调用警告对话框或信息提示框，语法格式如下：

```
alert(message)
```

其中，message 是在对话框中显示的提示信息。当使用 alert() 方法打开消息框时，整个文档的加载以及所有脚本的执行等操作都会暂停，直到用户单击消息框中的"确定"按钮，所有的动作才继续进行。

▌实例10：弹出警告对话框

使用 window 对象的 alert() 方法弹出一个警告框。

```
<!DOCTYPE html>
<html>
<head>
    <meta charset="UTF-8">
    <title>Windows警告框</title>
    <script type="text/javascript">
        window.alert("警告信息");
        function showMsg(msg)
        {
            if(msg == "简介")    window.alert("警告信息：简介");
            window.status = "显示本站的" + msg;
            return true;
        }
        window.defaultStatus = "欢迎光临本网站";
    </script>
</head>
<body>
<form name="frmData" method="post" action="#">
    <table width="400" align="center" border="1" cellspacing="0">
        <thead>
        <th colspan="3">在线购物网站</th>
        </thead>
        <SCRIPT LANGUAGE="JavaScript" type="text/javaScript">
            <!--
            window.alert("加载过程中的警告信息");
            //-->
        </script>
        <tr>
            <td valign="top" width="200">
            <ul>
                <li><a href="#" onmouseover="return showMsg('主页')">主页</a></li>
                <li><a href="#" onmouseover="return showMsg('简介')">简介</a></li>
                <li><a href="#" onmouseover="return showMsg('联系方式')">联系方式</a></li>
                <li><a href="#" onmouseover="return showMsg('业务介绍')">业务介绍</a></li>
            </ul>
            </td>
            <td valign="top" width="300">
                上网购物是一种新的购物理念
```

```
                </td>
            </tr>
        </table>
    </form>
</body>
</html>
```

运行程序，结果如图 16-22 所示。上面代码中加载至 JavaScript 中的第一条 window. alert() 语句时，会弹出一个提示框。

单击"确定"按钮，当页面加载至 table 时，状态条已经显示"加载过程中的警告信息"的提示消息，说明设置状态条默认信息的语句已经执行，如图 16-23 所示。

再次单击"确定"按钮，当鼠标移至超级链接"简介"时，即可看到相应的提示信息，如图 16-24 所示。

图 16-22 信息提示框   图 16-23 弹出警告框   图 16-24 警告信息为"简介"

待整个页面加载完毕，状态条会显示默认的信息，如图 16-25 所示。

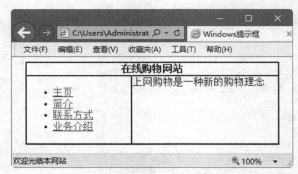

图 16-25 显示默认信息

16.4.2 确认对话框

采用 confirm() 方法可以调用一个带有指定消息和确认及取消按钮的对话框。如果访问者单击"确定"按钮，此方法返回 true，否则返回 false。语法格式如下：

```
confirm(message)
```

▋实例 11：弹出确认对话框

使用 window 对象的 confirm() 方法弹出一个确认框，提醒用户单击了什么内容。

```
<!DOCTYPE html>
```

```html
<html>
<head>
    <meta charset="UTF-8">
    <title>显示一个确认框</title>
    <script type="text/javascript">
        function myFunction(){
            var x;
            var r=confirm("按下按钮!");
            if (r==true){
                x="你按下了【确定】按钮!";
            }
            else{
                x="你按下了【取消】按钮!";
            }
            document.getElementById("demo").innerHTML=x;
        }
    </script>
</head>
<body>
<p>单击按钮,显示确认框。</p>
<button onclick="myFunction()">确认</button>
<p id="demo"></p>
</body>
</html>
```

运行程序，结果如图 16-26 所示。单击"确认"按钮，弹出一个信息提示框，提示用户需要按下按钮进行选择，如图 16-27 所示。

图 16-26 显示一个确认框

图 16-27 信息提示框

单击"确定"按钮，返回到页面中，可以看到在页面中显示了用户单击了"确定"按钮，如图 16-28 所示。

如果单击"取消"按钮，返回到页面中，可以看到在页面中显示了用户单击了"取消"按钮，如图 16-29 所示。

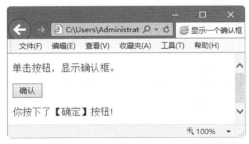
图 16-28 单击"确定"按钮后的提示信息

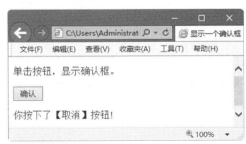
图 16-29 单击"取消"按钮后的提示信息

16.4.3　提示对话框

采用 prompt() 方法可以在浏览器窗口中弹出一个提示框，与警告框和确认框不同，在提示框中会有一个文本框，当显示文本框时，在其中显示提示字符串，并等待用户输入。当用户在该文本框中输入文字，并单击"确定"按钮时，返回用户输入的字符串，当单击"取消"按钮时，返回 null 值。语法格式如下：

```
prompt(msg,defaultText)
```

其中，参数 msg 为可选项，是要在对话框中显示的纯文本（而不是 HTML 格式的文本）；defaultText 也为可选项，默认的输入文本。

▌实例 12：弹出提示对话框

使用 window 对象的 prompt() 方法弹出一个提示框并输入内容。

```html
<!DOCTYPE html>
<html>
<head>
    <meta charset="UTF-8">
    <title>显示一个提示框,并输入内容</title>
    <script type="text/javascript">
        function askGuru()
        {
            var question = prompt("请输入数字?","")
            if (question != null)
            {
                if (question == "")  //如果输入为空
                    alert("您还没有输入数字！");  //弹出提示
                else //否则
                    alert("你输入的是数字哦！"); //弹出信息框
            }
        }
    </script>
</head>
<body>
<div align="center">
    <h1>显示一个提示框,并输入内容</h1>
    <hr>
    <br>
    <form action="#" method="get">
        <!--通过onclick调用askGuru()函数-->
        <input type="button" value="确定" onclick="askGuru(); " >
    </form>
</div>
</body>
</html>
```

运行程序，结果如图 16-30 所示。单击"确定"按钮，弹出一个信息提示框，提示用户在文本框中输入数字，这里输入 123456，如图 16-31 所示。

图 16-30 运行结果

图 16-31 输入数字

单击"确定"按钮，弹出一个信息提示框，提示用户输入了数字，如图 16-32 所示。

如果没有输入数字，直接单击"确定"按钮，则在弹出的信息提示框中提示用户还没有输入数字，如图 16-33 所示。

图 16-32 提示用户输入了数字

图 16-33 提示用户还没输入数字

> **注意**：使用 window 对象的 alert() 方法、confirm() 方法、prompt() 方法都会弹出一个对话框，并且在对话框弹出后，如果用户没有对其进行操作，那么当前页面及 JavaScript 会暂停执行。这是因为使用这 3 种方法弹出的对话框都是模式对话框，除非用户对对话框进行操作，否则无法进行其他应用，包括无法操作页面。

16.5 新手常见疑难问题

▌疑问 1：resizeBy() 方法与 resizeTo() 方法有什么区别？

在 window 对象中，resizeBy() 方法可以将当前窗口改变为指定的大小，方法中的两个参数为窗口宽度和高度变化的值；而 resizeTo() 方法可以将当前窗口改成指定的大小，方法中的两个参数分别为改变后的高度与宽度。

▌疑问 2：使用 open() 方法打开窗口时，还需要建立一个新文档吗？

在实际应用中，使用 open() 方法打开窗口时，除了自动打开新窗口外，还可以通过单击图片、按钮或超链接的方法来打开窗口。不过在浏览器窗口中，总有一个文档是打开的，所以不需要为输出建立一个新文档，而且在完成对 Web 文档的写操作后，要使用或调用 close() 方法来实现对输出流的关闭。

16.6　实战技能训练营

▌实战1：打开一个新窗口

创建一个 HTML 文件，在该文件中通过单击页面中的"打开新窗口"按钮，打开一个在屏幕中央显示的、大小为 500px×400px 且大小不可变的新窗口，当文档大小大于窗口大小时显示滚动条，窗口名称为 _blank，目标 URL 为 shoping.html。这里使用 JavaScript 中的 window.open() 方法来设置窗口的居中显示，程序运行效果如图 16-34 所示。单击"打开新窗口"按钮，即可打开一个新窗口，如图 16-35 所示。

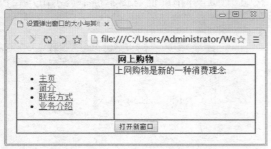

图 16-34　程序运行效果

图 16-35　打开的新窗口

▌实战2：对话框的综合应用

在 JavaScript 代码中，创建 3 个 JavaScript 函数，这 3 个函数分别调用 window 对象的 alert() 方法、confirm() 方法和 prompt() 方法，进而创建不同形式的对话框。然后创建 3 个表单按钮，并分别为 3 个按钮添加单击事件，即单击不同的按钮时，调用不同的 JavaScript 函数。

程序运行效果如图 16-36 所示，当单击 3 个按钮时，会显示不同的对话框类型，例如警告对话框如图 16-37 所示、提示对话框如图 16-38 所示和确认对话框如图 16-39 所示。

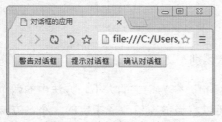

图 16-36　程序运行结果

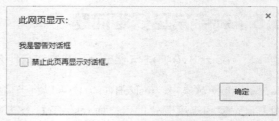

图 16-37　警告对话框

图 16-38　提示对话框

图 16-39　确认对话框

第17章 文档对象模型（DOM）

📖 **本章导读**

DOM（Document Object Model），即文档对象模型，它是一种与浏览器、平台、语言无关的接口，通过 DOM 可以访问页面中的其他标准组件，解决了 JavaScript 与 Jscript 之间的冲突，给开发者定义了一个标准方法。本章就来介绍文档对象模型的应用，主要内容包括 DOM 模型中的节点及其操作等。

📖 **知识导图**

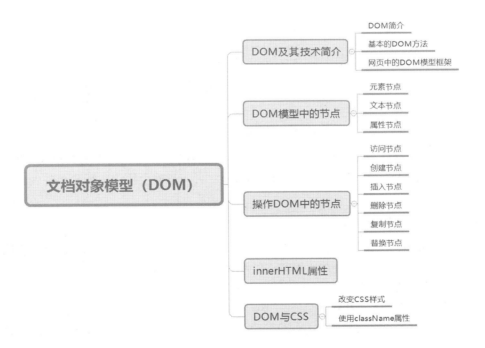

17.1　DOM 及其技术简介

文档对象模型（DOM）是表示文档（比如 HTML 和 XML）和访问、操作构成文档的各种元素的应用程序接口（API），支持 JavaScript 的所有浏览器都支持 DOM。

17.1.1　DOM 简介

DOM 将整个 HTML 页面文档规划成由多个相互连接的节点集构成的文档，文档中的每个部分都可以看作是一个节点的集合，这个节点集合可以看作是一个节点树（Tree），通过这个节点树，开发者可以对文档的内容和结构进行遍历、添加、删除、修改和替换。如图17-1 所示为 DOM 模型被构造为对象的树。

DOM 树

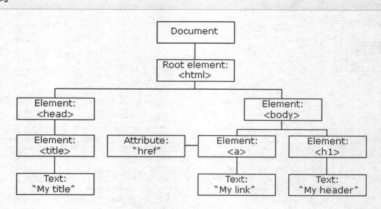

图 17-1　DOM 模型树结构

通过可编程的对象模型，JavaScript 获得了足够的能力来创建动态的 HTML，可以改变页面中的所有 HTML 元素、CSS 样式、HTML 属性，并可以对页面中的所有事件做出反应。

17.1.2　基本的 DOM 方法

DOM 方法很多，这里只介绍一些基本的方法，包括直接引用节点、间接引用节点、获得节点信息、处理节点信息、处理文本节点以及改变文档层次结构等。

1. 直接引用节点

有两种方式可以直接引用节点。

（1）document.getElementById（id）方法：在文档里通过 id 来找节点，返回找到的节点对象，只有一个。

（2）document.getElementsByName（tagName）方法：通过 HTML 的标记名称在文档里面查找，返回满足条件的数组对象。

■ 实例 1：获取网页节点信息

```
<!DOCTYPE html>
<html>
<head>
    <meta charset="UTF-8">
    <title>获取节点信息</title>
    <script type="text/javascript">
        function start(){
            //1. 获得所有的body元素列表（此处只有一个）
            myDocumentElements=document.getElementsByName("body");
            //2. body元素是这个列表的第一个元素
            myBody=myDocumentElements.item(0);
            //3. 获得body的子元素中所有的p元素
            myBodymyBodyElements=myBody.getElementsByName("p");
            // 4. 获得这个列表中的第二个单元元素
            myP=myBodyElements.item(1);
        }
    </script>
</head>
<body onload="start()">
<p>你好！</p>
<p>欢迎光临！</p>
</body>
</html>
```

图 17-2 获取节点信息

运行程序，结果如图 17-2 所示。

在上述代码中，设置变量 myP 指向 DOM 对象 body 中的第二个 p 元素。首先，使用下面的代码获得所有的 body 元素的列表，因为在任何合法的 HTML 文档中都只有一个 body 元素，所以这个列表只包含一个单元。

```
document.getElementsByName("body");
```

下一步，取得列表的第一个元素，它本身就是 body 元素对象。

```
myBody=myDocumentElements.item(0);
```

然后，通过下面代码获得 body 的子元素中所有的 p 元素。

```
myBodyElements=myBody.getElementsByName("p");
```

最后，从列表中取得第二个单元元素。

```
myP=myBodyElements.item(1);
```

2. 间接引用节点

主要包括对节点的子节点、父节点以及兄弟节点的访问。

（1）element.parentNode 属性：引用父节点。

（2）element.childNodes 属性：返回所有的子节点的数组。

（3）element.nextSibling 属性和 element.nextPreviousSibling 属性：分别是对下一个兄弟节点和上一个兄弟节点的引用。

3. 获得节点信息

主要包括节点名称、节点类型、节点值的获取。

（1）nodeName 属性：获得节点名称。

（2）nodeType 属性：获得节点类型。

（3）nodeValue 属性：获得节点的值。

（4）hasChildNodes 属性：判断是否有子节点。

（5）tagName 属性：获得标记名称。

4. 处理节点信息

除了通过"元素节点.属性名称"的方式访问外，还可以通过 setAttribute() 和 getAttribute() 方法设置和获取节点属性。

（1）elementNode.setAttribute（attributeName，attributeValue）方法：设置元素节点的属性。

（2）elementNode.getAttribute（attributeName）方法：获取属性值。

5. 处理文本节点

主要有 innerHTML 和 innerText 两个属性。

（1）innerHTML 属性：设置或返回节点开始和结束标签之间的 HTML。

（2）innerText 属性：设置或返回节点开始和结束标签之间的文本，不包括 HTML 标签。

6. 改变文档层次结构

（1）document.createElement() 方法：创建元素节点。

（2）document.createTextNode() 方法：创建文本节点。

（3）appendChild（childElement）方法：添加子节点。

（4）insertBefore（newNode，refNode）：插入子节点，newNode 为插入的节点，refNode 表示将插入的节点插入到这之前。

（5）replaceChild（newNode，oldNode）方法：取代子节点，oldNode 必须是 parentNode 的子节点。

（6）cloneNode（includeChildren）方法：复制节点，includeChildren 为 bool，表示是否复制其子节点。

（7）removeChild（childNode）方法：删除子节点。

实例 2：获取网页节点信息

创建一个网页文档，然后在文档中创建节点、创建文本节点并添加到其他节点中。

```
<!DOCTYPE html>
<html>
<head>
    <meta charset="UTF-8">
    <title>创建节点示例</title>
    <script type="text/javascript">
        function createMessage(){
            var oP = document.createElement("p");
            var oText = document.createTextNode("Hello JavaScript!");
            oP.appendChild(oText);
            document.body.appendChild(oP);
        }
    </script>
</head>
<body onload="createMessage()">
</body>
</html>
```

运行程序，结果如图 17-3 所示。

上述代码中创建了节点 oP 和文本节点 oText，oText 通过 appendChild() 方法附加在 oP 节点上，为了实际显示出来，将 oP 节点通过 appendChild() 方法附加在 body 节点上，最后在页面中输出 Hello JavaScript!。

图 17-3　创建节点示例

17.1.3　网页中的 DOM 模型框架

文档对象模型采用的分层结构为树形结构，以树节点的方式表示文档中的各种内容。为了便于理解网页中的 DOM 模型框架，下面以一个简单的 HTML 页面为例进行介绍。

▌实例 3：DOM 模型框架实例

```
<!DOCTYPE html>
<html>
<head>
    <meta charset="UTF-8">
    <title>DOM模型示例</title>
</head>
<body>
<h1>我的标题</h1>
<a href="#">我的链接</a>
</body>
</html>
```

运行程序，结果如图 17-4 所示。

上述实例对应的 DOM 节点层次模型如图 17-5 所示。

图 17-4　DOM 模型示例

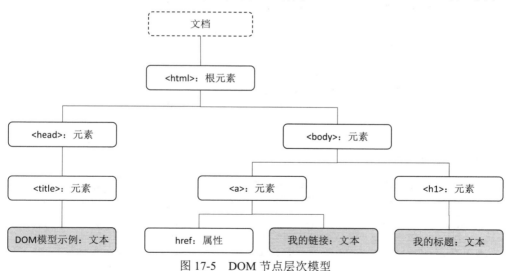

图 17-5　DOM 节点层次模型

在这个树状图中，每一个对象都可以称为一个节点，下面介绍几种节点的概念。

（1）根节点：在最顶层的 <html> 节点，称为根节点。

（2）父节点：一个节点之上的节点是该节点的父节点，例如：<html> 就是 <head> 和 <body> 的父节点，<head> 是 <title> 的父节点。

（3）子节点：位于一个节点之下的节点就是该节点的子节点，例如：<head> 和 <body> 就是 <html> 的子节点，<title> 是 <head> 的子节点。

（4）兄弟节点：如果多个节点在同一个层次，并拥有相同的父节点，这个节点就是兄弟节点，例如：<head> 和 <body> 就是兄弟节点。

（5）后代节点：一个节点的子节点的集合可以称为是该节点的后代，例如：<head> 和 <body> 就是 <html> 的后代。

（6）叶子节点：在树状结构最低层的节点称为叶子节点，例如："我的标题""我的链接"都属于叶子节点。

17.2 DOM 模型中的节点

在 DOM 模型中有三种节点，分别是元素节点、属性节点和文本节点，下面分别进行介绍。

17.2.1 元素节点

可以说整个 DOM 模型都是由元素节点构成的。元素节点可以包含其他的元素，例如 <li> 可以包含在 <ul> 中，唯一没有被包含的只有根元素 HTML。

实例 4：获取元素节点属性值

```
<!DOCTYPE html>
<html>
<head>
    <meta charset="UTF-8">
    <title>获取元素节点属性值</title>
    <script type="text/javascript">
        function getNodeProperty()
        {
            var d =document.getElementById("m");
            alert(d.nodeType);
            alert(d.nodeName);
            alert(d.nodeValue);
        }
    </script>
</head>
<body>
<table border=1>
    <tr>
        <td id="m" name="myname">马一凡</td>
        <td id="s" name="myname">孙雨轩</td>
    </tr>
</table>
<br />
<input type="button" onclick="getNodeProperty()" value="点击获取元素节点属性值" />
</body>
</html>
```

运行程序，结果如图 17-6 所示。单击"点击获取元素节点属性值"按钮，即可弹出一个信息提示框，显示运行的结果，如图 17-7 所示。

图 17-6 元素节点示例

图 17-7 信息提示框 1

再连续单击两次"确定"按钮，将弹出另外两个信息提示框，显示运行的结果，如图 17-8 和图 17-9 所示。

图 17-8 信息提示框 2　　　　　　　　　　　　图 17-9 信息提示框 3

17.2.2 文本节点

在 HTML 中，文本节点是向用户展示内容，例如下面一段代码：

```
<a href="http: //www.hao123.com" title="我的主页">我的主页</a>
```

其中，"我的主页"就是一个文本节点。

实例 5：获取文本节点属性值

```
<!DOCTYPE html>
<html>
<head>
    <meta charset="UTF-8">
    <title>获取文本节点属性值</title>
    <script type="text/javascript">
        function getNodeProperty()
        {
            var d = document.getElementsByTagName("td")[0].firstChild;
            alert(d.nodeType);
            alert(d.nodeName);
            alert(d.nodeValue);
        }
    </script>
</head>
<body>
<table border=1>
    <tr>
        <td id="m" name="myname">马一凡</td>
        <td id="s" name="myname">孙雨轩</td>
    </tr>
</table>
<br />
<input type="button" onclick="getNodeProperty()" value="点击获取文本节点属性值" />
```

```
</body>
</html>
```

运行程序，结果如图 17-10 所示。单击"点击获取文本节点属性值"按钮，即可弹出一个信息提示框，显示运行的结果，如图 17-11 所示。

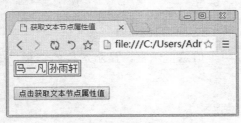

图 17-10　文本节点示例

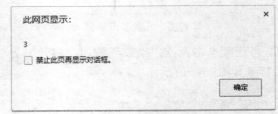

图 17-11　信息提示框 1

再连续单击两次"确定"按钮，将弹出另外两个信息提示框，显示运行的结果，如图 17-12 与图 17-13 所示。

图 17-12　信息提示框 2

图 17-13　信息提示框 3

17.2.3　属性节点

页面中的元素，或多或少都会有一些属性，例如，几乎所有的元素都有 title 属性。可以利用这些属性，对包含在元素里的对象做出更准确的描述。例如下面一段代码：

```
<a href="http://www.hao123.com" title="我的主页"> 我的主页</a>
```

其中，href="http://www.hao123.com" 和 title=" 我的主页 " 就是两个属性节点。

▌实例 6：获取属性节点属性值

```
<!DOCTYPE html>
<html>
<head>
    <meta charset="UTF-8">
    <title>获取属性节点属性值</title>
    <script type="text/javascript">
        function getNodeProperty()
        {
            var d = document.getElementById("m").getAttributeNode("name");
            alert(d.nodeType);
            alert(d.nodeName);
            alert(d.nodeValue);
        }
    </script>
</head>
```

```
<body>
<table border=1>
    <tr>
        <td id="m" name="myname">马一凡</td>
        <td id="s" name="myname">孙雨轩</td>
    </tr>
</table>
<br />
<input type="button" onclick="getNodeProperty()" value="点击获取属性节点属性值" />
</body>
</html>
```

运行程序，结果如图 17-14 所示。单击"点击获取属性节点属性值"按钮，即可弹出一个信息提示框，显示运行的结果，如图 17-15 所示。

图 17-14　属性节点示例

图 17-15　信息提示框 1

再连续单击两次"确定"按钮，将弹出另外两个信息提示框，显示运行的结果，如图 17-16 与图 17-17 所示。

图 17-16　信息提示框 2

图 17-17　信息提示框 3

17.3　操作 DOM 中的节点

对节点的操作主要包括访问节点、创建节点、插入节点、复制节点、删除节点等。

17.3.1　访问节点

使用 getElementById() 方法可以访问指定 id 的节点，并用 nodeName 属性、nodeType 属性和 nodeValue 属性来显示节点名称、节点类型和节点值。

下面给出一个实例，该实例在页面弹出的提示框中，显示了指定节点的名称、类型和值。

实例 7：访问节点并显示节点的名称、类型与节点的值

创建一个网页文档，访问节点，然后在弹出的提示框中显示节点的名称、类型与节点的值。

```
<!DOCTYPE html>
<html>
<head>
    <meta charset="UTF-8">
    <title>访问指定节点</title>
</head>
<body id="b1">
<h3 >个人主页</h3>
<b>我的小店</b>
<script type="text/javascript">
    var by=document.getElementById
("b1");
```

```
var str;
str="节点名称："+by.nodeName+"\n";
str+="节点类型："+by.nodeType+"\n";
str+="节点值："+by.nodeValue+"\n";
alert(str);
</script>
</body>
</html>
```

运行程序，结果如图 17-18 所示。

图 17-18　访问指定节点

17.3.2　创建节点

要创建新的节点，首先需要使用文档对象中的 createElement() 方法和 createTextNode() 方法生成一个新元素，并生成文本节点，再通过使用 appendChild() 方法将创建的新节点添加到当前节点的末尾处。appendChild() 方法将新的子节点添加到当前节点末尾处的语法格式如下：

```
node.appendChild(node)
```

其中，**node** 表示要添加的新的子节点。

实例 8：通过创建节点添加列表信息

创建一个网页文档，通过创建节点的方式添加列表信息。代码如下：

```
<!DOCTYPE html>
<html>
<head>
    <meta charset="UTF-8">
    <title>创建节点</title>
</head>
<body>
<ul id="myList">
    <li>春眠不觉晓</li>
    <li>处处闻啼鸟</li>
</ul>
<p id="demo">单击按钮将项目添加到列表中，从而创建一个节点</p>
<button onclick="myFunction()">创建节点</button>
<script type="text/javascript">
    function myFunction(){
        var node=document.createElement("LI");
        var textnode=document.createTextNode("夜来风雨声");
        node.appendChild(textnode);
```

```
                document.getElementById("myList").appendChild(node);
        }
</script>
</body>
</html>
```

运行程序，结果如图 17-19 所示。单击"创建节点"按钮，即可在列表中添加项目，从而创建一个节点，如图 17-20 所示。

图 17-19　创建节点

图 17-20　添加项目并创建节点

> **注意**：上述代码首先创建一个节点，然后创建一个文本节点，接着将文本节点添加到 LI 节点上，最后将节点添加到列表中。

17.3.3　插入节点

通过使用 insertBefore() 方法可在已有的子节点前插入一个新的子节点。语法格式如下：

```
node.insertBefore(newnode,existingnode)
```

其中，newnode 表示新的子节点，existingnode 表示指定一个节点，在这个节点前插入新的节点。

▌ 实例 9：通过插入节点添加列表信息

创建一个网页文档，通过插入节点的方式添加列表信息。

```
<!DOCTYPE html>
<html>
<head>
    <meta charset="UTF-8">
    <title>插入节点</title>
</head>
<body>
<ul id="myList1">
    <li>春眠不觉晓,</li>
    <li>处处闻啼鸟。</li>
</ul>
<ul id="myList2">
    <li>夜来风雨声,</li>
    <li>花落知多少。</li>
</ul>
<p id="demo">单击该按钮将一个项目从一个列表移动到另一个列表,从而完成插入节点的操作</p>
<button onclick="myFunction()">插入节点</button>
```

```html
<script type="text/javascript">
    function myFunction(){
        var node=document.getElementById("myList1").lastChild;
        var list=document.getElementById("myList2");
        list.insertBefore(node,list.childNodes[0]);
    }
</script>
</body>
</html>
```

运行程序，结果如图 17-21 所示。单击"插入节点"按钮，即可将一个项目从一个列表移动到另一个列表，从而插入节点，如图 17-22 所示。

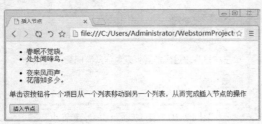

图 17-21 插入节点

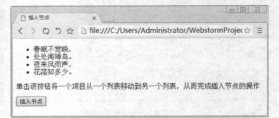

图 17-22 移动项目到另一列表

17.3.4 删除节点

使用 removeChild() 方法可从子节点列表中删除某个节点，如果删除成功，此方法可返回被删除的节点，如果失败，则返回 NULL。具体的语法格式如下：

```
node.removeChild(node)
```

▌实例 10：通过删除节点删除列表中的信息

```html
<!DOCTYPE html>
<html>
<head>
    <meta charset="UTF-8">
    <title>删除节点</title>
</head>
<body>
<ul id="myList">
    <li>春眠不觉晓,</li>
    <li>春眠不觉晓,</li>
    <li>处处闻啼鸟。</li>
    <li>夜来风雨声,</li>
    <li>花落知多少。</li>
</ul>
<p id="demo">单击按钮移除列表的第一项,从而完成删除节点操作</p>
<button onclick="myFunction()">删除节点</button>
<script type="text/javascript">
    function myFunction(){
        var list=document.getElementById("myList");
        list.removeChild(list.childNodes[0]);
    }
</script>
</body>
</html>
```

运行程序，结果如图 17-23 所示。单击"删除节点"按钮，即可从子节点列表中删除某个节点，从而完成删除节点的操作，如图 17-24 所示。

图 17-23　删除节点

图 17-24　通过按钮删除列表第一项

17.3.5　复制节点

使用 cloneNode() 方法可创建指定节点的精确拷贝，cloneNode() 方法拷贝所有属性和值。该方法将复制并返回调用它的节点的副本。如果传递给它的参数是 true，它还将递归复制当前节点的所有子孙节点，否则，它只复制当前节点。语法格式如下：

```
node.cloneNode(deep)
```

▌ 实例 11：通过复制节点添加列表中的信息

```
<!DOCTYPE html>
<html>
<head>
    <meta charset="UTF-8">
    <title>复制节点</title>
</head>
<body>
<ul id="myList1"><li>春眠不觉晓,</li><li>处处闻啼鸟。</li><li>夜来风雨声,</li></ul>
<ul id="myList2"><li>花落知多少。</li></ul>
<p id="demo">单击按钮将项目从一个列表复制到另一个列表中</p>
<button onclick="myFunction()">复制节点</button>
<script type="text/javascript">
    function myFunction(){
        var itm=document.getElementById("myList2").lastChild;
        var cln=itm.cloneNode(true);
        document.getElementById("myList1").appendChild(cln);
    }
</script>
</body>
</html>
```

运行程序，结果如图 17-25 所示。单击"复制节点"按钮，即可将项目从一个列表复制到另一个列表中，从而完成复制节点的操作，如图 17-26 所示。

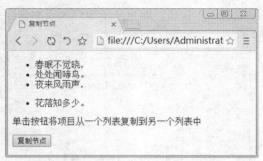

图 17-25　复制节点

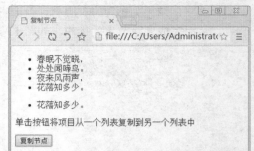

图 17-26　复制项目到第一个列表中

17.3.6　替换节点

使用 replaceChild() 方法可将某个子节点替换为另一个节点，这个新节点可以是文本中已存在的，或者是用户自己新创建的。语法格式如下：

```
node.replaceChild（newnode,oldnode）
```

主要参数介绍如下。

（1）newnode：替换后的新节点。

（2）oldnode：需要被替换的旧节点。

▍实例12：通过替换节点修改列表中的信息

```html
<!DOCTYPE html>
<html>
<head>
    <meta charset="UTF-8">
    <title>替换节点</title>
</head>
<body>
<ul id="myList"><li>处处闻啼鸟。</li><li>处处闻啼鸟。</li><li>夜来风雨声,</li><li>花
落知多少。</li></ul>
<p id="demo">单击按钮替换列表中的第一项。</p>
<button onclick="myFunction()">替换节点</button>
<script type="text/javascript">
    function myFunction(){
        var textnode=document.createTextNode（"春眠不觉晓,"）;
        var item=document.getElementById（"myList"）.childNodes[0];
        item.replaceChild（textnode,item.childNodes[0]）;
    }
</script>
</body>
</html>
```

运行程序，结果如图 17-27 所示。单击"替换节点"按钮，即可替换列表中的第一项，从而完成替换节点的操作，如图 17-28 所示。

图 17-27　替换节点

图 17-28　替换列表中的第一项

17.4　innerHTML 属性

HTML 文档中的每一个元素节点都有 innerHTML 属性，我们通过对这个属性的访问可以获取或者设置元素节点标签内的 HTML 内容。

▌实例 13：通过替换节点修改列表中的信息

```html
<!DOCTYPE html>
<html>
<head>
    <meta charset="UTF-8">
    <title>innerHTML属性</title>
    <script type="text/javascript">
        function myDOMInnerHTML(){
            var myDiv = document.getElementById("myTest");
            alert(myDiv.innerHTML);         //直接显示innerHTML的内容
                                            //修改innerHTML,可直接添加代码
            myDiv.innerHTML = "<img src='02.jpg' title='美丽风光'>";
        }
    </script>
</head>
<body onload="myDOMInnerHTML()">
<div id="myTest">
    <span>图库</span>
    <p>这是一行用于测试的文字</p>
</div>
</body>
</html>
```

运行程序，结果如图 17-29 所示。单击"确定"按钮，即可在页面中显示相关效果，如图 17-30 所示。

图 17-29　信息提示框

图 17-30　显示运行结果

> **提示**：上述代码中首先获取 myTest，然后显示其中所有的 innerHTML，最后，将 myTest 的 innerHTML 修改为图片，并显示出来。

17.5　DOM 与 CSS

DOM 允许 JavaScript 改变 HTML 元素的 CSS 样式，下面详细介绍改变 CSS 样式的方法。

17.5.1　改变 CSS 样式

通过 JavaScritp 和 HTML DOM 可以方便地改变 HTML 元素的 CSS 样式。语法如下：

```
document.getElementById(id).style.property=新样式
```

▎**实例 14**：修改网页元素的 CSS 样式

```html
<!DOCTYPE html>
<html>
<head>
    <meta charset="UTF-8">
    <title>修改CSS样式</title>
    <script type="text/javascript">
        function changeStyle()
        {
            document.getElementById("p2").style.color="blue";
            document.getElementById("p2").style.fontFamily="Arial";
            document.getElementById("p2").style.fontSize="larger";
        }
    </script>
</head>
<body>
<p id="p1">小娃撑小艇,</p>
<p id="p2">偷采白莲回。</p>
<br />
<input type="button" onclick="changeStyle()" value="修改段落2样式" />
</body>
</html>
```

运行程序，结果如图 17-31 所示。单击"修改段落 2 样式"按钮，即可修改段落 2 的 CSS 样式，包括颜色、字体以及字体大小，运行之后效果如图 17-32 所示。

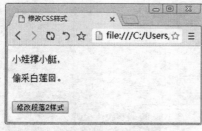

图 17-31　使用 DOM 修改 CSS 样式

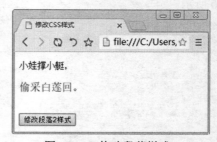

图 17-32　修改段落样式

17.5.2 使用 className 属性

DOM 对象还有一个非常实用的 className 属性，通过这个属性可以修改节点的 CSS 样式。

▌实例 15：使用 className 属性修改 CSS 样式

```html
<!DOCTYPE html>
<html>
<head>
    <meta charset="UTF-8">
    <title>className属性</title>
    <style type="text/css">
        .myUL1{
            Color: #0000FF;
            Font-family: Arial;
            Font-weight: bold;
        }
        .myUL2{
            Color: #FF0000;
            Font-family: Georgia, "Times New Roman"Times,serif;
            Font-size: bold;
        }
    </style>
    <script type="text/javascript">
        function changeStyleClassName(){
            var oMy=document.getElementsByTagName ( "ul" ) [0];
            oMy.className="myUL2";
        }
    </script>
</head>
<body>
<ul class="myUL1">
    <li>旧时王谢堂前燕</li>
    <li>飞入寻常百姓家</li>
</ul>
</br>
<input type="button" onclick="changeStyleClassName(); " value="修改CSS样式" />
</body>
</html>
```

运行程序，结果如图 17-33 所示。单击"修改 CSS 样式"按钮，即可将文本样式进行修改，并显示修改后的效果，如图 17-34 所示。

图 17-33 ClassName 属性的应用

图 17-34 显示修改后的效果

> **注意：** 使用 className 属性修改网页元素的 CSS 样式，是通过覆盖的方法进行的。例如，上述代码在单击列表时将 <ul> 标签的 className 属性进行了修改，就是用 myUL2 覆盖了 myUL1 的样式。

17.6　新手常见疑难问题

▎**疑问 1：如何显示 / 隐藏一个 DOM 元素？**

使用如下代码可以显示 / 隐藏一个 DOM 元素：

```
el.style.display ="";
el.style.display ="none";
```

其中，el 是要操作的 DOM 元素。

▎**疑问 2：如何通过元素的 name 属性获取元素的值？**

通过元素的 name 属性获取元素 Document 对象的 getElementsByName() 方法，使用该方法的返回值是一个数组，不是一个元素。例如，如果想要获取页面中 name 属性值为 shop 的元素，具体代码如下：

```
document.getElementsByName("shop")[0].value;
```

17.7　实战技能训练营

▎**实战 1：制作一个树形导航菜单**

树形导航菜单是网页设计中最常用的菜单之一。实现一个树形菜单，需要三个方面配合，一个是 <ul> 无序列表，用于显示的菜单；一个是 CSS 样式，修饰树形菜单样式；一个是 JavaScript 程序，实现单击时展开菜单选项。程序运行效果如图 17-35 所示。

▎**实战 2：定义鼠标经过菜单样式**

在企业网站中，为菜单设计鼠标经过时的菜单样式。当用户将鼠标移动到任意一个菜单上时，该菜单都会突出并加黑色边框显示，鼠标移走后，又恢复为原来的效果，运行结果如图 17-36 所示。

图 17-35　树形菜单

图 17-36　鼠标经过时的菜单样式

第18章 JavaScript的事件处理

本章导读

　　JavaScript 的一个最基本特征就是采用事件驱动，使得在图形界面环境下的一切操作变得简单化，通常将鼠标或热键的动作称为事件；将由鼠标或热键引发的一连串程序动作，称为事件驱动，而将对事件进行处理的程序或函数，称为事件处理程序。本章就来介绍 JavaScript 的事件处理机制。

知识导图

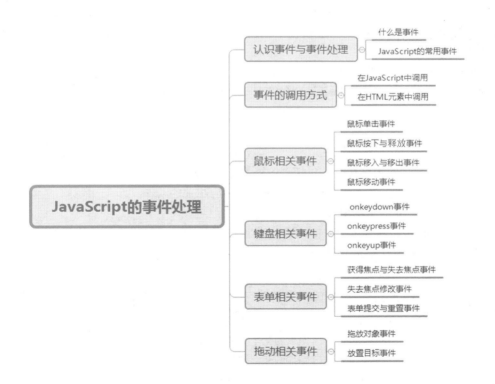

18.1　认识事件与事件处理

在JavaScript程序中使用事件和事件处理可以使程序的逻辑结构更加清晰，使程序更具有灵活性，从而提高程序的开发效率。

1. 什么是事件

JavaScript的事件可以用于处理表单验证、用户输入、用户行为及浏览器动作，如页面加载时触发事件、页面关闭时触发事件、用户点击按钮执行动作、验证用户输入内容的合法性等。事件将用户和Web页面连接在一起，使用户可以与服务器进行交互，以响应用户的操作。

事件处理程序用于说明一个对象如何响应事件。在早期支持JavaScript脚本的浏览器中，事件处理程序是作为HTML标记的附加属性加以定义的，其形式如下：

```
<input type="button" name="MyButton" value="Test Event" onclick="MyEvent()">
```

JavaScript的事件处理过程一般分为三步：首先发生事件，接着启动事件处理程序，最后事件处理程序作出反应。其中，要使事件处理程序能够启动，必须通过指定的对象来调用相应的事件，然后通过该事件调用事件处理程序。

目前，JavaScript的大部分事件命名都是描述性的，如click、submit、mouseover等，通过名称就可以知道其含义。一般情况下，在事件名称之前添加前缀，如对于click事件，其处理器名为onclick。

JavaScript的事件不仅仅局限于鼠标和键盘操作，也包括浏览器的状态改变，如绝大部分浏览器支持类似resize和load这样的事件。load事件在浏览器载入文档时被触发，如果事件要在文档载入时被触发，一般应该在 <body> 标记中加入如下语句：

```
"onload="MyFunction()"";
```

事件可以发生在很多场合，包括浏览器本身的状态和页面中的按钮、链接、图片、层等。同时根据DOM模型，文本也可以作为对象，并响应相关的动作，如单击鼠标、文本被选择等。

2. JavaScript的常用事件

JavaScript的事件有很多，如鼠标键盘事件、表单相关事件、拖动相关事件等。JavaScript的相关事件如表18-1所示。

表 18-1　JavaScript 的相关事件

分　类	事　件	说　明
鼠标键盘事件	onkeydown	键盘的某个键被按下时触发此事件
	onkeypress	键盘的某个键被按下或按住时触发此事件
	onkeyup	键盘的某个键被松开时触发此事件
	onclick	鼠标单击某个对象时触发此事件
	ondblclick	鼠标双击某个对象时触发此事件
	onmousedown	某个鼠标按键被按下时触发此事件
	onmousemove	鼠标被移动时触发此事件
	onmouseout	鼠标从某元素移开时触发此事件

分　类	事　件	说　明
鼠标键盘事件	onmouseover	鼠标被移到某元素之上时触发此事件
	onmouseup	某个鼠标按键被释放时触发此事件
	onmouseleave	当鼠标指针移出元素时触发此事件
	onmouseenter	当鼠标指针移动到元素上时触发此事件
	oncontextmenu	在用户单击鼠标右键打开上下文菜单时触发此事件
表单相关事件	onreset	当重置按钮被单击时触发此事件
	onblur	当元素失去焦点时触发此事件
	onchange	当元素失去焦点并且元素的内容发生改变时触发此事件
	onsubmit	当提交按钮被单击时触发此事件
	onfocus	当元素获得焦点时触发此事件
	onfocusin	元素即将获取焦点时触发
	onfocusout	元素即将失去焦点时触发
	oninput	元素获取用户输入时触发
	onsearch	用户向搜索域输入文本时触发（<input="search">）
	onselect	用户选取文本时触发（<input> 和 <textarea>）
拖动相关事件	ondrag	该事件在元素正在拖动时触发
	ondragend	该事件在用户完成元素的拖动时触发
	ondragenter	该事件在拖动的元素进入放置目标时触发
	ondragleave	该事件在拖动元素离开放置目标时触发
	ondragover	该事件在拖动元素放置在目标上时触发
	ondragstart	该事件在用户开始拖动元素时触发
	ondrop	该事件在拖动元素放置目标区域时触发

18.2　事件的调用方式

事件通常与函数配合使用，这样就可以通过发生的事件来驱动函数执行，在 JavaScript 中，事件调用的方式有两种，下面分别进行介绍。

1. 在 JavaScript 中调用

在 JavaScript 中调用事件处理程序是比较常用的一种方式，在调用的过程中，首先需要获取要处理对象的引用，然后将要执行的处理函数赋值给对应的事件。当单击"获取时间"按钮时，在页面中显示当前系统时间信息。

▌实例 1：在页面中显示当前系统时间

```
<!DOCTYPE html>
<html>
<head>
    <meta charset="UTF-8">
    <title>显示系统当前时间</title>
</head>
<body>
<p>点击按钮执行displayDate()函数,显示当前时间信息</p>
<button id="myBtn">显示时间</button>
<script type="text/javascript">
```

```
        document.getElementById("myBtn").onclick=function(){
            displayDate()
        };
        function displayDate(){
            document.getElementById("demo").innerHTML=Date();
        };
</script>
<p id="demo"></p>
</body>
</html>
```

运行程序，结果如图 18-1 所示。单击"显示时间"按钮，即可在页面中显示当前系统的日期和时间信息，如图 18-2 所示。

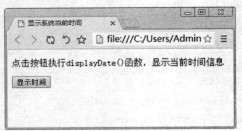

图 18-1　程序运行结果

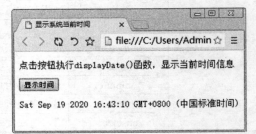

图 18-2　显示系统当前时间

> **注意：** 在上述代码中使用了 onclick 事件，可以看到该事件处于 JavaScript 中的 script 标签中，另外，在 JavaScript 中指定事件处理程序时，事件名称必须小写，才能正确响应事件。

2. 在 HTML 元素中调用

在 HTML 元素中调用事件处理程序时，只需要在该元素中添加响应的事件，并在其中指定要执行的代码或者函数名即可。例如：

```
<input name="close" type="button" value="关闭" onclick=alert("单击了关闭按钮"); >
```

上述代码的运行结果会在页面中显示"关闭"按钮，当单击该按钮后，会弹出一个信息提示框，如图 18-3 所示。

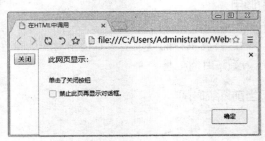

图 18-3　信息提示框

18.3　鼠标相关事件

鼠标事件是在页面操作中使用最频繁的操作，可以利用鼠标事件在页面中实现鼠标移动、单击时的特殊效果。

1. 鼠标单击事件

单击事件（onclick）是在鼠标单击时被触发的事件，单击是指鼠标停留在对象上，按下鼠标键，在没有移动鼠标之前释放鼠标键的这一完整过程。

如果在对象上按下鼠标键，然后移动鼠标到对象外再释放鼠标，则单击事件无效，必须在对象上释放鼠标后，才会执行单击事件的处理程序。

下面给出一个实例，通过单击按钮，动态变换背景的颜色，当用户再次单击按钮时，页面背景将以不同的颜色进行显示。

实例 2：动态变换页面背景的颜色

```
<!DOCTYPE html>
<html>
<head>
    <meta charset="UTF-8">
    <title>动态变换页面背景颜色</title>
</head>
<body>
<p>使用按钮动态变换页面背景颜色</p>
<script language="javascript">
    var Arraycolor=new Array("teal","red","blue","navy","lime","green","purple","gray","yellow","white");
    var n=0;
    function turncolors(){
        if (n==(Arraycolor.length-1))n=0;
        n++;
        document.bgColor = Arraycolor[n];
    }
</script>
<form name="form1" method="post" action="">
    <p>
            <input type="button" name="Submit" value="变换背景颜色" onclick="turncolors()">
    </p>
</form>
</body>
</html>
```

运行程序，结果如图 18-4 所示。单击"变换背景颜色"按钮，即可改变页面的背景颜色，如图 18-5 所示背景的颜色为绿色。

图 18-4 程序运行结果

图 18-5 改变页面背景颜色

提示：鼠标事件一般应用于 Button 对象、CheckBox 对象、Image 对象、Link 对象、Radio 对象、Reset 对象和 Submit 对象。其中，Button 对象一般只会用到 onclick 事件处理程序，因为该对象不能从用户那里得到任何信息，如果没有 onclick 事件处理程序，按钮对象将不会有任何作用。

297

2. 鼠标按下与释放事件

鼠标的按下事件为 onmousedown 事件。在 onmousedown 事件中，用户把鼠标放在对象上按下鼠标键时触发。例如在应用中，有时需要获取在某个 div 元素上鼠标按下时的鼠标位置（x、y 坐标）并设置鼠标的样式为手形。

鼠标的释放事件为 onmouseup 事件。在 onmouseup 事件中，用户把鼠标放在对象上按下鼠标键然后释放鼠标键时触发。如果接收鼠标键按下事件的对象与鼠标键释放时的对象不是同一个对象，那么 onmouseup 事件不会触发。

▎实例 3：按下鼠标改变超链接文本颜色

```
<!DOCTYPE html>
<html>
<head>
    <meta charset="UTF-8">
    <title>改变超链接文本颜色</title>
    <script type="text/javascript">
        function myFunction(elmnt,clr){
            elmnt.style.color = clr;
        };
    </script>
</head>
<body>
<p onmousedown="myFunction(this,'red')" onmouseup="myFunction(this,'green')
"><u>按下鼠标改变超链接文本颜色</u></p>
</body>
</html>
```

运行程序，结果如图 18-6 所示。在文本上按下鼠标即可改变文本的颜色，这里文本的颜色变为红色，释放鼠标后，文本的颜色变成绿色。

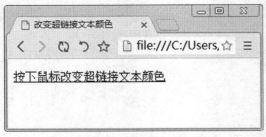

图 18-6　程序运行结果

注意：onmousedown 事件与 onmouseup 事件有先后顺序，在同一个对象上前者在先后者在后。onmouseup 事件通常与 onmousedown 事件共同使用控制同一对象的状态改变。

3. 鼠标移入与移出事件

鼠标的移入事件为 onmouseover。onmouseover 事件在鼠标进入对象范围（移到对象上方）时触发，onmouseover 事件可以应用在所有的 HTML 页面元素中。例如，当鼠标进入单元格时，触发 onmouseover 事件，调用名称为 modStyle 的事件处理函数，完成对单元格样式的更改。代码如下：

```
<td onmouseover="modStyle(this)" onmouseout="recoverStyle(this)">
```

鼠标的移出事件为 onmouseout。onmouseout 事件在鼠标离开对象时触发。onmouseout 事件通常与 onmouseover 事件共同使用改变对象的状态。例如，当鼠标移到一段文字上方时，文字颜色显示为红色，当鼠标离开文字时，文字恢复原来的黑色，代码如下：

```
<font onmouseover ="this.style.color='red'" onmouseout="this.style.
color="black"">文字颜色改变</font>
```

▍实例 4：改变网页图片的大小

```
<!DOCTYPE html>
<html>
<head>
    <meta charset="UTF-8">
    <title>改变图片的大小</title>
    <script type="text/javascript">
        function bigImg(x){
            x.style.height="218px";
            x.style.width="257px";
        }
        function normalImg(x){
            x.style.height="127px";
            x.style.width="150px";
        }
    </script>
</head>
<body>
<img onmouseover="bigImg(this)" onmouseout="normalImg(this)" border="0"
src="01.jpg" alt="Smiley" width="150" height="127">
</body>
</html>
```

运行程序，结果如图 18-7 所示。将鼠标移动到笑脸图片上，即可将笑脸图片变大显示，如图 18-8 所示。

图 18-7　程序运行结果

图 18-8　图片变大显示

4. 鼠标移动事件

鼠标移动事件（onmousemove）是鼠标在页面上移动时触发的事件处理程序。下面给出一个实例，在状态栏中显示鼠标在页面中的当前位置，该位置使用坐标进行表示。

▍实例 5：在状态栏中显示鼠标在页面中的当前位置

```
<!DOCTYPE html>
<html>
<head>
```

```
    <meta charset="UTF-8">
    <title>显示鼠标坐标位置</title>
    <script type="text/javascript">
        var x=0,y=0;
        function MousePlace()
        {
            x=window.event.x;
            y=window.event.y;
            window.status="X：  "+x+"   "+"Y：  "+y;
        }
        document.onmousemove=MousePlace;
    </script>
</head>
<body>
在状态栏中显示了鼠标在页面中的当前位置。
</body>
</html>
```

运行程序，结果如图 18-9 所示。移动鼠标，可以看到状态栏中鼠标的坐标数值也发生了变化。

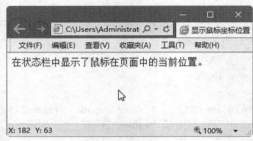

图 18-9　显示鼠标坐标位置

18.4　键盘相关事件

键盘事件是指键盘状态的改变，常用的键盘事件有 onkeydown 按键事件、onkeypress 按下键事件和 onkeyup 放开键事件。

1. onkeydown 事件

onkeydown 事件在键盘的按键被按下时触发，用于接收键盘上的所有按键（包括功能键）被按下时的事件。onkeydown 事件与 onkeypress 事件都在按键按下时触发，但是两者是有区别的。

例如，在用户输入信息的界面中，经常会有同时输入多条信息（存在多个文本框）的情况出现。为方便用户使用，通常情况下，当用户按回车键时，光标自动跳入下一个文本框。在文本框中使用如下代码，即可实现回车跳入下一文本框的功能。

```
<input type="text" name="txtInfo" onkeydown="if(event.keyCode==13)event.keyCode=9">
```

▌实例 6：onkeydown 事件的应用

```
<!DOCTYPE html>
<html>
```

```
<head>
    <meta charset="UTF-8">
    <title>onkeydown事件</title>
    <script type="text/javascript">
        function myFunction(){
            alert("你在文本框内按下一个键");
        };
    </script>
</head>
<body>
<p>当你在文本框内按下一个按键时,弹出一个信息提示框</p>
<input type="text" onkeydown="myFunction()">
</body>
</html>
```

运行程序,结果如图 18-10 所示。将鼠标定位在页面中的文本框内,按下键盘上的空格键,将弹出一个信息提示框,如图 18-11 所示。

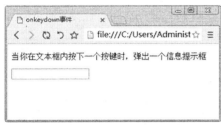

图 18-10　程序运行结果　　　　　　　图 18-11　信息提示框

2. onkeypress 事件

onkeypress 事件在键盘的按键被按下时触发。onkeypress 事件与 onkeydown 事件两者有先后顺序,onkeypress 事件是在 onkeydown 事件之后发生的。此外,当按下键盘上的任何一个键时,都会触发 onkeydown 事件;但是 onkeypress 事件只在按下键盘的任一字符键(如 A ~ Z、数字键)时触发,而单独按下功能键(F1 ~ F12)、Ctrl 键、Shift 键、Alt 键等,不会触发 onkeypress 事件。

▍ 实例 7: onkeypress 事件的应用

```
<!DOCTYPE html>
<html>
<head>
    <meta charset="UTF-8">
    <title>onkeypress事件</title>
    <script type="text/javascript">
        function myFunction(){
            alert("你在文本框内按下一个字符键");
        };
    </script>
</head>
<body>
<p>当你在文本框内按下一个字符键时,弹出一个信息提示框</p>
<input type="text" onkeypress="myFunction()">
</body>
</html>
```

运行程序,结果如图 18-12 所示。将鼠标定位在页面中的文本框内,按下键盘上的任意字符键，这里按下 A 键，将弹出一个信息提示框，如图 18-13 所示。如果单独按下功能键，将不会弹出信息提示框。

图 18-12　程序运行结果

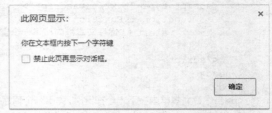

图 18-13　信息提示框

3. onkeyup 事件

onkeyup 事件在键盘上的按键被按下然后放开时触发。例如，页面中要求用户输入数字信息时，使用 onkeyup 事件，对用户输入的信息进行判断，具体代码如下：

```
<input type="text" name="txtNum" onkeyup="if(isNaN(value))execCommand
('undo');">
```

▌实例 8：onkeyup 事件的应用

使用 onkeyup 事件实现当用户在文本框中输入小写字符后，触发函数将其转换为大写形式。

```
<!DOCTYPE html>
<html>
<head>
    <meta charset="UTF-8">
    <title>onkeyup事件</title>
    <script type="text/javascript">
        function myFunction(){
            var x=document.getElementById("fname");
            x.value=x.value.toUpperCase();
        }
    </script>
</head>
<body>
<p>当用户在文本框中输入小写字符并释放最后一个按键时触发函数,该函数将字符转换为大写。</p>
请输入你的英文名字：<input type="text" id="fname" onkeyup="myFunction()">
</body>
</html>
```

运行程序，结果如图 18-14 所示。将鼠标定位在页面中的文本框内，输入英文名字，这里输入 sum，然后按下空格键，即可将小写英文名字修改为大写形式，如图 18-15 所示。

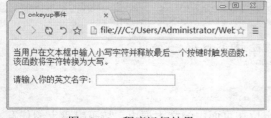

图 18-14　程序运行结果

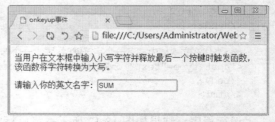

图 18-15　字母以大写形式显示

18.5　表单相关事件

　　表单事件实际上就是对元素获得或失去焦点的动作进行控制，可以利用表单事件来改变获得或失去焦点的元素样式，这里的元素可以是同一类型，也可以是多种不同的类型元素。

18.5.1　获得焦点与失去焦点事件

　　获得焦点事件 onfocus 是当某个元素获得焦点时触发事件处理程序，失去焦点事件 onblur 是当前元素失去焦点时触发事件处理程序。一般情况下，onfocus 事件与 onblur 事件结合使用，例如可以结合使用 onfocus 事件与 onblur 事件控制文本框获得焦点时改变样式，失去焦点时恢复原来的样式。

▌实例 9：onkeyup 事件的应用

　　使用 onfocus 事件与 onblur 事件实现文本框背景颜色的改变。例如，用户在选择文本框时，文本框的背景颜色发生变化，如果不选择文本框，文本框的颜色也发生变化。

```
<!DOCTYPE html>
<html>
<head>
    <meta charset="UTF-8">
    <title>改变文本框的背景颜色</title>
</head>
<body>
<p>当输入框获取焦点时,修改文本框背景色为蓝色。</p>
<p>当输入框失去焦点时,修改文本框背景色为红色。</p>
输入你的名字：<input type="text" onFocus="txtfocus()" onBlur="txtblur()">
<script type="text/javascript">
    function txtfocus(){               //当前元素获得焦点
        var e=window.event;           //获取事件对象
        var obj=e.srcElement;         //获取发生事件的元素
        obj.style.background="#00FFFF"; //设置元素背景颜色
    }
    function txtblur(){                //当前元素失去焦点
        var e=window.event;           //获取事件对象
        var obj=e.srcElement;         //获取发生事件的元素
        obj.style.background="#FF0000"; //设置元素背景颜色
    }
</script>
</body>
</html>
```

　　运行程序，结果如图 18-16 所示。选择文本框输入内容时，即可发现文本框的背景色发生了变化，这是通过获取焦点事件 onfocus 来完成的，如图 18-17 所示。

图 18-16　程序运行结果　　　　图 18-17　文本框的背景色为蓝色

当输入框失去焦点时，文本框的背景色变成红色，这是通过失去焦点事件（onblur）来完成的，如图 18-18 所示。

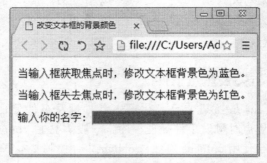

图 18-18　文本框的背景色为红色

18.5.2　失去焦点修改事件

onchange 事件只在事件对象的值发生改变并且事件对象失去焦点时触发。该事件一般应用在下拉列表框中。

▎实例 10：用下拉列表框改变字体颜色

```html
<!DOCTYPE html>
<html>
<head>
    <meta charset="UTF-8">
    <title>用下拉列表框改变字体颜色</title>
</head>
<body>
<form name="form1" method="post" action="">
    <input name="textfield" type="text"  value="请选择字体颜色">
    <select name="menu1" onChange="Fcolor()">
        <option value="black">黑</option>
        <option value="yellow">黄</option>
        <option value="blue">蓝</option>
        <option value="green">绿</option>
        <option value="red">红</option>
        <option value="purple">紫</option>
    </select>
</form>
<script type="text/javascript">
    function Fcolor()
    {
        var e=window.event;
        var obj=e.srcElement;
        form1.textfield.style.color=obj.options[obj.selectedIndex].value;
    }
</script>
</body>
</html>
```

运行程序，结果如图 18-19 所示。单击颜色右侧的下拉按钮，在弹出的下拉列表中选择文本的颜色，如图 18-20 所示。

图 18-19 程序运行结果

图 18-20 改变文本框中文字的颜色

18.5.3 表单提交与重置事件

onsubmit 事件在表单提交时触发，该事件可以用来验证表单输入项的正确性；onreset 事件在表单被重置后触发，一般用于清空表单中的文本框。

▎ 实例 11：表单提交的验证

使用 onsubmit 事件和 onreset 事件实现表单不为空的验证与重置后清空文本框的操作。

```
<!DOCTYPE html>
<html>
<head>
    <meta charset="UTF-8">
    <title>表单提交的验证</title>
</head>
<body style="font-size: 12px">
<table width="486" height="333" border="0" align="center" cellpadding="0"
cellspacing="0">
        <td align="center" valign="top">
            <table width="86%" border="0" align="center" cellpadding="2"
cellspacing="1" bgcolor="#6699CC">
                <form name="form1" onReset="return AllReset()" onsubmit="return
AllSubmit()">
                    <tr bgcolor="#FFFFFF">
                        <td height="22" align="right">所属类别: </td>
                        <td height="22" align="left">
                            <select name="txt1" id="txt1">
                                <option value="蔬菜水果">蔬菜水果</option>
                                <option value="干果礼盒">干果礼盒</option>
                                <option value="礼品工艺">礼品工艺</option>
                            </select>
                            <select name="txt2" id="txt2">
                                <option value="西红柿">西红柿</option>
                                <option value="红富士">红富士</option>
                            </select></td>
                    </tr>
                    <tr bgcolor="#FFFFFF">
                        <td height="22" align="right">商品名称: </td>
                            <td height="22" align="left"><input name="txt3"
type="text" id="txt3" size="30" maxlength="50"></td>
                    </tr>
                    <tr bgcolor="#FFFFFF">
                        <td height="22" align="right">会员价: </td>
```

```html
                                      <td height="22" align="left"><input name="txt4"
type="text" id="txt4" size="10"></td>
                                </tr>
                                <tr bgcolor="#FFFFFF">
                                    <td height="22" align="right">提供厂商: </td>
                                        <td height="22" align="left"><input name="txt5"
type="text" id="txt5" size="30" maxlength="50"></td>
                                </tr>
                                <tr bgcolor="#FFFFFF">
                                    <td height="22" align="right">商品简介: </td>
                                        <td height="22" align="left"><textarea name="txt6"
cols="35" rows="4" id="txt6"></textarea></td>
                                </tr>
                                <tr bgcolor="#FFFFFF">
                                    <td height="22" align="right">商品数量: </td>
                                        <td height="22" align="left"><input name="txt7"
type="text" id="txt7" size="10"></td>
                                </tr>
                                <tr bgcolor="#FFFFFF">
                                        <td height="22" colspan="2" align="center"><input
name="sub" type="submit" id="sub2" value="提交">
                                         
                                        <input type="reset" name="Submit2" value="重 置">
                                    </td>
                                </tr>
                        </form>
                    </table>
                </td>
        </table>
        <script type="text/javascript">
            function AllReset()
            {
                if (window.confirm("是否进行重置? "))
                    return true;
                else
                    return false;
            }
            function AllSubmit()
            {
                var T=true;
                var e=window.event;
                var obj=e.srcElement;
                for (var i=1; i<=7; i++)
                {
                    if (eval("obj."+"txt"+i).value=="")
                    {
                        T=false;
                        break;
                    }
                }
                if (!T)
                {
                    alert("提交信息不允许为空");
                }
                return T;
            }
        </script>
    </body>
</html>
```

运行程序，结果如图 18-21 所示。

图 18-21　表单显示效果

在"商品名称"文本框中输入名称，然后单击"提交"按钮，将会弹出一个信息提示框，提示用户提交的信息不允许为空，如图 18-22 所示。

如果信息输入有误，单击"重置"按钮，将弹出一个信息提示框，提示用户是否进行重置，如图 18-23 所示。

图 18-22　提交信息不能为空

图 18-23　提示用户是否重置表单

18.6　拖动相关事件

JavaScript 为用户提供的拖放事件有两类，一类是拖放对象事件，一类是放置目标事件。

18.6.1　拖放对象事件

拖放对象事件包括 ondragstart 事件、ondrag 事件、ondragend 事件。

（1）ondragstart 事件：用户开始拖动元素时触发。

（2）ondrag 事件：元素正在拖动时触发。

（3）ondragend 事件：用户完成元素拖动后触发。

> **注意**：在对对象进行拖动时，一般都要使用 ondragend 事件，用来结束对象的拖动操作。

18.6.2　放置目标事件

放置目标事件包括 ondragenter 事件、ondragover 事件、ondragleave 事件和 ondrop 事件。

（1）ondragenter 事件：当被鼠标拖动的对象进入其容器范围内时触发此事件。

（2）ondragover 事件：当某个对象在另一对象容器范围内拖动时触发此事件。

（3）ondragleave 事件：当被鼠标拖动的对象离开其容器范围时触发此事件。

（4）ondrop 事件：在一个拖动过程中，释放鼠标键时触发此事件。

> **注意**：在拖动元素时，每隔 350 毫秒会触发 ondrag 事件。

▌ 实例 12：实现来回拖动文本效果

```html
<!DOCTYPE html>
<html>
<head>
    <meta charset="UTF-8">
    <title>来回拖动文本</title>
    <style>
        .droptarget {
            float:   left;
            width:   100px;
            height:  35px;
            margin:  15px;
            padding: 10px;
            border:  1px solid #aaaaaa;
        }
    </style>
</head>
<body>
<p>在两个矩形框中来回拖动文本：</p>
<div class="droptarget">
    <p draggable="true" id="dragtarget">拖动我!</p>
</div>
<div class="droptarget"></div>
<p style="clear: both; ">
<p id="demo"></p>
<script type="text/javascript">
    /* 拖动时触发*/
    document.addEventListener("dragstart", function(event){
        //dataTransfer.setData()方法设置数据类型和拖动的数据
        event.dataTransfer.setData("Text", event.target.id);
        // 拖动 p 元素时输出一些文本
        document.getElementById("demo").innerHTML = "开始拖动文本";
        //修改拖动元素的透明度
        event.target.style.opacity = "0.4";
    });
    //在拖动p元素的同时,改变输出文本的颜色
    document.addEventListener("drag", function(event){
        document.getElementById("demo").style.color = "red";
    });
    // 当拖动完p元素后输出一些文本元素和重置透明度
    document.addEventListener("dragend", function(event){
        document.getElementById("demo").innerHTML = "完成文本的拖动";
        event.target.style.opacity =  "1";
    });
    /* 拖动完成后触发 */
    // 当p元素完成拖动进入droptarget时,改变div的边框样式
    document.addEventListener("dragenter", function(event){
        if ( event.target.className == "droptarget" ){
            event.target.style.border = "3px dotted red";
```

```
        }
    });
    // 默认情况下,数据/元素不能在其他元素中被拖放。对于drop我们必须防止元素的默认处理
    document.addEventListener ("dragover", function (event){
        event.preventDefault();
    });
    // 当可拖放的p元素离开droptarget时,重置div的边框样式
    document.addEventListener ("dragleave", function (event){
        if ( event.target.className == "droptarget" ){
            event.target.style.border = "";
        }
    });
    /*对于drop,防止浏览器的默认处理数据（在drop中链接是默认打开）
    复位输出文本的颜色和div的边框颜色
    利用dataTransfer.getData()方法获得拖放数据
    拖动的数据元素id（ "drag1"）
    拖动元素附加到drop元素*/
    document.addEventListener ("drop", function (event){
        event.preventDefault();
        if ( event.target.className == "droptarget" ){
            document.getElementById ("demo").style.color = "";
            event.target.style.border = "";
            var data = event.dataTransfer.getData ("Text");
            event.target.appendChild (document.getElementById (data));
        }
    });
</script>
</body>
</html>
```

运行程序，结果如图 18-24 所示。选中第一个矩形框中的文本，按下鼠标左键不放进行拖动，这时会在页面中显示"开始拖动文本"的信息提示，如图 18-25 所示。

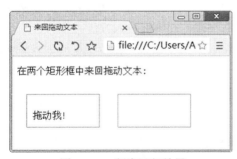

图 18-24　程序运行结果

图 18-25　拖动文本

拖动完成后，释放鼠标左键，页面中提示信息为"完成文本的拖动"，如图 18-26 所示。

图 18-26　完成文本的拖动

309

18.7　新手常见疑难问题

▌疑问1：在调用事件时，事件的名称有什么规定呢？

在 JavaScript 中调用事件时，事件的名称一定要小写，这样才能正确响应事件。例如，如下代码：

```
<input type="text" onkeydown="myFunction()">
```

这里，onkeydown 就是事件的名称，应该小写。

▌疑问2：表单提交事件与表单重置事件在使用的过程中，应注意什么？

如果在 onsubmit 事件与 onreset 事件中调用的是自定义函数名，则必须在函数名称前面加上 return 语句，否则，不论在函数中返回的是 true，还是 false，当前时间所返回的值都一律是 true。例如，如下代码：

```
<form name="form1" onReset="return AllReset()" onsubmit="return AllSubmit()">
```

这里，AllReset() 与 AllSubmit() 都是自定义函数的名称，其前面都加上了 return 语句。

18.8　实战技能训练营

▌实战1：限制网页文本框的输入

为了让读者更好地使用键盘事件对网页的操作进行控制，下面给出一个综合示例，即限制网页文本框的输入。这里制作一个注册表，包括用户名、真实姓名等信息，对这些文本框的输入类型进行限制，例如真实姓名只能用来输入名称，而不能输入数值。

这样就可以在用户注册信息页面输入注册信息，并可以在文本框中使用键盘来移动或删除注册信息，如图 18-27 所示。

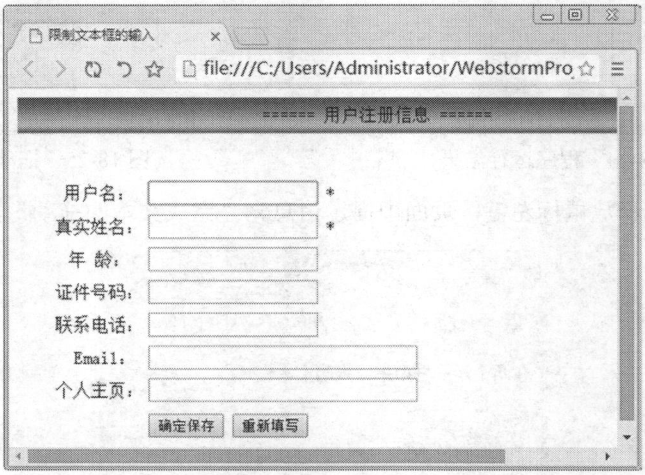

图 18-27　注册页面

▎实战 2：制作自定义滚动条效果

JavaScript 的事件机制可以为程序设计带来很大的灵活性。不过，随着 Web 技术的发展，使用 JavaScript 自定义对象愈发频繁，让自己创建的对象也有事件机制，通过事件对外通信，能够极大提高开发效率。下面制作一个自定义滚动条效果，来学习事件的综合应用。程序的运行效果如图 18-28 所示。当鼠标放置在下方滚动条的最左端与最右端的按钮上时，图片随滚动条的移动而移动。

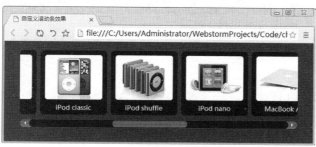

图 18-28　滚动条效果

第19章 文件与拖放

📖 本章导读

在 HTML 5 中，专门提供了一个页面层调用的 API 文件，通过调用这个 API 文件中的对象、方法和接口，可以很方便地访问文件的属性或读取文件内容。另外，在 HTML 5 中，还可以将文件进行拖放，即抓取对象以后拖到另一个位置。任何元素都能够被拖放，常见的拖放元素为图片、文字等。

📖 知识导图

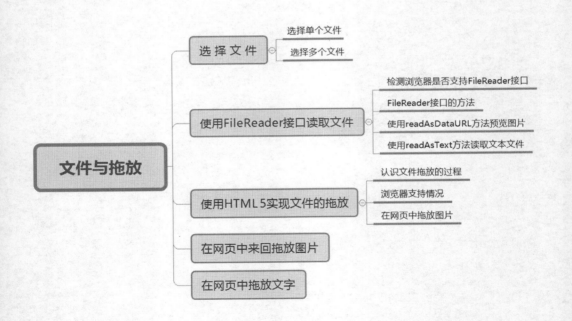

19.1　选择文件

在 HTML 5 中，可以创建一个 file 类型的 <input> 元素实现文件的上传功能，只是在 HTML 5 中，该类型的 <input> 元素新添加了一个 multiple 属性，如果将属性的值设置为 true，则可以在一个元素中实现多个文件的上传。

1. 选择单个文件

在 HTML 5 中，当需要创建一个 file 类型的 <input> 元素上传文件时，可以定义只选择一个文件。

▌实例1：通过 file 对象选择单个文件

```
<!DOCTYPE html>
<html>
<head>
<title>文件</title>
</head>
<body>
    <form>
    <h3>请选择文件：</h3>
    </p><input type="file" id="fileload" /></p><!-单个文件进行上传-->
    </form>
</body>
</html>
```

运行效果如图 19-1 所示，在其中单击"浏览"按钮，打开"打开"对话框，在其中只能选择一个要加载的文件，如图 19-2 所示。

图 19-1　预览效果　　　　　图 19-2　选择要加载的文件

2. 选择多个文件

在 HTML 5 中，除了可以选择单个文件外，还可以通过添加元素的 multiple 属性，实现选择多个文件的功能。

▌实例2：通过 file 对象选择多个文件

```
<!DOCTYPE HTML>
<html>
<body>
```

```
<form>
    选择文件: <input type="file" multiple="multiple" />
</form>
<p>在浏览文件时可以选取多个文件。</p>
</body>
</html>
```

运行效果如图 19-3 所示,在其中单击"选择文件"按钮,打开"打开"对话框,在其中可以选择多个要加载的文件,如图 19-4 所示。

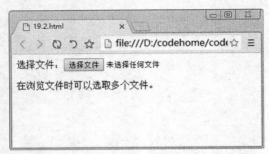

图 19-3　预览效果

图 19-4　选择多个要加载的文件

19.2　使用 FileReader 接口读取文件

使用 Blob 接口可以获取文件的相关信息,如文件名称、大小、类型,但如果想要读取或浏览文件,则需要通过 FileReader 接口。该接口不仅可以读取图片文件,还可以读取文本或二进制文件;同时,根据该接口提供的事件与方法,可以动态侦察文件读取时的详细状态。

19.2.1　检测浏览器是否支持 FileReader 接口

FileReader 接口主要用来把文件读入内存,并且读取文件中的数据。FileReader 接口提供了一个异步 API,使用该 API 可以在浏览器主线程中异步访问文件系统,读取文件中的数据。到目前为止,并不是所有浏览器都实现了 FileReader 接口。这里提供一种方法可以检查浏览器是否对 FileReader 接口提供支持。具体的代码如下:

```
if(typeof FileReader == 'undefined'){
    result.InnerHTML="<p>你的浏览器不支持FileReader接口! </p>";
    //使选择控件不可操作
    file.setAttribute("disabled","disabled");
}
```

19.2.2　FileReader 接口的方法

FileReader 接口有 4 个方法,其中 3 个用来读取文件,另一个用来中断读取。无论读取成功或失败,方法并不会返回读取结果,这一结果存储在 result 属性中。FileReader 接口的方法及描述如表 19-1 所示。

表 19-1　FileReader 接口的方法及描述

方法名	参　数	描　述
readAsText	File，[encoding]	将文件以文本方式读取，读取的结果是这个文本文件中的内容
readAsBinaryString	File	这个方法将文件读取为二进制字符串，通常我们将它送到后端，后端可以通过这段字符串存储文件
readAsDataUrl	File	该方法将文件读取为一串 Data Url 字符串，该方法事实上是将小文件以一种特殊格式的 URL 地址形式直接读入页面。这里的小文件通常是指图像与 html 等格式的文件
abort	（none）	终端读取操作

19.2.3　使用 readAsDataURL 方法预览图片

通过 fileReader 接口中的 readAsDataURL 方法，可以获取 API 异步读取的文件数据，另存为数据 URL，将该 URL 绑定 <img> 元素的 src 属性值，就可以实现图片文件预览的效果。如果读取的不是图片文件，将给出相应的提示信息。

▍实例 3：使用 readAsDataURL 方法预览图片

```
<!DOCTYPE html>
<html>
<head>
<title>使用readAsDataURL方法预览图片</title>
</head>
<body>
<script type="text/javascript">
    var result=document.getElementById("result");
    var file=document.getElementById("file");

    //判断浏览器是否支持FileReader接口
    if(typeof FileReader == 'undefined'){
        result.InnerHTML="<p>你的浏览器不支持FileReader接口！</p>";
        //使选择控件不可操作
        file.setAttribute("disabled","disabled");
    }

    function readAsDataURL(){
        //检验是否为图像文件
        var file = document.getElementById("file").files[0];
        if(!/image\/\w+/.test(file.type)){
            alert("这个不是图片文件,请重新选择!");
            return false;
        }
        var reader = new FileReader();
        //将文件以Data URL形式读入页面
        reader.readAsDataURL(file);
        reader.onload=function(e){
            var result=document.getElementById("result");
        //显示文件
            result.innerHTML= '<img src=" ' + this.result + '" alt="" /> ';
        }
    }
</script>
<p>
    <label>请选择一个文件: </label>
```

315

```
        <input type="file" id="file" />
        <input type="button" value="读取图像" onclick="readAsDataURL()" />
    </p>
    <div id="result" name="result"></div>
    </body>
    </html>
```

运行效果如图 19-5 所示，在其中单击"选择文件"按钮，打开"打开"对话框，在其中选择需要预览的图片文件，如图 19-6 所示。

图 19-5　预览效果

图 19-6　【选择要加载的文件】对话框

选择完毕后，在"打开"对话框中单击"打开"按钮，返回到浏览器窗口中，然后单击"读取图像"按钮，即可在页面的下方显示添加的图片，如图 19-7 所示。

如果在"打开"对话框中选择的不是图片文件，那么当在浏览器窗口中单击"读取图像"按钮后，就会给出相应的提示信息，如图 19-8 所示。

图 19-7　显示图片

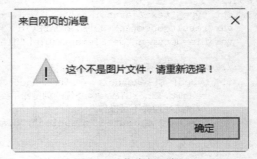

图 19-8　信息提示框

19.2.4　使用 readAsText 方法读取文本文件

使用 FileReader 接口中的 readAsText 方法，可以将文件以文本编码的方式进行读取，即可以读取上传文本文件的内容；其实现的方法与读取图片基本相似，只是读取文件的方式不一样。

▌实例 4：使用 readAsText 方法读取文本文件

```
<!DOCTYPE html>
<html>
<head>
<title>使用readAsText方法读取文本文件</title>
</head>
<body>
<script type="text/javascript">
```

```
var result=document.getElementById("result");
var file=document.getElementById("file");

//判断浏览器是否支持FileReader接口
if(typeof FileReader == 'undefined'){
    result.InnerHTML="<p>你的浏览器不支持FileReader接口！</p>";
    //使选择控件不可操作
    file.setAttribute("disabled","disabled");
}
function readAsText(){
    var file = document.getElementById("file").files[0];
    var reader = new FileReader();
    //将文件以文本形式读入页面
    reader.readAsText(file,"gb2312");
    reader.onload=function(f){
        var result=document.getElementById("result");
        //显示文件
        result.innerHTML=this.result;
    }
}
</script>
<p>
    <label>请选择一个文件: </label>
    <input type="file" id="file" />
    <input type="button" value="读取文本文件" onclick="readAsText()" />
</p>
<div id="result" name="result"></div>
</body>
</html>
```

运行效果如图 19-9 所示，在其中单击"选择文件"按钮，打开"打开"对话框，在其中选择需要读取的文件，如图 19-10 所示。

图 19-9 预览效果

图 19-10 选择要读取的文本

选择完毕后，在"打开"对话框中单击"打开"按钮，返回到浏览器窗口，然后单击"读取文本文件"按钮，即可在页面的下方读取文本文件中的信息，如图 19-11 所示。

图 19-11 读取文本信息

317

19.3　使用 HTML 5 实现文件的拖放

拖放效果常用的实现方法是利用 HTML 5 新增加的事件 drag 和 drop。

1. 认识文件拖放的过程

在 HTML 5 中实现文件的拖放主要有以下 4 个步骤。

第 1 步：设置元素为可拖放

首先，为了使元素可拖动，把 draggable 属性设置为 true，具体代码如下：

```
<img draggable="true" />
```

第 2 步：拖动什么

实现拖放的第二步就是设置拖动的元素，常见的元素有图片、文字、动画等。实现拖放功能的是 ondragstart 和 setData()，即规定当元素被拖动时，会发生什么。

例如，在上面的例子中，ondragstart 属性调用了一个函数 drag（event），它规定了被拖动的数据。

dataTransfer.setData() 方法设置被拖数据的数据类型和值，具体代码如下：

```
function drag(ev)
{
ev.dataTransfer.setData("Text",ev.target.id);
}
```

在这个例子中，数据类型是 Text，值是可拖动元素的 id（"drag1"）。

第 3 步：放到何处

实现拖放功能的第三步就是决定将可拖放元素放到何处，实现该功能的事件是 ondragover，在默认情况下，无法将数据 / 元素放置到其他元素中。如果需要设置允许放置，用户必须阻止对元素的默认处理方式。

这就需要通过调用 ondragover 事件的 event.preventDefault() 方法，具体代码如下：

```
event.preventDefault()
```

第 4 步：进行放置

当放置被拖数据时，就会发生 drop 事件。在上面的例子中，ondrop 属性调用了一个函数 drop（event），具体代码如下：

```
function drop(ev)
{
    ev.preventDefault();
    var data=ev.dataTransfer.getData("Text");
    ev.target.appendChild(document.getElementById(data));
}
```

2. 浏览器支持情况

不同的浏览器版本对拖放技术的支持情况是不同的，如表 19-2 所示是常见浏览器对拖放技术的支持情况。

表 19-2 浏览器对拖放技术的支持情况

浏览器名称	支持 Web 存储技术的版本
Internet Explorer	Internet Explorer 9 及更高版本
Firefox	Firefox 3.6 及更高版本
Opera	Opera 12.0 及更高版本
Safari	Safari 5 及更高版本
Chrome	Chrome 5 及更高版本

3. 在网页中拖放图片

下面给出一个简单的拖放实例，该实例主要实现的功能就是把一张图片拖放到一个矩形中，实例的具体实现代码如下。

▌实例 5：将图片拖放至矩形中

```html
<!DOCTYPE HTML>
<html>
<head>
<style type="text/css">
#div1 {width: 150px; height: 150px; padding: 10px; border: 1px solid #aaaaaa; }
</style>
<script type="text/javascript">
    function allowDrop(ev)
    {
        ev.preventDefault();
    }
    function drag(ev)
    {
        ev.dataTransfer.setData("Text",ev.target.id);
    }
    function drop(ev)
    {
        ev.preventDefault();
        var data=ev.dataTransfer.getData("Text");
        ev.target.appendChild(document.getElementById(data));
    }
</script>
</head>
<body>
    <p>请把图片拖放到矩形中: </p>
    <div id="div1" ondrop="drop(event)" ondragover="allowDrop(event)"></div>
    <br />
    <img id="drag1" src="01.jpg" draggable="true" ondragstart="drag(event)" />
</body>
</html>
```

代码解释如下。

（1）调用 preventDefault() 来避免浏览器对数据的默认处理（drop 事件的默认行为是以链接形式打开）。

（2）通过 dataTransfer.getData（"Text"）方法获得被拖的数据。该方法将返回在 setData() 方法中设置为相同类型的任何数据。

（3）被拖数据是被拖元素的 id（"drag1"）。

将上述代码保存为 .html 格式，运行效果如图 19-12 所示。

可以看到当选中图片后，在不释放鼠标的情况下，可以将其拖放到矩形框中，如图 19-13 所示。

图 19-12　预览效果　　　　　　　　　图 19-13　拖放图片

19.4　在网页中来回拖放图片

下面再给出一个具体实例，该实例所实现的效果就是在网页中来回拖放图片。

实例 6：在网页中来回拖放图片

```html
<!DOCTYPE HTML>
<html>
<head>
<style type="text/css">
#div1, #div2
{float: left;  width: 100px;  height: 35px;  margin: 10px; padding: 10px; border:
1px solid #aaaaaa; }
</style>
<script type="text/javascript">
    function allowDrop(ev)
    {
        ev.preventDefault();
    }
    function drag(ev)
    {
        ev.dataTransfer.setData("Text",ev.target.id);
    }
    function drop(ev)
    {
        ev.preventDefault();
        var data=ev.dataTransfer.getData("Text");
        ev.target.appendChild(document.getElementById(data));
    }
</script>
</head>
<body>
<div id="div1" ondrop="drop(event)" ondragover="allowDrop(event)">
  <img src="02.jpg" draggable="true" ondragstart="drag(event)" id="drag1" />
</div>
<div id="div2" ondrop="drop(event)" ondragover="allowDrop(event)"></div>
</body>
</html>
```

　　在记事本中输入这些代码，然后将其保存为 .html 格式。运行网页文件查看效果，选中网页中的图片，即可在两个矩形当中来回拖放，如图 19-14 所示。

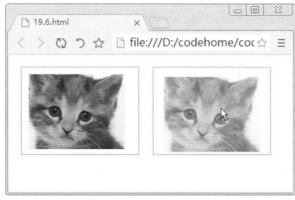

图 19-14　预览效果

19.5　在网页中拖放文字

　　了解了 HTML 5 的拖放技术后，下面给出一个具体实例，该实例所实现的效果就是在网页中拖放文字。

▌实例 7：在网页中拖放文字

```
<!DOCTYPE HTML>
<html>
<head>
<title>拖放文字</title>
<style>
body {
    font-family: 'Microsoft YaHei';
}
div.drag {
    background-color: #AACCFF;
    border: 1px solid #666666;
    cursor: move;
    height: 100px;
    width: 100px;
    margin: 10px;
    float: left;
}
div.drop {
    background-color: #EEEEEE;
    border: 1px solid #666666;
    cursor:  pointer;
    height: 150px;
    width: 150px;
    margin: 10px;
    float: left;
}
</style>
</head>
```

```
<body>
<div draggable="true" class="drag"
    ondragstart="dragStartHandler ( event )">Drag me!</div>
<div class="drop"
    ondragenter="dragEnterHandler ( event )"
    ondragover="dragOverHandler ( event )"
    ondrop="dropHandler ( event )">Drop here!<ol /></div>
<script>
var internalDNDType = 'text';
function dragStartHandler ( event ) {
    event.dataTransfer.setData ( internalDNDType,
                                    event.target.textContent );
    event.effectAllowed = 'move';
}
// dragEnter事件
function dragEnterHandler ( event ) {
    if ( event.dataTransfer.types.contains ( internalDNDType ) )
        if ( event.preventDefault ) event.preventDefault(); }
// dragOver事件
function dragOverHandler ( event ) {
    event.dataTransfer.dropEffect = 'copy';
    if ( event.preventDefault ) event.preventDefault();
}
function dropHandler ( event ) {
    var data = event.dataTransfer.getData ( internalDNDType );
    var li = document.createElement ( 'li' );
    li.textContent = data;
    event.target.lastChild.appendChild ( li );
}
</script>
</body>
</html>
```

下面介绍实现拖放效果的具体操作步骤。

01 将上述代码保存为 .html 格式的文件，运行效果如图 19-15 所示。

02 选中左边矩形中的元素，将其拖曳到右边的方框中，如图 19-16 所示。

图 19-15　预览效果

图 19-16　选中并拖动文字

03 释放鼠标，可以看到拖放之后的效果，如图 19-17 所示。

04 还可以多次拖放文字元素，效果如图 19-18 所示。

图 19-17　拖放一次

图 19-18　拖放多次

19.6　新手常见疑难问题

▌疑问 1：在 HTML 5 中，实现拖放效果的方法是唯一的吗？

在 HTML 5 中，实现拖放效果的方法并不是唯一的。除了可以使用事件 drag 和 drop 外，还可以利用 canvas 标签来实现。

▌疑问 2：在 HTML 5 中，可拖放的对象只有文字和图像吗？

在默认情况下，图像、链接和文本是可以拖动的，也就是说，不用额外编写代码，用户就可以拖动它们。文本只有在被选中的情况下才能拖动，而图像和链接在任何时候都可以拖动。

如果想让其他元素可以拖动也是可能的。HTML 5 为所有 HTML 元素规定了一个 draggable 属性，表示元素是否可以拖动。图像和链接的 draggable 属性自动被设置成了 true，而其他元素的这个属性的默认值都是 false。要想让其他元素可拖动，或者让图像或链接不能拖动，都可以设置这个属性。

▌疑问 3：在 HTML 5 中，读取记事本文件中的中文内容时显示乱码怎么办？

读取文件内容显示乱码，如图 19-19 所示。

图 19-19　读取文件内容时显示乱码

这里的原因是在读取文件时，没有设置读取的编码方式。例如下面代码：

```
reader.readAsText(file);
```

设置读取的格式，如果是中文内容，修改如下：

```
reader.readAsText(file,"gb2312");
```

19.7　实战技能训练营

▌实战 1：制作一个商品选择器

　　用所学的知识，制作一个商品选择器，运行效果如图 19-20 所示。拖放商品的图片到右侧的框中，将提示信息"商品电冰箱已经被成功选取了！"，如图 19-21 所示。

图 19-20　商品选择器预览效果　　　　　　　　　　图 19-21　提示信息

▌实战 2：制作一个图片上传预览器

　　用所学的知识，制作一个图片上传预览器，运行效果如图 19-22 所示。单击"显示图片"按钮，然后在打开的对话框中选择需要上传的图片，接着单击"上传文件"按钮和"显示图片"按钮，即可查看新上传的图片效果，重复操作，可以上传多张图片，如图 19-23 所示。

图 19-22　多图片上传预览器　　　　　　　　　　图 19-23　多张图片的显示效果

第20章　设计流行的响应式网页

📖 **本章导读**

响应式网站设计是目前非常流行的一种网络页面设计布局，主要优势是可以智能地根据用户行为以及不同的设备（台式电脑、平板电脑或智能手机）让内容适应性展示，从而让用户在不同的设备都能够友好地浏览网页的内容。本章将重点学习响应式网页设计的原理和设计方法。

📖 **知识导图**

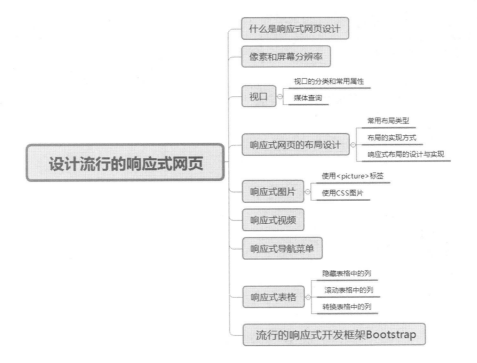

20.1 什么是响应式网页设计

现在，智能手机和平板电脑等移动上网已经非常流行。而普通开发的电脑端的网站在移动端浏览时页面内容会变形，从而影响预览效果。解决此问题的常见方法有以下 3 种。

（1）创建一个专门的移动版网站，然后配备独立的域名。移动用户需要用移动网站的域名进行访问。

（2）在当前的域名内创建一个单独的网站，专门服务于移动用户。

（3）利用响应式网页设计技术，能够使页面自动切换分辨率、图片尺寸等，以适应不同的设备，并可以在不同的浏览终端实现网站数据的同步更新，从而为不同终端的用户提供更加美好的用户体验。

例如清华大学出版社的官网，通过电脑端访问该网站主页时，预览效果如图 20-1 所示。通过手机端访问该网站主页时，预览效果如图 20-2 所示。

图 20-1　电脑端浏览主页的效果

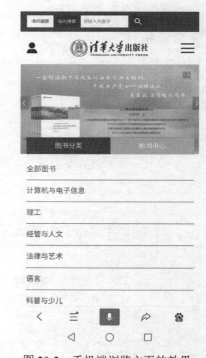

图 20-2　手机端浏览主页的效果

响应式网页设计的技术原理如下：

（1）通过 <meta> 标签来实现。该标签可以涉足页面格式、内容、关键字和刷新页面等，从而帮助浏览器精准地显示网页的内容。

（2）通过媒体查询适配对应的样式。通过不同的媒体类型和条件定义样式表规则，获取的值可以设置设备的手持方向，设备的分辨率等。

（3）通过第三方框架来实现。例如目前比较流行的 Boostrap 和 Vue 框架，可以更高效地实现网页的响应式设计。

20.2　像素和屏幕分辨率

在响应式设计中，像素是一个非常重要的概念。像素是计算机屏幕中显示特定颜色的最小区域。屏幕中的像素越多，同一范围内能看到的内容就越多。或者说，当设备尺寸相同时，像素越密集，画面就越清晰。

在设计网页元素的属性时，通常是用 width 属性来设置宽度。当不同的设备显示设定的同一个宽度时，到底显示的宽度是多少像素呢？

要解决这个问题，首先要理解两个基本概念，那就是设备像素和 CSS 像素。

1. 设备像素

设备像素指的是设备屏幕的物理像素，任何设备的物理像素值都是固定的。

2. CSS 像素

CSS 像素是 CSS 中使用的一个抽象概念。它和物理像素之间的比例取决于屏幕的特性以及用户进行的缩放，由浏览器自行换算。

由此可知，具体显示的像素数目，是和设备像素密切相关的。

屏幕分辨率是指纵横方向上的像素个数。屏幕分辨率确定计算机屏幕上显示信息的多少，以水平和垂直像素来衡量。就大小相同的屏幕而言，当屏幕分辨率低时（例如 640×480），在屏幕上显示的像素少，单个像素尺寸比较大。屏幕分辨率高时（例如 1600×1200），在屏幕上显示的像素多，单个像素尺寸比较小。

显示分辨率就是屏幕上显示的像素个数，分辨率 160×128 的意思是水平方向含有 160px，垂直方向含有 128px。屏幕尺寸一样的情况下，分辨率越高，显示效果就越精细和细腻。

20.3　视口

视口（viewport）和窗口（window）是两个不同的概念。在电脑端，视口指的是浏览器的可视区域，其宽度和浏览器窗口的宽度保持一致。而在移动端，视口较为复杂，它是与移动设备相关的一个矩形区域，坐标单位与设备有关。

20.3.1　视口的分类和常用属性

移动端浏览器通常宽度是 240~640px，而大多数为电脑端设计的网站宽度至少为 800px，如果仍以浏览器窗口作为视口的话，网站内容在手机上看起来会非常窄。

因此，引入了布局视口、视觉视口和理想视口 3 个概念，使得移动端的视口与浏览器的宽度不再相关。

1. 布局视口

一般移动设备的浏览器都默认设置了一个 viewport 元标签，定义一个虚拟的布局视口，用于解决早期的页面在手机上显示的问题。iOS 和 Android 基本都将这个视口分辨率设置为 980px，所以 PC 上的网页基本能在手机上呈现，只不过元素看上去很小，一般默认可以通过手动缩放网页。

布局视口使视口与移动端浏览器屏幕的宽度完全独立开。CSS 布局将会根据布局视口来进行计算，并被它约束。

2. 视觉视口

视觉视口是用户当前看到的区域，用户可以通过缩放操作视觉视口，同时不会影响布局视口。

3. 理想视口

布局视口的默认宽度并不是一个理想的宽度，于是浏览器厂商引入了理想视口（ideal viewport）的概念，它对设备而言是最理想的布局视口尺寸。显示在理想视口中的网站具有最理想的宽度，用户无需进行缩放。

理想视口的值其实就是屏幕分辨率的值，它对应的像素叫作设备逻辑像素。设备逻辑像素和设备的物理像素无关，设备逻辑像素在任意像素密度的设备屏幕上都占据相同的空间。如果用户没有进行缩放，那么一个 CSS 像素就等于一个设备逻辑像素。

用下面的方法可以使布局视口与理想视口的宽度一致，代码如下：

```
<meta name="viewport" content="width=device-width">
```

这里的 viewport 属性对响应式设计起了非常重要的作用。该属性常用的属性值及其含义如下。

（1）width：设置布局视口的宽度。该属性可以设置为数字值或 device-width，单位为像素。

（2）height：设置布局视口的高度。该属性可以设置为数字值或 device-height，单位为像素。

（3）initial-scale：设置页面初始缩放比例。

（4）minimum-scale：设置页面最小缩放比例。

（5）maximum-scale：设置页面最大缩放比例。

（6）user-scalable：设置用户是否可以缩放。yes 表示可以缩放，no 表示禁止缩放。

20.3.2　媒体查询

媒体查询的核心就是根据设备显示器的特征（视口宽度、屏幕比例和设备方向）来设定 CSS 的样式。媒体查询由媒体类型和一个或多个检测媒体特性的条件表达式组成。通过媒体查询，可以实现同一个 html 页面，根据不同的输出设备，显示不同的外观效果。

媒体查询的使用方法是在 <head> 标签中添加 viewport 属性。具体代码如下：

```
<meta name="viewport" content="width=device-width",initial-scale=1,maxinum-scale=1.0,user-scalable="no">
```

然后使用 @media 关键字编写 CSS 媒体查询内容。例如以下代码：

```
/*当设备宽度在450像素和650像素之间时,显示背景图片为m1.gif*/
@media screen and （max-width: 650px）and （min-width: 450px）{
    header{
        background-image:  url（m1.gif）;
    }
}
/*当设备宽度小于或等于450像素时,显示背景图片为m2.gif*/
@media screen and （max-width: 450px）{
    header{
        background-image:  url（m2.gif）;
    }
}
```

上述代码实现的功能是根据屏幕的大小显示不同的背景图片。当设备屏幕的宽度在 450

像素和 650 像素之间时，媒体查询中设置背景图片为 m1.gif；当设备屏幕的宽度小于或等于 450 像素时，媒体查询中设置背景图片为 m2.gif。

20.4 响应式网页的布局设计

响应式网页布局设计的主要特点是根据不同的设备显示不同的页面布局效果。

20.4.1 常用布局类型

根据网页的列数可以将网页布局类型分为单列或多列。多列布局又可以分为均分多列布局和不均分多列布局。

1. 单列布局

网页单列布局模式是最简单的一种布局形式，也被称为"网页 1-1-1 型布局模式"。如图 20-3 所示为网页单列布局。

图 20-3 网页单列布局

2. 均分多列布局

列数大于或等于 2 列的布局类型。每列宽度相同，列与列的间距相同，如图 20-4 所示。

图 20-4 均分多列布局

3. 不均分多列布局

列数大于或等于 2 列的布局类型。每列宽度不相同，列与列的间距不同，如图 20-5 所示。

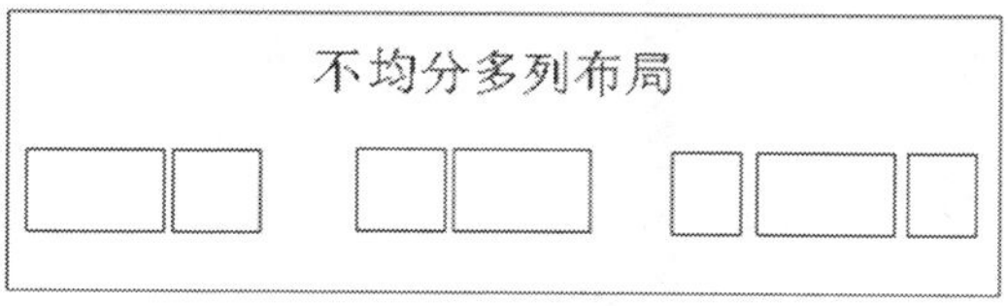

图 20-5 不均分多列布局

20.4.2 布局的实现方式

基于页面的实现单位（像素或百分比）而言，布局的实现方式分为4种类型：固定布局、可切换的固定布局、弹性布局、混合布局。

（1）固定布局：以像素作为页面的基本单位，不管设备屏幕及浏览器宽度，只设计一套固定宽度的页面布局，如图20-6所示。

图20-6 固定布局

（2）可切换的固定布局：同样以像素作为页面单位，参考主流设备尺寸，设计几套不同宽度的布局。通过媒体查询技术设计不同的屏幕尺寸或浏览器宽度，选择最合适的宽度布局，如图20-7所示。

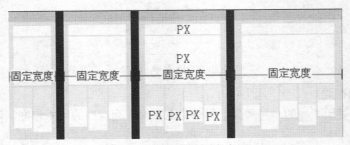

图20-7 可切换的固定布局

（3）弹性布局：以百分比作为页面的基本单位，可以适应一定范围内所有尺寸的设备屏幕及浏览器宽度，并能完美利用有效空间展现最佳效果，如图20-8所示。

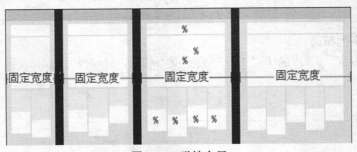

图20-8 弹性布局

（4）混合布局：同弹性布局类似，可以适应一定范围内所有尺寸的设备屏幕及浏览器宽度，并能完美利用有效空间展现最佳效果。只是布局以像素和百分比两种单位作为页面单位，如图20-9所示。

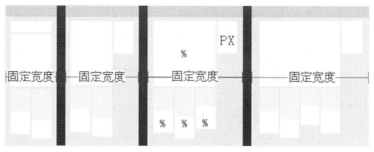

图 20-9　混合布局

可切换的固定布局、弹性布局、混合布局都是目前可被采用的响应式布局方式。其中，可切换的固定布局的实现成本最低，但拓展性比较差；而弹性布局与混合布局效果具有响应性，都是比较理想的响应式布局实现方式。只是对于不同类型的页面排版布局实现响应式设计，需要采用不同的实现方式。通栏、等分结构的适合采用弹性布局方式，而对于非等分的多栏结构往往需要采用混合布局的实现方式。

20.4.3　响应式布局的设计与实现

对页面进行响应式的设计实现，需要对相同内容进行不同宽度的布局设计，有两种方式：桌面电脑端优先（从桌面电脑端开始设计）和移动端优先（从移动端开始设计）。无论基于哪种模式的设计，要兼容所有设备，布局响应时不可避免地需要对模块布局做一些变化。

通过 JavaScript 获取设备的屏幕宽度，来改变网页的布局。常见的响应式布局方式有以下两种。

1. 模块内容不变

页面中的整体模块内容不发生变化，通过调整模块的宽度，可以将模块内容从挤压调整到拉伸，从平铺调整到换行，如图 20-10 所示。

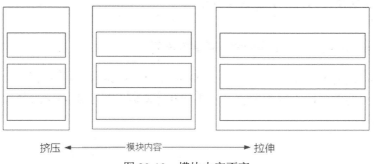

挤压 ←——————模块内容——————→ 拉伸

图 20-10　模块内容不变

2. 模块内容改变

页面中的整体模块内容发生变化，通过媒体查询，检测当前设备的宽度，动态隐藏或显示模块内容，增加或减少模块的数量，如图 20-11 所示。

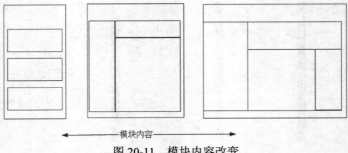

图 20-11　模块内容改变

20.5　响应式图片

实现响应式图片效果的常见方法有两种，即使用 <picture> 标签和 CSS 图片。

20.5.1　使用 <picture> 标签

<picture> 标签可以实现在不同的设备上显示不同的图片，从而实现响应式图片的效果。
语法格式如下：

```
<picture>
  <source media="(max-width:  600px)" srcset="m1.jpg">
  <img src="m2.jpg">
</picture>
```

<picture> 标签包含 <source> 标签和 <img> 标签，根据不同设备屏幕的宽度，显示不同
的图片。上述代码的功能是，当屏幕的宽度小于 600 像素时，将显示 m1.jpg 图片，否则将
显示默认图片 m2.jpg。

> 提示：根据屏幕匹配的不同尺寸显示不同的图片，如果没有匹配到或浏览器不支持
> <picture> 标签则使用 <img> 标签内的图片。

▌实例 1：使用 <picture> 标签实现响应式图片布局

本实例将通过使用 <picture> 标签、<source> 标签和 <img> 标签，根据不同设备屏幕的
宽度，显示不同的图片。当屏幕的宽度大于 800 像素时，将显示 m1.jpg 图片，否则将显示
默认图片 m2.jpg。

```
<!DOCTYPE html>
<html>
<head>
<title>使用<picture>标签</title>
</head>
<body>
<h1>使用<picture>标签实现响应式图片</h1>
<picture>
  <source media="(min-width:  800px)" srcset="m1.jpg">
  <img src="m2.jpg">
</picture>
```

```
</body>
</html>
```

电脑端运行效果如图 20-12 所示。使用 Opera Mobile Emulator 模拟手机端运行效果如图 20-13 所示。

图 20-12　电脑端预览效果

图 20-13　模拟手机端预览效果

20.5.2　使用 CSS 图片

大尺寸图片可以显示在大屏幕上，但在小屏幕上不能很好地显示。没有必要在小屏幕上去加载大图片，这样很影响加载速度。所以可以利用媒体查询技术，使用 CSS 中的 media 关键字，根据不同的设备显示不同的图片。

语法格式如下：

```
@media screen and (min-width: 600px){
CSS样式信息
}
```

上述代码的功能是，当屏幕大于 600 像素时，将应用大括号内的 CSS 样式。

▌实例 2：使用 CSS 图片实现响应式图片布局

本实例使用媒体查询技术中的 media 关键字，实现响应式图片布局。当屏幕宽度大于 800 像素时，显示图片 m3.jpg；当屏幕宽度小于 799 像素时，显示图片 m4.jpg。

```
<!DOCTYPE html>
<html>
<head>
<meta name="viewport" content="width=device-width",initial-scale=1,maxinum-scale=1.0,user-scalable="no">
<!--指定页头信息-->
<title>使用CSS图片</title>
<style>
    /*当屏幕宽度大于800像素时*/
    @media screen and (min-width: 800px){
        .bcImg {
            background-image: url(m3.jpg);
            background-repeat: no-repeat;
```

```
            height: 500px;
        }
    }
    /*当屏幕宽度小于799像素时*/
    @media screen and (max-width: 799px){
        .bcImg {
            background-image: url(m4.jpg);
            background-repeat: no-repeat;
            height: 500px;
        }
    }
</style>
</head>
<body>
<div class="bcImg"></div>
</body>
</html>
```

电脑端运行效果如图 20-14 所示。使用 Opera Mobile Emulator 模拟手机端运行效果如图 20-15 所示。

图 20-14　电脑端使用 CSS 图片预览效果

图 20-15　模拟手机端使用 CSS 图片预览效果

20.6　响应式视频

相比响应式图片，响应式视频的处理稍微要复杂一点。响应式视频不仅仅要处理视频播放器的尺寸，还要兼顾视频播放器的整体效果和体验问题。下面讲述如何使用 <meta> 标签处理响应式视频。

<meta> 标签中的 viewport 属性可以设置网页设计的宽度和实际屏幕的宽度的大小关系。语法格式如下：

```
<meta name="viewport" content="width=device-width",initial-scale=1,maxinum-scale=1,user-scalable="no">
```

▌实例 3：使用 <meta> 标签播放手机视频

本实例使用 <meta> 标签实现在手机端正常播放视频。首先使用 <iframe> 标签引入测试视频，然后通过 <meta> 标签中的 viewport 属性设置网页设计的宽度和实际屏幕的宽度的大小关系。

```
<!DOCTYPE html>
<html>
<head>
<!--通过meta标签,使网页宽度与设备宽度一致 -->
<meta name="viewport" content="width=device-width,initial-scale=1" maxinum-
scale=1,user-scalable="no">
<!--指定页头信息-->
<title>使用<meta>标签播放手机视频</title>
</head>
<body>
<div align="center">
    <!--使用iframe标签,引入视频-->
    <iframe  src="精品课程.mp4" frameborder="0" allowfullscreen></iframe>
</div>
</body>
</html>
```

使用 Opera Mobile Emulator 模拟手机端运行效果,如图 20-16 所示。

图 20-16　模拟手机端预览视频的效果

20.7　响应式导航菜单

导航菜单是设计网站中最常用的元素。下面讲述响应式导航菜单的实现方法。利用媒体查询技术中的 media 关键字,获取当前设备屏幕的宽度,根据不同的设备显示不同的 CSS 样式。

▌实例 4:使用 media 关键字设计网上商城的响应式菜单

本实例使用媒体查询技术中的 media 关键字,实现网上商城的响应式菜单。

```
<!DOCTYPE HTML>
<html>
<head>
<meta name="viewport" content="width=device-width, initial-scale=1">
<title>CSS3响应式菜单</title>
<style>
```

```css
.nav ul {
    margin: 0;
    padding: 0;
}
.nav li {
    margin: 0 5px 10px 0;
    padding: 0;
    list-style: none;
    display: inline-block;
    *display: inline;  /* ie7 */
}
.nav a {
    padding: 3px 12px;
    text-decoration: none;
    color: #999;
    line-height: 100%;
}
.nav a: hover {
    color: #000;
}
.nav .current a {
    background: #999;
    color: #fff;
    border-radius: 5px;
}

/* right nav */
.nav.right ul {
    text-align: right;
}

/* center nav */
.nav.center ul {
    text-align: center;
}

@media screen and (max-width: 600px) {
    .nav {
        position: relative;
        min-height: 40px;
    }
    .nav ul {
        width: 180px;
        padding: 5px 0;
        position: absolute;
        top: 0;
        left: 0;
        border: solid 1px #aaa;

        border-radius: 5px;
        box-shadow: 0 1px 2px rgba(0,0,0,.3);
    }
    .nav li {
        display: none;  /* hide all <li> items */
        margin: 0;
    }
    .nav .current {
        display: block;  /* show only current <li> item */
    }
```

```
        .nav a {
            display: block;
            padding: 5px 5px 5px 32px;
            text-align: left;
        }
        .nav .current a {
            background: none;
            color: #666;
        }
        /* on nav hover */
        .nav ul: hover {
            background-image: none;
            background-color: #fff;
        }
        .nav ul: hover li {
            display: block;
            margin: 0 0 5px;
        }

        /* right nav */
        .nav.right ul {
            left: auto;
            right: 0;
        }
        /* center nav */
        .nav.center ul {
            left: 50%;
            margin-left: -90px;
        }


    }
    </style>
</head>

<body>
<h2>风云网上商城</h2>
<!--导航菜单区域-->
<nav class="nav">
    <ul>
        <li class="current"><a href="#">家用电器</a></li>
        <li><a href="#">电脑</a></li>
        <li><a href="#">手机</a></li>
        <li><a href="#">化妆品</a></li>
        <li><a href="#">服装</a></li>
        <li><a href="#">食品</a></li>
    </ul>
</nav>
<p>风云网上商城-专业的综合网上购物商城,销售超数万品牌、4020万种商品,囊括家电、手机、电
脑、化妆品、服装等6大品类。秉承客户为先的理念,商城所售商品为正品行货、全国联保、机打发票。</
p>
</body>
</html>
```

电脑端运行效果如图 20-17 所示。使用 Opera Mobile Emulator 模拟手机端运行效果,如
图 20-18 所示。

图 20-17　电脑端预览导航菜单的效果　　　图 20-18　模拟手机端预览导航菜单的效果

20.8　响应式表格

表格在网页设计中非常重要，例如网站中的商品采购信息表就是使用表格技术设计的。响应式表格通常是通过隐藏表格中的列、滚动表格中的列和转换表格中的列来实现。

20.8.1　隐藏表格中的列

为了适配移动端的布局效果，可以隐藏表格中不需要的列。通过利用媒体查询技术中的 media 关键字，获取当前设备屏幕的宽度，根据不同的设备将不重要的列设置为 display：none，从而隐藏指定的列。

▎实例 5：隐藏商品采购信息表中不重要的列

利用媒体查询技术中的 media 关键字，在移动端隐藏表格的第 4 列和第 6 列。

```
<!DOCTYPE html>
<html >
<head>
    <meta name="viewport" content="width=device-width, initial-scale=1">
    <title>隐藏表格中的列</title>
    <style>
        @media only screen and (max-width:  600px){
            table td: nth-child(4),
            table th: nth-child(4),
            table td: nth-child(6),
            table th: nth-child(6){display:  none; }
        }
    </style>
</head>
<body>
<h1 align="center">商品采购信息表</h1>
<table width="100%" cellspacing="1" cellpadding="5" border="1">
    <thead>
    <tr>
        <th>编号</th>
        <th>产品名称</th>
        <th>价格</th>
        <th>产地</th>
        <th>库存</th>
```

```
          <th>级别</th>
    </tr>
    </thead>
    <tbody align="center">
    <tr>
          <td>1001</td>
          <td>冰箱</td>
          <td>6800元</td>
          <td>上海</td>
          <td>4999</td>
          <td>1级</td>
    </tr>
    <tr>
          <td>1002</td>
          <td>空调</td>
          <td>5800元</td>
          <td>上海</td>
          <td>6999</td>
          <td>1级</td>
    </tr>
    <tr>
          <td>1003</td>
          <td>洗衣机</td>
          <td>4800元</td>
          <td>北京</td>
          <td>3999</td>
          <td>2级</td>
    </tr>
    <tr>
          <td>1004</td>
          <td>电视机</td>
          <td>2800元</td>
          <td>上海</td>
          <td>8999</td>
          <td>2级</td>
    </tr>
    <tr>
          <td>1005</td>
          <td>热水器</td>
          <td>320元</td>
          <td>上海</td>
          <td>9999</td>
          <td>1级</td>
    </tr>
    <tr>
          <td>1006</td>
          <td>手机</td>
          <td>1800元</td>
          <td>上海</td>
          <td>9999</td>
          <td>1级</td>
    </tr>
    </tbody>
</table>
</body>
</html>
```

电脑端运行效果如图 20-19 所示。使用 Opera Mobile Emulator 模拟手机端运行效果，如图 20-20 所示。

图 20-19　电脑端预览效果　　　　图 20-20　隐藏表格中的列

20.8.2　滚动表格中的列

通过滚动条的方式，可以将手机端看不到的信息，进行滚动查看。实现此效果主要是利用媒体查询技术中的 media 关键字，获取当前设备屏幕的宽度，根据不同的设备宽度，改变表格的样式，将表头由横向排列变成纵向排列。

实例 6：滚动表格中的列

本案例不改变表格的内容，而是通过滚动的方式查看表格中的所有信息。

```html
<!DOCTYPE html>
<html>
<head>
    <meta name="viewport" content="width=device-width, initial-scale=1">
    <title>滚动表格中的列</title>

    <style>
        @media only screen and (max-width: 650px){
            *: first-child+html .cf { zoom: 1; }
                table { width: 100%; border-collapse: collapse; border-spacing: 0; }
            th,
            td { margin: 0; vertical-align: top; }
            th { text-align: left; }
            table { display: block; position: relative; width: 100%; }
            thead { display: block; float: left; }
                tbody { display: block; width: auto; position: relative; overflow-x: auto; white-space: nowrap; }
            thead tr { display: block; }
            th { display: block; text-align: right; }
            tbody tr { display: inline-block; vertical-align: top; }
            td { display: block; min-height: 1.25em; text-align: left; }
            th { border-bottom: 0; border-left: 0; }
            td { border-left: 0; border-right: 0; border-bottom: 0; }
            tbody tr { border-left: 1px solid #babcbf; }
            th: last-child,
            td: last-child { border-bottom: 1px solid #babcbf; }
        }
    </style>
```

```
</head>
<body>
<h1 align="center">商品采购信息表</h1>
<table width="100%" cellspacing="1" cellpadding="5" border="1">
    <thead>
    <tr>
        <th>编号</th>
        <th>产品名称</th>
        <th>价格</th>
        <th>产地</th>
        <th>库存</th>
        <th>级别</th>
    </tr>
    </thead>
    <tbody align="center">
    <tr>
        <td>1001</td>
        <td>冰箱</td>
        <td>6800元</td>
        <td>上海</td>
        <td>4999</td>
        <td>1级</td>
    </tr>
    <tr>
        <td>1002</td>
        <td>空调</td>
        <td>5800元</td>
        <td>上海</td>
        <td>6999</td>
        <td>1级</td>
    </tr>
    <tr>
        <td>1003</td>
        <td>洗衣机</td>
        <td>4800元</td>
        <td>北京</td>
        <td>3999</td>
        <td>2级</td>
    </tr>
    <tr>
        <td>1004</td>
        <td>电视机</td>
        <td>2800元</td>
        <td>上海</td>
        <td>8999</td>
        <td>2级</td>
    </tr>
    <tr>
        <td>1005</td>
        <td>热水器</td>
        <td>320元</td>
        <td>上海</td>
        <td>9999</td>
        <td>1级</td>
    </tr>
    <tr>
        <td>1006</td>
        <td>手机</td>
        <td>1800元</td>
```

```
        <td>上海</td>
        <td>9999</td>
        <td>1级</td>
      </tr>
      </tbody>
    </table>
  </body>
</html>
```

电脑端运行效果如图 20-21 所示。使用 Opera Mobile Emulator 模拟手机端运行效果，如图 20-22 所示。

图 20-21　电脑端预览效果　　　图 20-22　滚动表格中的列

20.8.3　转换表格中的列

转换表格中的列就是将表格转换为列表。利用媒体查询技术中的 media 关键字，获取当前设备屏幕的宽度，然后利用 CSS 技术将表格转换为列表。

▌实例 7：转换表格中的列

本实例将学生考试成绩表转换为列表。

```
<!DOCTYPE html>
<html>
<head>
    <meta name="viewport" content="width=device-width, initial-scale=1">
    <title>转换表格中的列</title>
    <style>
        @media only screen and (max-width: 800px){
            /* 强制表格为块状布局 */
            table, thead, tbody, th, td, tr {
                display: block;
            }
            /* 隐藏表格头部信息 */
            thead tr {
                position: absolute;
                top: -9999px;
                left: -9999px;
            }
            tr { border: 1px solid #ccc; }
```

```
                td {
                    /* 显示列 */
                    border:  none;
                    border-bottom:  1px solid #eee;
                    position:  relative;
                    padding-left:  50%;
                    white-space:  normal;
                    text-align: left;
                }
                td: before {
                    position:  absolute;
                    top:  6px;
                    left:  6px;
                    width:  45%;
                    padding-right:  10px;
                    white-space:  nowrap;
                    text-align: left;
                    font-weight:  bold;
                }
                /*显示数据*/
                td: before { content:  attr(data-title);  }
            }
        </style>
    </head>
<body>
<h1 align="center">学生考试成绩表</h1>
<table width="100%" cellspacing="1" cellpadding="5" border="1">
    <thead>
    <tr>
        <th>学号</th>
        <th>姓名</th>
        <th>语文成绩</th>
        <th>数学成绩</th>
        <th>英语成绩</th>
        <th>文综成绩</th>
        <th>理综成绩</th>
    </tr>
    </thead>
    <tbody align="center">
    <tr>
        <td>1001</td>
        <td>张飞</td>
        <td>126</td>
        <td>146</td>
        <td>124</td>
        <td>146</td>
        <td>106</td>
    </tr>
    <tr>
        <td>1002</td>
        <td>王小明</td>
        <td>106</td>
        <td>136</td>
        <td>114</td>
        <td>136</td>
        <td>126</td>
    </tr>
    <tr>
        <td>1003</td>
```

343

```
        <td>蒙华</td>
        <td>125</td>
        <td>142</td>
        <td>125</td>
        <td>141</td>
        <td>109</td>
    </tr>
    <tr>
        <td>1004</td>
        <td>刘蓓</td>
        <td>126</td>
        <td>136</td>
        <td>124</td>
        <td>116</td>
        <td>146</td>
    </tr>
    <tr>
         <td>1005</td>
        <td>李华</td>
        <td>121</td>
        <td>141</td>
        <td>122</td>
        <td>142</td>
        <td>103</td>
    </tr>
    <tr>
        <td>1006</td>
        <td>赵晓</td>
        <td>116</td>
        <td>126</td>
        <td>134</td>
        <td>146</td>
        <td>116</td>
    </tr>
        </tbody>
</table>
</body>
</html>
```

电脑端运行效果如图 20-23 所示。使用 Opera Mobile Emulator 模拟手机端运行效果，如图 20-24 所示。

图 20-23　电脑端预览效果

图 20-24　转换表格中的列

20.9 流行的响应式开发框架 Bootstrap

Bootstrap 是一款用于快速开发 Web 应用程序和网站的前端框架，它是基于 HTML、CSS 和 JavaScript 等技术开发的。Bootstrap4 是 Bootstrap 的最新版本，与之前的版本相比，拥有更强大的功能。

Bootstrap 全部托管于 GitHub，并借助 GitHub 平台实现社区化的开发和共建，所以可以到 GitHub 上去下载 bootstrap 压缩包。使用谷歌浏览器访问 "https://github.com/twbs/bootstrap/" 页面，单击 Download ZIP 按钮，下载最新版的 bootstrap 压缩包，如图 20-25 所示。

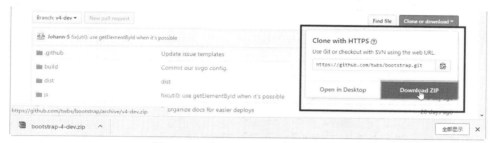

图 20-25　在 GitHub 上下载源码文件

Bootstrap4 源码下载完成后并解压，目录结构如图 20-26 所示。

图 20-26　源码文件的目录结构

Bootstrap 是本着移动设备优先的策略开发的，所以优先为移动设备优化代码，根据每个组件的情况并利用 CSS 媒体查询技术为组件设置合适的样式。为了确保在所有设备上能够正确渲染并支持触控缩放，需要将设置 viewport 属性的 <meta> 标签添加到 <head> 中。具体如下面代码所示：

```
<meta name="viewport" content="width=device-width, initial-scale=1, shrink-to-fit=no">
```

使用 Bootstrap 框架比较简单，大致可以分为以下两步：

第一步：安装 Bootstrap 的基本样式，使用 <link> 标签引入 Bootstrap.css 样式表文件，并且放在所有其他的样式表之前，如下面代码所示：

```
<link rel="stylesheet" href="bootstrap-4.1.3/css/bootstrap.css">
```

第二步：调用 Bootstrap 的 JS 文件以及 jQuery 框架。要注意 Bootstrap 中的许多组件需要依赖 JavaScript 才能运行，它们依赖的是 jQuery、Popper.js，Popper.js 包含在我们引入的 bootstrap.bundle.js 中。具体的引入顺序是 jQuery.js 必须放在最前面，然后是 bundle.js，最后是 Bootstrap.js，如下面的代码所示。

```
<script src="jquery.js"></script>
<script src="bootstrap-4.1.3/js/bootstrap.bundle.js"></script>
<script src="bootstrap-4.1.3/js/bootstrap.js"></script>
```

Bootstrap 提供了大量可复用的组件，由于内容比较多，这里不再详细讲述，感兴趣的读者可以参考官方文档。

20.10 新手常见疑难问题

▌疑问 1：设计移动设备端网站时需要考虑的因素有哪些？

不管选择什么技术来设计移动网站，都需要考虑以下因素。

1. 屏幕尺寸

需要了解常见的手机的屏幕尺寸，包括 320×240、320×480、480×800、640×960 以及 1136×640 等。

2. 流量问题

虽然 5G 网络已经开始广泛应用，但是很多用户仍然要为流量付出不菲的费用，所以图片的大小在设计时仍然需要考虑。对于不必要的图片，可以舍弃。

3. 字体、颜色与媒体问题

移动设备上安装的字体数量可能很有限，因此请用 em 单位或百分比来设置字号，选择常见字体。部分早期的移动设备支持的颜色数量不多，在选择颜色时也要注意尽量提高对比度。此外还有许多移动设备并不支持 Adobe Flash 媒体。

▌疑问 2：响应式网页的优缺点是什么？

响应式网页的优点如下：

（1）跨平台友好显示。无论是电脑、平板或手机，响应式网页都可以适应并显示友好的网页界面。

（2）数据同步更新。由于数据库是统一的，所以当后台数据库更新后，电脑端或移动端都将同步更新，这样数据管理起来就比较及时和方便。

（3）减少成本。通过响应式网页设计，可以不用再开发一个独立的电脑端网站和移动端的网站，从而减少了开发成本，同时也降低了维护的成本。

响应式网页的缺点如下：

（1）前期开发考虑的因素较多，需要考虑不同设备的宽度和分辨率等因素，以及图片、视频等多媒体是否能在不同的设备上优化地展示。

（2）由于网页需要提前判断设备的特征，同时要下载多套 CSS 样式代码，在加载页面时就会增加读取时间和加载时间。

20.11　实战技能训练营

▌实战 1：使用 <picture> 标签实现响应式图片布局

　　本实例将通过使用 <picture> 标签、<source> 标签和 <img> 标签，根据不同设备屏幕的宽度显示不同的图片。当屏幕的宽度大于 600 像素时，将显示 x1.jpg 图片，否则将显示默认图片 x2.jpg。

　　电脑端运行效果如图 20-27 所示。使用 Opera Mobile Emulator 模拟手机端运行效果，如图 20-28 所示。

图 20-27　电脑端预览效果

图 20-28　模拟手机端预览效果

▌实战 2：隐藏招聘信息表中指定的列

　　利用媒体查询技术中的 media 关键字，在移动端隐藏表格的第 4 列和第 5 列。

　　电脑端运行效果如图 20-29 所示。使用 Opera Mobile Emulator 模拟手机端运行效果，如图 20-30 所示。

图 20-29　电脑端预览效果

图 20-30　隐藏招聘信息表中指定的列

第21章 项目实训1——开发在线 购物网站

本章导读

在线购物网站是当前比较流行的一类网站。随着网络购物、互联网交易的普及，如淘宝、阿里巴巴、亚马逊等类型的在线网站在近几年风靡，越来越多的公司企业着手架设在线购物网站平台。

知识导图

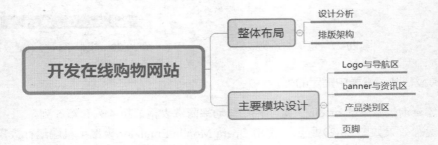

21.1 整体布局

在线购物类网页主要实现网络购物、交易等功能，因此所要体现的组件相对较多，主要包括产品搜索、账户登录、广告推广、产品推荐、产品分类等内容。本实例最终的网页效果如图 21-1 所示。

图 21-1　网页效果

1. 设计分析

购物网站一个重要的特点就是突出产品、购物流程、优惠活动、促销活动等信息。首先要用逼真的产品图片吸引用户，结合各种吸引人的优惠活动、促销活动增强用户的购买欲望，最后在购物流程上要方便快捷，比如货款支付方式，要给用户多种选择，让各种情况的用户都能在网上顺利支付。

在线购物类网站的主要特性体现在如下几个方面。

（1）商品检索方便：要有商品搜索功能，有详细的商品分类。

（2）有产品推广功能：增加广告活动位，帮助特色产品推广。

（3）热门产品推荐：消费者的搜索很多带有盲目性，所以可以设置热门产品推荐位。

（4）对于产品要有简单准确的展示信息。

页面整体布局要清晰有条理，让浏览者知道在网页中如何快速地找到自己需要的信息。

2. 排版架构

本实例的在线购物网站整体上是上下架构。上部为网页头部、导航栏，中间为网页主要内容，包括 banner、产品类别区域，下部为页脚信息。网页整体架构如图 21-2 所示。

导航	
banner	资讯
产品类别1	
…	
产品类别n	
页脚	

图 21-2　网页架构

21.2　主要模块设计

当页面整体架构完成后，就可以动手制作不同的模块区域了。其制作流程，采用自上而下、从左到右的顺序。本实例模块主要包括 4 个部分，分别为 Logo 与导航区、banner 与资讯区、产品类别区和页脚。

21.2.1　Logo 与导航区

导航使用水平结构，与其他类别网站相比，其前边有一个购物车显示情况功能，把购物车功能放到这里用户更能方便快捷地查看购物情况。本实例网页头部的效果如图 21-3 所示。

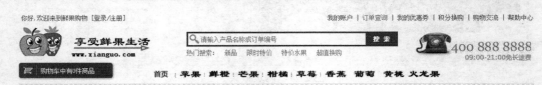

图 21-3　页面 Logo 和导航菜单

其具体的 HTML 框架代码如下：

```
<!-----------------------------------------NAV-----------------------------------
--------------->
<div id="nav"><span><a href="#">我的账户</a> | <a href="#" style="color:
#5CA100; ">订单查询</a> | <a href="#">我的优惠券</a> | <a href="#">积分换购</a> |
<a href="#">购物交流</a> | <a href="#">帮助中心</a></span> 你好,欢迎来到鲜果购物 [<a
href="#">登录</a>/<a href="#">注册</a>] </div>
<!-----------------------------------------logo-----------------------------------
--------------->
<div id="logo">
  <div class="logo_left"><a href="#"><img src="images/logo.gif" border="0" /></
a></div>
  <div class="logo_center">
   <div class="search"><form action="" method="get">
   <div class="search_text">
   <input type="text" value="请输入产品名称或订单编号"  class="input_text"/>
   </div>
   <div class="search_btn"><a href="#"><img src="images/search-btn.jpg"
border="0" /></a></div>
   </form></div>
```

```
        <div class="hottext">热门搜索:    <a href="#">新品</a>     
<a href="#">限时特价</a>      <a href="#">特价水果</a>   
  <a href="#">超值换购</a> </div>
      </div>
        <div class="logo_right"><img src="images/telephone.jpg" width="228"
height="70" /></div>
      </div>
        <!----------------------------------------MENU----------------------------
---------------->
      <div id="menu">
        <div class="shopingcar"><a href="#">购物车中有0件商品</a></div>
        <div class="menu_box">
          <ul>
          <li><a href="#"><img src="images/menu1.jpg" border="0" /></a></li>
          <li><a href="#"><img src="images/menu2.jpg" border="0" /></a></li>
          <li><a href="#"><img src="images/menu3.jpg" border="0" /></a></li>
          <li><a href="#"><img src="images/menu4.jpg" border="0" /></a></li>
          <li><a href="#"><img src="images/menu5.jpg" border="0" /></a></li>
          <li><a href="#"><img src="images/menu6.jpg" border="0" /></a></li>
            <li style="background: none; "><a href="#"><img src="images/menu7.jpg"
border="0" /></a></li>
            <li style="background: none; "><a href="#"><img src="images/menu8.jpg"
border="0" /></a></li>
            <li style="background: none; "><a href="#"><img src="images/menu9.jpg"
border="0" /></a></li>
            <li style="background: none; "><a href="#"><img src="images/menu10.jpg"
border="0" /></a></li>
          </ul>
        </div>
      </div>
```

上述代码主要包括三个部分，分别是 nav、logo、menu。其中 nav 区域主要用于定义购物网站中的账户、订单、注册、帮助中心等信息；logo 部分主要用于定义网站的 Logo、搜索框信息、热门搜索信息以及相关的电话等；menu 区域主要用于定义网页的导航菜单。

在 CSS 样式文件中，对应上述代码的 CSS 代码如下所示：

```
#menu{ margin-top: 10px;  margin: auto;  width: 980px;  height: 41px;  overflow:
hidden; }
    .shopingcar{ float: left;  width: 140px;  height: 35px;  background: url(../
images/shopingcar.jpg) no-repeat;
    color: #fff;  padding: 10px 0 0 42px; }
    .shopingcar a{ color: #fff; }
    .menu_box{ float: left;  margin-left: 60px; }
    .menu_box li{ float: left;  width: 55px;  margin-top: 17px;  text-align: center;
background: url(../images/menu_fgx.
    jpg) right center no-repeat; }
```

上面代码中，#menu 选择器定义了导航菜单的对齐方式、高度、宽度、背景图片等信息。

21.2.2　banner 与资讯区

购物网站的 banner 区域同企业型网站比较起来差别很大，企业型网站 banner 区多是突出企业文化，而购物网站 banner 区主要放置主推产品、优惠活动、促销活动等。本实例网页 banner 与资讯区的效果如图 21-4 所示。

全球甄选好货 买手直采 懂你的吃货心

世界到嘴边 水果我们只挑有来头的

最新动态
国庆大促5宗最，进口车厘子免费换！
火龙果系列产品满199加1元换购芒果！
大青芒九月新起点，价值99元免费送！
喜迎国庆，鲜果百元红包大派送！

图 21-4　页面 banner 和资讯区

其具体的 HTML 代码如下：

```
<div id="banner">
  <div class="banner_box">
  <div class="banner_pic"><img src="images/banner.jpg" border="0" /></div>
  <div class="banner_right">
     <div class="banner_right_top"><a href="#"><img src="images/event_banner.
jpg" border="0" /></a></div>
    <div class="banner_right_down">
      <div class="moving_title"><img src="images/news_title.jpg" /></div>
      <ul>
       <li><a href="#"><span>国庆大促5宗最,进口车厘子免费换! </span></a></li>
       <li><a href="#">火龙果系列产品满199加1元换购芒果! </a></li>
       <li><a href="#"><span>大青芒九月新起点,价值99元免费送! </span></a></li>
       <li><a href="#">喜迎国庆,鲜果百元红包大派送! </a></li>
      </ul>
    </div>
  </div>
  </div>
</div>
```

在上述代码中，banner 分为两个部分，左边放大尺寸图，右侧放小尺寸图和文字
消息。

在 CSS 样式文件中，对应上述代码的 CSS 代码如下所示：

```
#banner{ background: url（../images/banner_top_bg.jpg）repeat-x; padding-top:
12px; }
  .banner_box{ width: 980px; height: 369px; margin: auto; }
  .banner_pic{ float: left; width: 726px; height: 369px; text-align: left; }
  .banner_right{ float: right; width: 247px; }
  .banner_right_top{ margin-top: 15px; }
  .banner_right_down{ margin-top: 12px; }
  .banner_right_down ul{ margin-top: 10px; width: 243px; height: 89px; }
  .banner_right_down li{ margin-left: 10px; padding-left: 12px; background: url
（../images/icon_green.jpg）left
  no-repeat center; line-height: 21px; }
  .banner_right_down li a{ color: #444; }
  .banner_right_down li a span{ color: #A10288; }
```

上面代码中，# banner 选择器定义了背景图片、背景图片的对齐方式、链接样式等
信息。

21.2.3 产品类别区

产品类别也是图文混排的效果，购物网站都会大量运用图文混排方式。如图 21-5 所示为"福利轰炸省钱大招"类别区域，如图 21-6 所示为"多吃鲜果属你好看"类别区域。

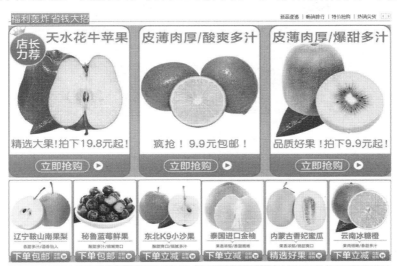

图 21-5 "福利轰炸省钱大招"类别区域

图 21-6 "多吃鲜果属你好看"类别区域

其具体的 HTML 代码如下：

```
<div class="clean"></div>
<div id="content2">
    <div class="con2_title"><b><a href="#"><img src="images/ico_jt.jpg"
border="0" /></a></b><span><a href="#">新品速递</a> | <a href="#">畅销排行</a> | <a
href="#">特价抢购</a> | <a href="#">热销尖货</a>    </span><img src="images/
con2_title.jpg" /></div>
    <div class="line1"></div>
    <div class="con2_content"><a href="#"><img src="images/con2_content.jpg"
width="981" height="405" border="0" /></a></div>
    <div class="scroll_brand"><a href="#"><img src="images/scroll_brand.jpg"
border="0" /></a></div>
    <div class="gray_line"></div>
</div>

<div id="content4">
    <div class="con2_title"><b><a href="#"><img src="images/ico_jt.jpg"
border="0" /></a></b><span><a href="#">新品速递</a> | <a href="#">畅销排行</a> | <a
href="#">特价抢购</a> | <a href="#">人气单品</a>    </span><img src="images/
con4_title.jpg"/></div>
```

```
    <div class="line3"></div>
    <div class="con2_content"><a href="#"><img src="images/con4_content.jpg"
width="980" height="207" border="0" /></a></div>
    <div class="gray_line"></div>
</div>
```

在上述代码中，content2 层用于定义"福利轰炸省钱大招"类别；content4 层用于定义"多吃鲜果属你好看"类别区域。

在 CSS 样式文件中，对应上述代码的 CSS 代码如下所示：

```
#content2{ width: 980px;  height: 680px;  margin: 22px auto;  overflow: hidden; }
    .con2_title{ width: 973px;  height: 22px;  padding-left: 7px;  line-height:
22px; }
    .con2_title span{ float: right;  font-size: 10px; }
    .con2_title a{ color: #444;  font-size: 12px; }
    .con2_title b img{ margin-top: 3px;  float: right; }
    .con2_content{ margin-top: 10px; }
    .scroll_brand{ margin-top: 7px; }
#content4{ width: 980px;  height: 250px;  margin: 22px auto;  overflow: hidden; }
#bottom{ margin: auto;  margin-top: 15px;  background: #F0F0F0;  height: 236px; }
.bottom_pic{ margin: auto;  width: 980px; }
```

上述 CSS 代码定义了产品类别的背景图片、高度、宽度、对齐方式等。

21.2.4　页脚

本例页脚使用一个 div 标签放置信息图片，比较简洁，如图 21-7 所示。

图 21-7　页脚区域

用于定义页脚部分的代码如下：

```
<div id="copyright"><img src="images/copyright.jpg" /></div>
```

在 CSS 样式文件中，对应上述代码的 CSS 代码如下所示：

```
#copyright{  width: 980px;  height: 150px;  margin: auto;  margin-top: 16px; }
```

第22章 项目实训2——开发广告设计宣传网站

通过广告设计可以为企业树立品牌效应，以及达到广而告之的目的。下面就来制作一个广告设计宣传网站，包括首页、作品、服务、联系我们等网页，这里所应用的主要技术为HTML、CSS 和 JavaScript。

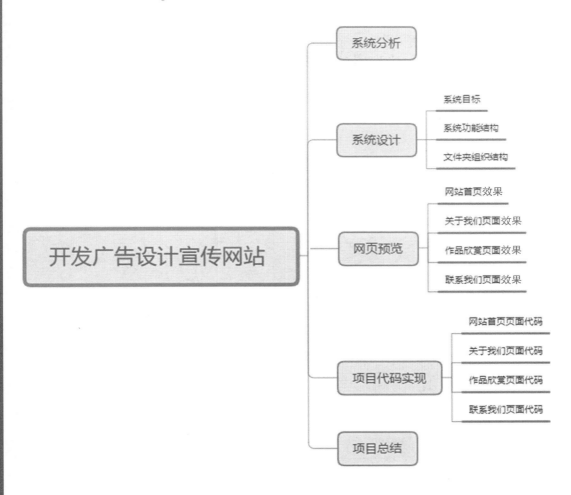

22.1 系统分析

几乎任何一个单位或团体都会设计一个属于自己的 Logo 或通过设计广告宣传图片来展示自己的产品信息，这就需要用到专业的广告设计公司了。

22.2 系统设计

下面就来制作一个广告设计公司宣传网站，包括首页、关于我们、作品欣赏、联系我们等页面。

1. 系统目标

该网站是一个以广告设计宣传为主的网站，主要有以下特点。

（1）操作简单方便、界面简洁美观。

（2）能够全面展示广告公司所提供的服务内容以及作品信息。

（3）浏览速度要快，尽量避免长时间打不开网页的情况发生。

（4）页面中的文字要清晰、图片要与文字相符。

（5）系统运行要稳定、安全可靠。

2. 系统功能结构

广告设计宣传网站的系统功能结构如图 22-1 所示。

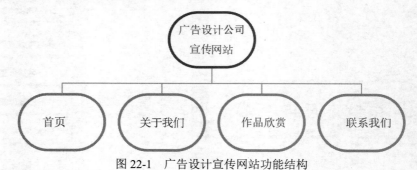

图 22-1　广告设计宣传网站功能结构

3. 文件夹组织结构

广告设计宣传网站的文件夹组织结构如图 22-2 所示。

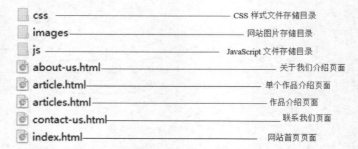

图 22-2　广告设计宣传网站文件夹组织结构图

由上述结构可以看出，本项目是基于 HTML 5、CSS3、JavaScript 的案例程序，主要通过 HTML 5 确定框架、CSS3 确定样式、JavaScript 来完成调度，三者合作来实现网页的动态化。案例所用的图片全部保存在 images 文件夹中。

22.3　网页预览

本例应用 CSS 样式、<div> 标记、JavaScript 等技术，制作了一个简单美观的广告设计宣传网页，下面就来预览网页效果。

1. 网站首页效果

广告设计宣传网站的首页用于展示广告设计公司的基本信息，包括导航菜单、我们的服务、品牌资讯、创意服务等。首页页面的运行效果如图 22-3 所示。

图 22-3　广告设计宣传网站首页

2. 关于我们页面效果

关于我们页面主要内容包括广告设计公司的基本介绍、团队介绍等。页面的运行效果如图 22-4 所示。

图 22-4　关于我们页面

3. 作品欣赏页面效果

作品欣赏页面除了导航菜单和下方的脚本区域外，主要内容就是广告设计作品图。页面运行效果如图 22-5 所示。

作品展示

作品1
在这座充满传奇色彩的都市里，一座花园别墅式的五星级商务酒店静静地坐落在虹桥经济技术开发区内。酒店共200间装潢雅致的套房。包括豪华房、苑景房、商务套房、行政房、行政套房等类型。

作品2
香格里拉的故事始于1971年，第一家豪华酒店在新加坡开业。香格里拉品牌灵感来自于詹姆斯·希尔顿在1933年出版的小说《消失的地平线》中的传奇之地。

作品3
集团公司是一个特大型国有通信企业，连续多年入选"世界500强企业"。主要经营固定电话、移动通信、卫星通信、互联网接入及应用等综合信息服务。

作品4
唯听助听器是一家家族型企业。如今，它已成为世界上最大的助听器制造商之一。提供简单易用、融于生活并且清晰自然的听力解决方案是唯听的使命。

图 22-5　作品展示页面

当单击某个作品时，会在打开的页面中具体显示该作品的详细信息。页面运行效果如图 22-6 所示。

宾馆品牌画册设计介绍

在这座充满传奇色彩的都市里，一座花园别墅式的五星级商务酒店静静地坐落在虹桥经济技术开发区内。酒店共200间装潢雅致的套房，包括豪华房、苑景房、商务套房、行政房、行政套房等类型。宾馆的丰盛美食，您可置身清幽典雅的东湖轩，味尝色香味俱全的广东菜及淮扬佳肴；在西餐厅来自法国的大厨为您奉上充满浓郁异国风情的法式大餐。

图 22-6　作品介绍页面

4. 联系我们页面效果

几乎每个网站都会在首页导航菜单中添加联系我们这一功能，以方便客户查询联系信息。页面运行效果如图 22-7 所示。

图 22-7　联系我们页面

22.4　项目代码实现

下面来介绍广告设计宣传网站各个页面的实现过程及相关代码。

22.4.1　网站首页页面代码

在网站首页中，一般会存在导航菜单，通过这个导航菜单实现在不同页面之间的跳转。当鼠标放置在菜单上时，导航文字的颜色为红色。导航菜单的运行结果如图 22-8 所示。

| HOME首页 | ABOUT我们 | WORK作品 | CONTACTS联系 | | |

图 22-8　网站导航菜单

实现导航菜单的主要代码如下：

```
<div class="nav-box">
    <nav>
        <ul class="fright">
            <li><a href="index.html"><img src="images/pic-home-act.gif"></a></li>
            <li><a href="contact-us.html"><img src="images/pic-mail.gif"></a></li>
        </ul>
        <ul>
            <li class="current"><a href="index.html">Home首页</a></li>
            <li><a href="about-us.html">About我们</a></li>
            <li><a href="articles.html">Work作品</a></li>
            <li><a href="contact-us.html">Contacts联系</a></li>
        </ul>
    </nav>
</div>
```

上述代码定义了一个 div 标签，然后通过 CSS 控制 div 标签的样式，并在 div 标签中插入无序列表以实现导航菜单效果。

下面给出实现网站首页的主要代码：

```html
<!DOCTYPE html>
<html lang="en">
<head>
    <title>广告设计</title>
    <meta name="description" content="Place your description here">
    <meta name="keywords" content="put, your, keyword, here">
    <meta name="author" content="Templates.com - website templates provider">
    <meta charset="utf-8">
    <link rel="stylesheet" href="css/reset.css" type="text/css" media="all">
    <link rel="stylesheet" href="css/layout.css" type="text/css" media="all">
    <link rel="stylesheet" href="css/style.css" type="text/css" media="all">
    <script type="text/javascript" src="js/maxheight.js"></script>
    <script type="text/javascript" src="js/jquery.min.js" ></script>
    <script type="text/javascript" src="js/script.js"></script>
    <!--[if lt IE 7]>
    <link rel="stylesheet" href="css/ie6.css" type="text/css" media="screen">
    <script type="text/javascript" src="js/ie_png.js"></script>
    <script type="text/javascript">
        ie_png.fix('.png');
    </script>
    <![endif]-->
    <!--[if lt IE 9]>
    <script type="text/javascript" src="js/html5.js"></script>
    <![endif]-->
</head>
<body id="page1" onLoad="new ElementMaxHeight(); ">
<div class="tail-bottom">
    <div id="main">
        <!-- header -->
        <header>
            <div class="nav-box">
                <nav>
                    <ul class="fright">
                        <li><a href="index.html"><img src="images/pic-home-act.gif"></a></li>
                        <li><a href="contact-us.html"><img src="images/pic-mail.gif"></a></li>
                    </ul>
                    <ul>
                        <li class="current"><a href="index.html">Home首页</a></li>
                        <li><a href="about-us.html">About我们</a></li>
                        <li><a href="articles.html">Work作品</a></li>
                        <li><a href="contact-us.html">Contacts联系</a></li>
                    </ul>
                </nav>
            </div>
            <h1><a href="index.html">Biz广告设计</a></h1>
            <form action="" id="search-form">
                <fieldset>
                    <input type="text">
                    <a href="#" onclick="document.getElementById('search-form').submit()"><img src="images/button-search.gif"></a>
                </fieldset>
            </form>
        </header>
        <div class="wrapper indent">
            <!-- content -->
```

```
            <section id="content">
                <div id="slogan"></div>
                <div class="inside">
                    <h2><span>欢迎</span>来到BIZ广告设计!</h2>
                    <p><b>Biz广告设计</b> 是一家专业的品牌咨询、管理、策划、设计机构。
由多位具有20余年广告行业从业经验的资深广告人共同发起创立,多位创始人兼具专业设计背景与知名商学院
工商管理教育背景。能运用专业、科学的企业管理知识,有效地将理性管理理论与感性品牌设计有机融合,真正
塑造符合企业经营战略,具有差异化、独特个性、快速落地的企业品牌。</p>
                </div>
                <div class="wrapper">
                    <article class="col-1 maxheight">
                        <div class="box maxheight">
                            <div class="border-right maxheight">
                                <div class="border-bot maxheight">
                                    <div class="border-left maxheight">
                                        <div class="left-top-corner maxheight">
                                                <div class="right-top-corner
maxheight">
                                            <div class="inner">
                                                <h2><span>品牌</span> 资讯</h2>
                                                <ul class="news">

<li><strong>24.08.2021</strong><a href="#">品牌建设十步走 </a> 一个强大的,差异化的品牌将
使您的公司成长更加容易。如果您清楚自己想把公司带到哪里,您的品牌将帮助您到达那里。</li>

<li><strong>19.08.2021</strong><a href="#">为什么品牌建设很重要 </a>品牌是将心理学和科学
作为一种承诺商标而不是一种商标汇集在一起的。产品有生命周期,品牌胜过产品。 </li>

<li><strong>24.08.2021</strong><a href="#">强势品牌塑造的7个要素 </a>品牌战略是一项计划,
其中包含随着成功品牌的发展而实现的特定的长期目标,而成功的品牌的演变是使公司品牌形象得以识别的组合
要素。</li>
                                                </ul>
                                            </div>
                                        </div>
                                    </div>
                                </div>
                            </div>
                        </div>
                    </div>
                </div>
            </article>
            <article class="col-2 maxheight">
                <div class="box maxheight">
                    <div class="border-right maxheight">
                        <div class="border-bot maxheight">
                            <div class="border-left maxheight">
                                <div class="left-top-corner maxheight">
                                        <div class="right-top-corner
maxheight">
                                    <div class="inner">
                                        <h2><span>创意</span> 服务</h2>
                                        <ul class="recent">
                                            <li><strong>品牌标志策略
与设计</strong>同品牌名称一样,品牌标志是构成品牌识别系统的重要组成部分。</li>
                                            <li><strong>品牌视觉审查
与诊断</strong>根据企业品牌定位以及企业所要传达的理念,为后期设计表现提供正确的方向。</li>
                                            <li><strong>品牌视觉形象
识别系统</strong>视觉识别系统是运用系统的、统一的视觉符号系统。视觉识别是静态的识别符号具体化、
视觉化的传达形式,项目最多,层面最广,效果更直接。</li>
                                        </ul>
```

```html
                                </div>
                            </div>
                        </div>
                    </div>
                </div>
            </div>
        </article>
    </div>
</section>
<!-- aside -->
<aside>
    <div class="inside">
        <ul class="insurance">
            <li><strong>品牌战略规则</strong>品牌战略规则是建立以塑造强
势品牌为核心的企业战略。</li>
            <li><strong>品牌形象设计</strong>品牌形象设计是品牌战略的视
觉化、感性化呈现。</li>
            <li><strong>品牌年度顾问</strong>品牌年度顾问可以有效保证品
牌的持续、高效成长。</li>
            <li><strong>品牌营销策划</strong>品牌营销策划是分阶段实现品
牌营销目标的必要方式。</li>
        </ul>
        <h2><span>我们的</span>服务</h2>
        <ul class="services">
            <li><a href="#">广告设计</a></li>
            <li><a href="#">vi设计</a></li>
            <li><a href="#">logo设计</a></li>
            <li><a href="#">品牌咨询</a></li>
            <li><a href="#">品牌管理</a></li>
            <li><a href="#">品牌策划</a></li>
            <li><a href="#">品牌设计</a></li>
            <li><a href="#">品牌执行</a></li>
        </ul>
    </div>
</aside>
</div>
<!-- footer -->
<footer>
    <div class="inside">
        <P><SPAN style="color: rgb(102, 102, 102);">友情链接:  
<A style="color: rgb(102, 102, 102);"

href="#">品牌策划</A>     |   <A style="color: rgb(102, 102, 102);"

href="#">旅游规划</A>    |   <A style="color: rgb(102, 102, 102);
"

href="#">影视公司</A>   |   <A style="color: rgb(102, 102, 102);"

href="#">切图</A>    |  <A style="color: rgb(102, 102, 102);"

href="#">在线设计</A>  |</SPAN>   <SPAN style="color: rgb(0, 0, 0);"><A
style="color: rgb(0, 0, 0);"href="#">网站设计</A></SPAN></P>
    </footer>
</div>
</div>
</body>
</html>
```

22.4.2 关于我们页面代码

在首页中单击导航菜单中的"ABOUT 我们"链接,即可进入关于我们页面。实现页面功能的主要代码如下:

```
<section id="content"><div class="inner_copy">More <a href="http: //www.
templatemonster.com/">Website Templates</a> at TemplateMonster.com!</div>
    <div id="slogan"></div>
    <div class="inside">
        <h2><span>品牌建设 + </span> 品牌执行</h2>
        <div class="img-box"><img src="images/2page-img1.jpg"> <b> BIZ广告有限公
司  </b>是一家专业的品牌咨询、设计机构。由多位具有20年广告行业从业经验的资深广告人共同发起创立,
多位创始人兼具专业设计背景与知名商学院工商管理教育背景。  能运用专业、科学的企业管理知识,有效地将
理性管理理论与感性品牌设计有机融合,真正塑造符合企业经营战略,具有差异化、独特个性、快速落地的企业
品牌。</div>
        <p>BIZ广告有限公司的服务内容涉及企业运营的各个阶段,包括: 品牌诊断、品牌分析、品牌
战略规划、品牌策略制定、品牌形象设计、品牌落地执行等。  多年来公司凭借丰富的品牌服务经验、独到精准
的广告创意、专业的视觉表现、实效的项目设计与执行,赢得了众多国内、外知名企业的认同与赞赏并建立了长
期的合作关系。客户涵盖教育、金融、酒店、零售、医疗、制造、互联网等众多行业。</p>
    </div>
    <div class="box">
        <div class="border-right">
            <div class="border-bot">
                <div class="border-left">
                    <div class="left-top-corner">
                        <div class="right-top-corner">
                            <div class="inner">
                                <h2><span>我们的</span> 团队</h2>
                                <ul class="team">
                                    <li><img src="images/2page-img2.
jpg"><strong>Tom </strong>业界知名设计师</li>
                                    <li><img src="images/2page-img3.
jpg"><strong>Jack </strong>业界顶级设计师</li>
                                    <li class="last"><img src="images/2page-
img4.jpg"><strong>Sum</strong>业界知名设计师</li>
                                </ul>
                            </div>
                        </div>
                    </div>
                </div>
            </div>
        </div>
    </div>
</section>
```

22.4.3 作品欣赏页面代码

运行本案例的主页文件 index.html,然后单击首页导航菜单中的"WORK 作品"链接,即可进入作品欣赏页面。下面给出作品欣赏页面的主要代码:

```
<section id="content">
    <div id="slogan"></div>
    <div class="inside">
        <h2><span>作品</span>展示</h2>
        <ul class="articles">
            <li><img src="images/3page-img1.jpg"><a href="article.html">作品1</
a><br>在这座充满传奇色彩的都市里,一座花园别墅式的五星级商务酒店静静地坐落在虹桥经济技术开发区
```

363

内。酒店共200间装潢雅致的客房,包括豪华房、苑景房、商务套房、行政房、行政套房等类型。</li>
                        <li><img src="images/3page-img2.jpg"><a href="article.html">作品2</a>
香格里拉的故事始于1971年,第一家豪华酒店在新加坡开业。香格里拉品牌灵感来自于詹姆斯·希尔顿在1933年出版的小说《消失的地平线》中的传奇之地。</li>
                        <li><img src="images/3page-img3.jpg"><a href="article.html">作品3</a>
集团公司是一个特大型国有通信企业,连续多年入选"世界500强企业",主要经营固定电话、移动通信、卫星通信、互联网接入及应用等综合信息服务。</li>
                        <li><img src="images/3page-img4.jpg"><a href="article.html">作品4</a>
唯听助听器是一家家族型企业。如今,它已成为世界上最大的助听器制造商之一。提供简单易用、融于生活并且清晰自然的听力解决方案是唯听的使命。</li>
                    </ul>
                </div>
        </section>

在作品欣赏页面中单击某个作品的标题，即可进入作品详细介绍页面。下面给出作品详细介绍页面的主要代码：

```
<section id="content">
    <div id="slogan"></div>
    <div class="inside">
        <h2><span>宾馆品牌画册设计</span>介绍</h2>
            <div class="img-box"><img src="images/3page-img1.jpg">在这座充满传奇色彩的都市里,一座花园别墅式的五星级商务酒店静静地坐落在虹桥经济技术开发区内。酒店共200间装潢雅致的客房,包括豪华房、苑景房、商务套房、行政房、行政套房等类型。宾馆的丰盛美食,您可置身清幽典雅的东湖轩,品尝色香味俱全的广东菜及淮扬佳肴；在西餐厅来自法国的大厨为您奉上充满浓郁异国风情的法式大餐。</div>
        <img src="images/3page-img1-1.jpg">
        <img src="images/3page-img1-2.jpg">
        <img src="images/3page-img1-3.jpg">
    </div>
</section>
```

22.4.4　联系我们页面代码

运行本案例的主页文件 index.html，然后单击首页导航菜单中的"CONTACT 我们"链接，即可进入联系我们页面，在其中可查看公司地址、联系方式以及邮箱地址等信息。下面给出联系我们页面的主要代码：

```
<section id="content">
    <div id="slogan"></div>
    <div class="inside">
        <h2><span>我们的</span>联系方式</h2>
        <div class="wrapper">
            <address>
                <b>地址：</b>北京市海淀区北京路001号<br>
                <b>移动电话：</b>01000012456<br>
                <b>传真号码：</b>+010-1245678
            </address>
        </div>
    </div>
    <div class="box">
        <div class="border-right">
            <div class="border-bot">
                <div class="border-left">
                    <div class="left-top-corner">
                        <div class="right-top-corner">
                            <div class="inner">
```

```
            <h2><span>发送</span> 邮件</h2>
            <form id="contacts-form" action="">
                <fieldset>
                    <div class="field">
                        <label>姓名: </label>
                        <input type="text" value=""/>
                    </div>
                    <div class="field">
                        <label>邮件地址: </label>
                        <input type="email" value=""/>
                    </div>
                    <div class="field">
                        <label>移动电话: </label>
                        <input type="text" value=""/>
                    </div>
                    <div class="field">
                        <label>信息内容: </label>
                            <textarea cols="1" rows="1"></
textarea>

                    </div>
                    <div class="wrapper">
                        <label>  </label>
                                                            <a  href="#"
class="link1"><span><span>发送邮件</span></span></a></div>
                </fieldset>
            </form>
        </div>
    </div>
        </div>
    </div>
        </div>
    </div>
</section>
```

22.5　项目总结

  本实例制作了一个简单的广告设计宣传网站，该网站的主体颜色为橘黄色、白色，并添加了精美的广告设计效果图。本例制作的网站包括首页、关于我们、作品、联系我们等导航菜单，这些功能可以使用 HTML 5、CSS 以及 JavaScript 技术来实现。

第23章 项目实训3——开发连锁咖啡响应式网站

📖 本章导读

本案例制作一个咖啡销售网站，通过网站呈现咖啡的理念和咖啡的文化，页面布局设计独特，采用两栏的布局形式，为浏览者提供一个简单、时尚的设计风格，浏览时让人心情舒畅。

📖 知识导图

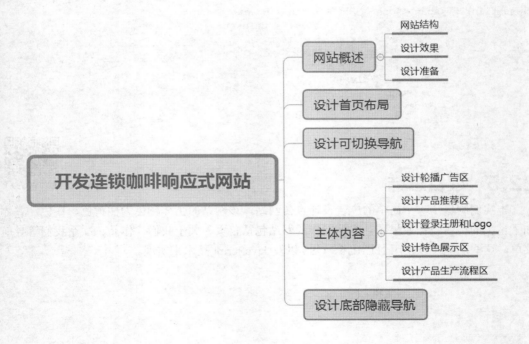

23.1　网站概述

网站主要设计首页效果。网站的设计思路和设计风格与 bootstrap 框架风格完美融合，下面就来具体介绍实现的步骤。

1. 网站结构

本案例目录文件说明如下：

（1）bootstrap-4.2.1-dist：bootstrap 框架文件夹。

（2）font-awesome-4.7.0：图标字体库文件。下载地址：http://www.fontawesome.com.cn/。

（3）css：样式表文件夹。

（4）js：JavaScript 脚本文件夹，包含 index.js 文件和 jQuery 库文件。

（5）images：图片素材。

（6）index.html：首页。

2. 设计效果

本案例主要设计首页效果，其他页面设计可以套用首页模板。首页在大屏（≥ 992px）设备中显示，效果如图 23-1 和图 23-2 所示。

图 23-1　大屏上首页上半部分效果

图 23-2　大屏上首页下半部分效果

在小屏设备（<768px）上显示时，底边栏导航效果如图 23-3 所示。

图 23-3　小屏上首页效果

3. 设计准备

应用 bootstrap 框架的页面建议为 HTML 5 文档类型。同时在页面头部区域导入框架的基本样式文件、脚本文件、jQuery 文件和和自定义的 CSS 样式及 JavaScript 文件。本项目的配置文件如下：

```
<!DOCTYPE html>
<html>
<head>
<meta charset="UTF-8">
<title>Title</title>
<meta name="viewport" content="width=device-width,initial-scale=1, shrink-to-fit=no">
<link rel="stylesheet" href="bootstrap-4.2.1-dist/css/bootstrap.css">
<script src="jquery-3.3.1.slim.js"></script>
<script src="https: //cdn.staticfile.org/popper.js/1.14.6/umd/popper.js"></script>
<script src="bootstrap-4.2.1-dist/js/bootstrap.min.js"></script>
<!--css文件-->
<link rel="stylesheet" href="style.css">
<!--js文件-->
<script src="js/index.js"></script>
<!--字体图标文件-->
<link rel="stylesheet" href="font-awesome-4.7.0/css/font-awesome.css">
</head>
<body>
</body>
</html>
```

23.2　设计首页布局

本案例首页分为 3 个部分：左侧可切换导航、右侧主体内容和底部隐藏导航栏，如图 23-4 所示。

左侧可切换导航和右侧主体内容使用 bootstrap 框架的网格系统进行设计，在大屏设备（≥ 992px）中，左侧可切换导航占网格系统的 3 份，右侧主体内容占 9 份；在中、小屏设备（<992px）中，左侧可切换导航和右侧主体内容各占一行。

底部隐藏导航栏使用无序列表进行设计，添加了 d-block d-sm-none 类，只在小屏设备上显示。

```
<div class="row">
<!--左侧导航-->
<div class="col-12 col-lg-3 left "></div>
<!--右侧主体内容-->
<div class="col-12 col-lg-9 right"></div>
</div>
<!--隐藏导航栏-->
<div >
<ul>
<li><a href="index.html"></a></li>
</ul>
</div>
```

图 23-4　首页布局效果

还添加了一些自定义样式来调整页面布局，代码如下：

```
@media (max-width: 992px){
    /*在小屏设备中,设置外边距,上下外边距为1rem,左右为0*/
    .left{
        margin: 1rem 0;
    }
}
@media (min-width: 992px){
    /*在大屏设备中,左侧导航设置固定定位,右侧主体内容设置左边外边距25%*/
    .left {
        position: fixed;
        top: 0;
        left: 0;
    }
    .right{
        margin-left: 25% ;
    }
}
```

23.3　设计可切换导航

本案例左侧导航的设计很复杂，在不同宽度的设备上有 3 种显示效果。

设计步骤：

第 1 步：设计切换导航的布局。可切换导航使用网格系统进行设计，在大屏设备（≥992px）上占网格系统的 3 份，如图 23-5 所示；在中、小屏设备（<992px）上占满整行，如图 23-6 所示。

图 23-5　大屏设备布局效果

370

图 23-6　中、小屏设备布局效果

```
<div class="col -12 col-lg-3"></div>
```

第 2 步：设计导航展示内容。导航展示内容包括导航条和登录注册两部分。导航条用网格系统布局，嵌套 bootstrap 导航组件进行设计，使用 <ul class="nav"> 定义；登录注册使用 bootstrap 的按钮组件进行设计，使用 <a href="#" class="btn"> 定义。设计在小屏上隐藏登录注册，如图 23-7 所示，包裹在 <div class="d-none d-sm-block"> 容器中。

图 23-7　小屏设备上隐藏登录注册

```
<div class="col-sm-12 col-lg-3 left ">
<div id="template1">
<div class="row">
<div class="col-10">
<!--导航条-->
<ul class="nav">
<li class="nav-item">
<a class="nav-link active" href="index.html">
<img width="40" src="images/logo.png" alt="" class="rounded-circle">
</a>
</li>
<li class="nav-item mt-1">
<a class="nav-link" href="javascript: void(0); ">账户</a>
</li>
<li class="nav-item mt-1">
<a class="nav-link" href="javascript: void(0); ">菜单</a>
</li>
</ul>
</div>
<div class="col-2 mt-2 font-menu text-right">
<a id="a1" href="javascript: void(0);  "><i class="fa fa-bars"></i></a>
</div>
</div>
<div class="margin1">
<h5 class="ml-3 my-3 d-none d-sm-block text-lg-center">
<b>心情惬意,来杯咖啡吧</b>    <i class="fa fa-coffee"></i>
</h5>
<div class="ml-3 my-3 d-none d-sm-block text-lg-center">
<a href="#" class="card-link btn  rounded-pill text-success"><i class="fa fa-user-circle"></i>  登  录</a>
<a href="#" class="card-link btn btn-outline-success rounded-pill text-success">注  册</a>
</div>
</div>
</div>
```

```
</div>
</div>
```

第 3 步：设计隐藏导航内容。隐藏导航内容包含在 id 为 #template2 的容器中，在默认情况下是隐藏的，使用 bootstrap 隐藏样式 d-none 来设置。内容包括导航条、菜单栏和登录注册功能。

导航条用网格系统布局，嵌套 bootstrap 导航组件进行设计，使用 <ul class="nav"> 定义。菜单栏使用 h6 标签和超链接进行设计，使用 <h6><a href="a.html"> 定义。登录注册使用按钮组件进行设计，使用 <a href="#" class="btn"> 定义。

```
<div class="col-sm-12 col-lg-3 left ">
<div id="template2" class="d-none">
<div class="row">
<div class="col-10">
<ul class="nav">
<li class="nav-item">
<a class="nav-link active" href="index.html">
<img width="40" src="images/logo.png" alt="" class="rounded-circle">
</a>
</li>
<li class="nav-item">
<a class="nav-link mt-2" href="index.html">
咖啡俱乐部
</a>
</li>
</ul>
</div>
<div class="col-2 mt-2 font-menu text-right">
<a id="a2" href="javascript: void(0); "><i class="fa fa-times"></i></a>
</div>
</div>
<div class="margin2">
<div class="ml-5 mt-5">
<h6><a href="a.html">门店</a></h6>
<h6><a href="b.html">俱乐部</a></h6>
<h6><a href="c.html">菜单</a></h6>
<hr/>
<h6><a href="d.html">移动应用</a></h6>
<h6><a href="e.html">臻选精品</a></h6>
<h6><a href="f.html">专星送</a></h6>
<h6><a href="g.html">咖啡讲堂</a></h6>
<h6><a href="h.html">烘焙工厂</a></h6>
<h6><a href="i.html">帮助中心</a></h6>
<hr/>
<a href="#" class="card-link btn rounded-pill text-success pl-0"><i class="fa
fa-user-circle"></i>  登  录</a>
<a href="#" class="card-link btn btn-outline-success rounded-pill text-
success">注  册</a>
</div>
</div>
</div>
</div>
```

第 4 步：设计自定义样式，使页面更加美观。

```
.left{
    border-right:  2px solid #eeeeee;
}
.left a{
    font-weight:  bold;
    color:  #000;
}
@media (min-width:  992px){
    /*使用媒体查询定义导航的高度,当屏幕宽度大于992px时,导航高度为100vh*/
    .left{
        height: 100vh;
    }
}
@media (max-width:  992px){
    /*使用媒体查询定义字体大小*/
    /*当屏幕尺寸小于768px时,页面的根字体大小为14px*/
    .left{
        margin: 1rem 0;
    }
}
@media (min-width:  992px){
    /*当屏幕尺寸大于768px时,页面的根字体大小为15px*/
    .left {
        position:  fixed;
        top:  0;
        left:  0;
    }
    .margin1{
        margin-top: 40vh;
    }
}
.margin2 h6{
    margin:  20px 0;
    font-weight: bold;
}
```

第 5 步：添加交互行为。在可切换导航中，为 <i class="fa fa-bars"> 图标和 <i class="fa fa-times"> 图标添加单击事件。在大屏设备中，为了使页面更友好，设计在大屏设备上切换导航时，显示右侧主体内容，当单击 <i class="fa fa-bars"> 图标时，如图 23-8 所示，切换隐藏的导航内容；在隐藏的导航内容中，单击 <i class="fa fa-times"> 图标时，如图 23-9 所示，可切回导航展示内容。在中、小屏设备（<992px）上，隐藏右侧主体内容，单击 <i class="fa fa-bars"> 图标时，如图 23-10 和图 23-12 所示，切换隐藏的导航内容；在隐藏的导航内容中，单击 <i class="fa fa-times"> 图标时，如图 23-11 和图 23-13 所示，可切回导航展示内容。

实现导航展示内容和隐藏内容交互行为的脚本代码如下所示：

```
$(function(){
    $("#a1").click(function (){
        $("#template1").addClass("d-none");
        $(".right").addClass( "d-none d-lg-block");
        $("#template2").removeClass("d-none");
    })
    $("#a2").click(function (){
        $("#template2").addClass("d-none");
        $(".right").removeClass("d-none");
        $("#template1").removeClass("d-none");
```

```
    })
  })
```

提示：d-none 和 d-lg-block 类是 bootstrap 框架中的样式。bootstrap 框架中的样式，在
JavaScript 脚本中可以直接调用。

图 23-8　大屏设备切换隐藏的导航内容

图 23-9　大屏设备切回导航展示的内容

图 23-10　中屏设备切换隐藏的导航内容

图 23-11　中屏设备切回导航展示的内容

图 23-12　小屏设备切换隐藏的导航内容

图 23-13　小屏设备切回导航展示的内容

23.4　主体内容

使页面排版具有可读性、可理解性至关重要。好的排版可以让网站感觉清爽而令人眼前一亮；另一方面，糟糕的排版容易使人分心。排版是为了内容更好的呈现，应以不会增加用户认知负荷的方式来尊重内容。

本案例主体内容包括轮播广告、产品推荐区、Logo 展示、特色展示区和产品生产流程 5 个部分，页面排版如图 23-14 所示。

图 23-14　主体内容排版设计

23.4.1　设计轮播广告区

bootstrap 轮播插件结构比较固定，轮播包含框需要指明 ID 值和 carousel、slide 类。框内包含 3 部分组件：标签框（carousel-indicators）、图文内容框（carousel-inner）和左右导航按钮（carousel-control-prev、carousel-control-next）。通过 data-target="#carousel" 属性启动轮播，使用 data-slide-to="0"、data-slide ="prev"、data-slide ="next" 定义交互按钮的行为。完整的代码如下：

```
<div id="carousel" class="carousel slide">
<!—标签框-->
<ol class="carousel-indicators">
<li data-target="#carousel" data-slide-to="0" class="active"></li>
</ol>
<!—图文内容框-->
<div class="carousel-inner">
<div class="carousel-item active">
<img src="images " class="d-block w-100" alt="...">
<!—文本说明框-->
<div class="carousel-caption d-none d-sm-block">
<h5> </h5>
<p> </p>
</div>
</div>
</div>
<!—左右导航按钮-->
<a class="carousel-control-prev" href="#carousel" data-slide="prev">
<span class="carousel-control-prev-icon"></span>
</a>
<a class="carousel-control-next" href="#carousel" data-slide="next">
<span class="carousel-control-next-icon"></span>
</a>
</div>
```

设计本案例轮播广告位结构。本案例没有添加标签框和文本说明框（<div class="carousel-caption">）。代码如下：

```
<div class="col-sm-12 col-lg-9 right p-0 clearfix">
<div id="carouselExampleControls" class="carousel slide" data-ride="carousel">
<div class="carousel-inner max-h">
<div class="carousel-item active">
<img src="images/001.jpg" class="d-block w-100" alt="...">
</div>
<div class="carousel-item">
<img src="images/002.jpg" class="d-block w-100" alt="...">
</div>
<div class="carousel-item">
<img src="images/003.jpg" class="d-block w-100" alt="...">
</div>
</div>
<a class="carousel-control-prev" href="#carouselExampleControls" data-slide="prev">
<span class="carousel-control-prev-icon"></span>
</a>
<a class="carousel-control-next" href="#carouselExampleControls" data-slide="next">
<span class="carousel-control-next-icon" ></span>
</a>
</div>
</div>
```

为了避免轮播中的图片过大而影响整体页面，这里为轮播区设置一个最大高度 max-h 类。

```
.max-h{
    max-height: 300px;                      /*居中对齐*/
}
```

在 IE 浏览器中运行，轮播效果如图 23-15 所示。

图 23-15　轮播效果

23.4.2　设计产品推荐区

产品推荐区使用 bootstrap 中的卡片组件进行设计。卡片组件有 3 种排版方式，分别为卡片组、卡片阵列和多列卡片浮动排版。本案例使用多列卡片浮动排版。多列卡片浮动排版使用 <div class="card-columns"> 进行定义。

```
<div class="p-4 list">
<h5 class="text-center my-3">咖啡推荐</h5>
<h5 class="text-center mb-4 text-secondary">
<small>在购物旗舰店可以发现更多咖啡心意</small>
</h5>
<!--多列卡片浮动排版-->
<div class="card-columns">
<div class="my-4 my-sm-0">
<img class="card-img-top" src="images/006.jpg" alt="">
</div>
<div class="my-4 my-sm-0">
<img class="card-img-top" src="images/004.jpg" alt="">
</div>
<div class="my-4 my-sm-0">
<img class="card-img-top" src="images/005.jpg" alt="">
</div>
</div>
</div>
```

为推荐区添加自定义样式，包括颜色和圆角效果。

```
.list{
    background:  #eeeeee;                    /*定义背景颜色*/
}
.list-border{
    border:  2px solid #DBDBDB;             /*定义边框*/
    border-top: 1px solid #DBDBDB ;         /*定义顶部边框*/
}
```

在 IE 浏览器中运行，产品推荐区如图 23-16 所示。

图 23-16　产品推荐区效果

23.4.3　设计登录注册和 Logo

登录注册和 Logo 使用网格系统布局，并添加响应式设计。在中、大屏设备（≥ 768px）中，左侧是登录注册，右侧是公司 Logo，如图 23-17 所示；在小屏设备（<768px）中，登录注册和 Logo 将各占一行显示，如图 23-18 所示。

图 23-17　中、大屏设备显示效果

图 23-18　小屏设备显示效果

对于左侧的登录注册，使用卡片组件进行设计，并且添加了响应式的对齐方式 text-center 和 text-sm-left。在小屏设备（<768px）中，内容居中对齐；在中、大屏设备（≥ 768px）中，内容居左对齐。代码如下：

```
<div class="row py-5">
<div class="col-12 col-sm-6 pt-2">
<div class="card border-0 text-center text-sm-left">
<div class="card-body ml-5">
<h4 class="card-title">咖啡俱乐部</h4>
<p class="card-text">开启您的星享之旅,星星越多、会员等级越高、好礼越丰富。</p>
<a href="#" class="card-link btn btn-outline-success">注册</a>
<a href="#" class="card-link btn btn-outline-success">登录</a>
</div>
</div>
</div>
<div class="col-12 col-sm-6 text-center mt-5">
<a href=""><img src="images/007.png" alt="" class="img-fluid"></a>
</div>
</div>
```

23.4.4 设计特色展示区

特色展示内容使用网格系统进行设计，并添加响应类。在中、大屏（≥ 768px）设备上显示为一行四列，如图 23-19 所示；在小屏幕设备（<768px）上显示为一行两列，如图 23-20 所示；在超小屏幕设备（<576px）上显示为一行一列，如图 23-21 所示。

特色展示区实现代码如下：

```
<div class="p-4 list">
<h5 class="text-center my-3">咖啡精选</h5>
<h5 class="text-center mb-4 text-secondary">
<small>在购物旗舰店可以发现更多咖啡心意</small>
</h5>
<div class="row">
<div class="col-12 col-sm-6 col-md-3 mb-3 mb-md-0">
<div class="bg-light p-4 list-border rounded">
<img class="img-fluid" src="images/008.jpg" alt="">
<h6 class="text-secondary text-center mt-3">套餐一</h6>
</div>
</div>
<div class="col-12 col-sm-6 col-md-3 mb-3 mb-md-0">
<div class="bg-white p-4 list-border rounded">
<img class="img-fluid" src="images/009.jpg" alt="">
<h6 class="text-secondary text-center mt-3">套餐二</h6>
</div>
</div>
<div class="col-12 col-sm-6 col-md-3 mb-3 mb-md-0">
<div class="bg-light p-4 list-border rounded">
<img class="img-fluid" src="images/010.jpg" alt="">
<h6 class="text-secondary text-center mt-3">套餐三</h6>
</div>
</div>
<div class="col-12 col-sm-6 col-md-3 mb-3 mb-md-0">
<div class="bg-light p-4 list-border rounded">
<img class="img-fluid" src="images/011.jpg" alt="">
<h6 class="text-secondary text-center mt-3">套餐四</h6>
</div>
</div>
</div>
</div>
```

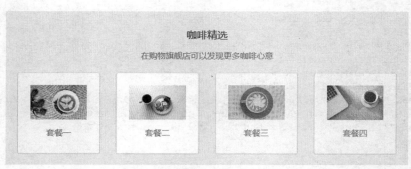

图 23-19　中、大屏设备显示效果

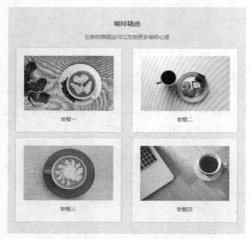

图 23-20　小屏设备显示效果

图 23-21　超小屏设备显示效果

23.4.5　设计产品生产流程区

第 1 步：设计结构。产品制作区主要由标题和图片展示组成。标题使用 h 标签设计，图片展示使用 ul 标签设计。在图片展示部分还添加了左右两个箭头，使用 font-awesome 字体图标进行设计。代码如下：

```
<div class="p-4">
<h5 class="text-center my-3">咖啡讲堂</h5>
<h5 class="text-center mb-4 text-secondary"><small>
了解更多咖啡文化</small></h5>
<div class="box">
<ul id="ulList" class="clearfix">
<li class="list-border rounded">
<img src="images/015.jpg" alt="" width="300">
<h6 class="text-center mt-3">咖啡种植</h6>
</li>
<li class="list-border rounded">
<img src="images/014.jpg" alt="" width="300">
<h6 class="text-center mt-3">咖啡调制</h6>
</li>
<li class="list-border rounded">
<img src="images/014.jpg" alt="" width="300">
```

```html
<h6 class="text-center mt-3">咖啡烘焙</h6>
</li>
<li class="list-border rounded">
<img src="images/012.jpg" alt="" width="300">
<h6 class="text-center mt-3">手冲咖啡</h6>
</li>
</ul>
<div id="left">
<i class="fa fa-chevron-circle-left fa-2x text-success"></i>
</div>
<div id="right">
<i class="fa fa-chevron-circle-right fa-2x text-success"></i>
</div>
</div>
</div>
```

第2步：设计自定义样式。

```css
.box{
    width: 100%;                    /*定义宽度*/
    height:  300px;                 /*定义高度*/
    overflow:  hidden;              /*超出隐藏*/
    position:  relative;            /*相对定位*/
}
#ulList{
    list-style:  none;              /*去掉无序列表的项目符号*/
    width: 1400px;                  /*定义宽度*/
    position:  absolute;            /*定义绝对定位*/
}
#ulList li{
    float:  left;                   /*定义左浮动*/
    margin-left:  15px;             /*定义左边外边距*/
    z-index:  1;                    /*定义堆叠顺序*/
}
#left{
    position: absolute;             /*定义绝对定位*/
    left: 20px; top:  30%;          /*距离左侧和顶部的距离*/
    z-index:  10;                   /*定义堆叠顺序*/
    cursor: pointer;                /*定义鼠标指针显示形状*/
}
#right{
    position: absolute;             /*定义绝对定位*/
    right: 20px;  top:  30%;        /*距离右侧和顶部的距离*/
    z-index:  10;                   /*定义堆叠顺序*/
    cursor: pointer;                /*定义鼠标指针显示形状*/
 }
.font-menu{
    font-size:  1.3rem;             /*定义字体大小*/
}
```

第3步：添加用户行为。

```html
<script src="jquery-1.8.3.min.js"></script>
<script>
    $(function(){
        var nowIndex=0;                             //定义变量nowIndex
        var liNumber=$("#ulList li").length;        //计算li的个数
        function change(index){
            var ulMove=index*300;                   //定义移动距离
```

```
                                                     //定义动画,动画时间为0.5秒
          $("#ulList").animate({left: "-"+ulMove+"px"},500);
      }
      $("#left").click(function(){
                                        //使用三元运算符判断nowIndex
          nowIndex = (nowIndex > 0) ? (--nowIndex) : 0;
          change(nowIndex);                 //调用change()方法
      })
      $("#right").click(function(){
                                              //使用三元运算符判断nowIndex
      nowIndex=(nowIndex<liNumber-1)? (++nowIndex) : (liNumber-1);
          change(nowIndex);                      //调用change()方法
      });
  })
</script>
```

在 IE 浏览器中运行,效果如图 23-22 所示;单击右侧箭头,#ulList 向左移动,效果如图 23-23 所示。

图 23-22　生产流程页面效果

图 23-23　滚动后效果

23.5　设计底部隐藏导航

设计步骤:

第 1 步:设计底部隐藏导航布局。首先定义一个容器 <div id="footer">,用来包裹导航。在该容器上添加一些 bootstrap 通用样式,使用 fixed-bottom 固定在页面底部,使用 bg-light 设置高亮背景,使用 border-top 设置上边框,使用 d-block 和 d-sm-none 设置导航只在小屏幕上显示。

```html
<!--footer——在sm型设备尺寸下显示-->
<div class="row fixed-bottom d-block d-sm-none bg-light border-top py-1"
id="footer" >
<ul class="text-center p-0" id="myTab">
<li><a class="ab" href="index.html"><i class="fa fa-home fa-2x p-1"></i><br/>主
页</a></li>
    <li><a href="javascript: void(0); "><i class="fa fa-calendar-minus-o fa-2x
p-1"></i><br/>门店</a></li>
    <li><a href="javascript: void(0); "><i class="fa fa-user-circle-o fa-2x
p-1"></i><br/>我的账户</a></li>
    <li><a href="javascript: void(0); "><i class="fa fa-bitbucket-square fa-2x
p-1"></i><br/>菜单</a></li>
    <li><a href="javascript: void(0); "><i class="fa fa-table fa-2x p-1"></i><br/>
更多</a></li>
    </ul>
    </div>
```

第 2 步：设计字体颜色以及每个导航元素的宽度。

```css
.ab{
color: #00A862!important;    /*定义字体颜色*/
}
#myTab li{
width:  20vw;                /*定义宽度*/
min-width:  30px;            /*定义最小宽度*/
font-size:  0.8rem;          /*定义字体大小*/
color:  #919191;             /*定义字体颜色*/
}
```

第 3 步：为导航元素添加单击事件，被单击元素添加 .ab 类，其他元素则删除 .ab 类。

```javascript
$(function(){
    $( "#footer ul li" ).click(function(){
        $(this).find("a").addClass("ab");
        $(this).siblings().find("a").removeClass("ab");
    })
})
```

在 IE 浏览器中运行，底部隐藏导航效果如图 23-24 所示；单击"门店"，将切换到门
店页面。

图 23-24 隐藏导航效果